计算机

科学与技术丛书·新形态教材

软件项目管理

（第2版）

宁涛　　刘向东　　宋海玉　编著
Ning Tao　　Liu Xiangdong　　Song Haiyu

段晓东　审
Duan Xiaodong

清华大学出版社

北京

内 容 简 介

本书以通俗易懂的语言,系统地介绍软件项目管理的思想及基本方法,为读者迅速掌握软件项目管理方法和规则提供很好的参考。

全书分为10章,介绍软件项目管理的概念和方法,每一章都配有典型应用实例和课后习题。本书作者不仅有着丰富的教学经验,还与企业合作完成多项软件项目的管理和规划。本书结构清晰、语言简练、通俗易懂、讲解深入浅出,课后配套习题全面。

本书可作为高等院校计算机软件专业、软件工程专业的教材,也可作为广大程序开发人员的自学参考书。

图书在版编目(CIP)数据

软件项目管理/宁涛,刘向东,宋海玉编著.—2版.—北京:清华大学出版社,2021.7(2024.7重印)
(计算机科学与技术丛书.新形态教材)
ISBN 978-7-302-58162-8

Ⅰ.①软…　Ⅱ.①宁…　②刘…　③宋…　Ⅲ.①软件开发－项目管理－教材　Ⅳ.①TP311.52

中国版本图书馆 CIP 数据核字(2021)第 088820 号

责任编辑:曾　珊
封面设计:李召霞
责任校对:胡伟民
责任印制:刘海龙

出版发行:清华大学出版社
　　　　网　　　址:https://www.tup.com.cn,https://www.wqxuetang.com
　　　　地　　　址:北京清华大学学研大厦 A 座　　　邮　　编:100084
　　　　社 总 机:010-83470000　　　　　　　　　邮　　购:010-62786544
　　　　投稿与读者服务:010-62776969,c-service@tup.tsinghua.edu.cn
　　　　质量反馈:010-62772015,zhiliang@tup.tsinghua.edu.cn
　　　　课件下载:https://www.tup.com.cn,010-83470236
印 装 者:天津鑫丰华印务有限公司
经　　销:全国新华书店
开　　本:185mm×260mm　　印　　张:10.75　　　　字　　数:270 千字
版　　次:2018 年 10 月第 1 版　2021 年 8 月第 2 版　　印　　次:2024 年 7 月第 7 次印刷
印　　数:11001～13000
定　　价:49.00 元

产品编号:090177-01

前言
PREFACE

　　随着信息技术的飞速发展,尤其是高级编程语言的发展、普及,面向对象的软件开发方法越来越重要。使用项目管理的思想作为软件开发工具的企业越来越多,计算机硬件的发展也在很大程度上提高了软件管理的效率。如何更有效地利用项目管理思想开发出客户满意度高、易用的软件产品成为迅速占领用户市场的关键。

　　笔者根据多年的教学经验并结合学生的特点和需求,编写了本书。

　　"软件项目管理"是各大专院校计算机软件相关专业、软件工程专业的必修课程之一。《软件项目管理》教材。主要讲述软件项目管理的定义的基本方法流程。本书由浅入深地介绍了软件项目管理的基本思想和方法,注重基本概念介绍的同时,重点介绍实用性较强的内容。

　　本书参考了清华大学、大连理工大学、全国自学考试指导委员会等多所院校及机构应用多年的教材的内容,有取舍地改编和扩充了第 1 版教材的内容,使本书更适合于本科学生的特点,具有更好的实用性和扩展性。本书共分 10 章,全面、系统、深入地讲解了软件项目管理的基本概念、方法和使用。同时,每一章都配有大量典型应用实例和课后习题。

　　本书在编写过程中力求符号统一,图表准确,语言通俗,结构清晰,可作为高等院校计算机软件类专业、软件工程专业的教材,也可作为广大程序开发人员的自学参考书。

　　由于作者水平有限,书中难免存在疏漏和不足之处,恳请广大读者批评指正。

宁　涛

2020 年冬于大连

学习建议

本课程的授课对象为计算机、电子、信息、通信工程类专业的本科生，课程类别属于计算机与软件工程类。参考学时为 48 学时，包括课程理论教学环节（32 课时）、实验教学环节（16 课时），以及案例分析和实例各 2 学时。

课程理论教学环节主要包括课堂讲授和研究性教学。课程以课堂教学为主，部分内容可以通过学生自学加以理解和掌握。研究性教学针对课程内容进行扩展和探讨，要求学生根据教师布置的题目撰写论文提交报告，课内讨论讲评。

实验教学环节包括常用的 Microsoft Visio 软件和工具的应用，可根据学时灵活安排，主要由学生课后自学完成。

本课程的主要知识点、重点、难点及课时分配见下表。

序号	知识单元（章节）	知识点	要求	推荐学时
1	项目管理概述	项目的基本概念	理解	4
		项目管理的相关定义	理解	
		项目经理的职责	掌握	
		项目管理过程组和知识领域	掌握	
2	项目集成管理	项目集成管理的定义	理解	4
		制定项目章程	掌握	
		制订项目管理计划	掌握	
		指导和管理项目执行	掌握	
		监控项目工作	掌握	
		集成变更控制	理解	
3	项目范围管理	项目需求管理	掌握	4
		项目工作分解	掌握	
		物流管理案例分析	理解	
4	软件项目成本管理	成本管理概念	理解	6
		成本估算方法	掌握	
		资源计划管理	掌握	
		成本预算	掌握	
		成本控制	掌握	
5	软件项目时间管理	软件项目时间管理的定义	理解	4
		进度估算方法	掌握	
		进度安排	掌握	
		进度控制	掌握	

续表

序号	知识单元(章节)	知 识 点	要求	推荐学时
6	软件项目质量管理	软件项目质量管理的定义	理解	4
		软件质量计划	掌握	
		软件质量保证	掌握	
		软件质量控制	掌握	
		软件质量标准	掌握	
7	软件项目人力资源管理	项目人力资源计划编制	掌握	4
		项目团队组建	理解	
		项目团队建设	掌握	
		项目团队管理	掌握	
8	软件项目沟通管理	沟通的重要性	理解	4
		沟通管理计划编制	掌握	
		信息分发	掌握	
		绩效建议	理解	
9	软件项目风险管理	风险的定义	理解	6
		风险管理	理解	
		风险识别	掌握	
		风险分析	掌握	
		风险规划	掌握	
		风险控制	掌握	
		风险对策	掌握	
10	软件项目采购管理	采购计划	理解	4
		询价与卖方选择	掌握	
		合同管理	掌握	
		合同类型	掌握	
		合同收尾	掌握	

本书配有软件项目案例分析和项目管理实例,供读者参考、了解(推荐学时各为2学时)。

软件项目案例分析

项目管理实例

视频清单

视 频 名 称	时长/分钟
视频 1　项目的判别(1.1.1节)	10
视频 2　项目干系人(1.2.2节)	10
视频 3　项目章程(2.2节)	10
视频 4　项目范围管理(3.1节)	10
视频 5　WBS(3.3节)	10
视频 6　成本管理(功能点方法)(4.2.2节)	10
视频 7　成本管理(Delphi方法)(4.2.2节)	10
视频 8　时间管理(定额估算法)(5.2.2节)	10
视频 9　时间管理(Pert方法)(5.2.2节)	10
视频 10　人力资源管理(组织结构类型)(7.1.2节)	10
视频 11　人力资源管理(练习题)(7.6节)	10
视频 12　沟通管理(8.1节)	10
视频 13　沟通管理(练习题)(8.6节)	10
视频 14　风险的概念(9.1节)	10
视频 15　风险识别(9.3节)	10
视频 16　风险管理(练习题)(9.8节)	10

目 录
CONTENTS

第 1 章

概　　述

1.1　项目

现实世界的生产和生活中存在形式多样的活动,这些活动有的是"项目",有的则不能称为"项目"。例如,建造巴比伦通天塔(Tower of Babel)或者金字塔的工作,史前穴居人收集材料来加工猛犸、象肉的活动,建造巨石水坝(Boulder Dam)的工程以及爱迪生发明电灯泡的实验属于项目;而批量生产、每天的卫生保洁、上班等活动不属于项目。在具有共同点的活动中能够通过某些特点和条件来判断目标活动属于项目还是非项目。

1.1.1　项目的定义及特点

从朋友聚餐到结婚典礼,从募集资金到竞选活动,从软件开发到卫星发射等都是项目,它们都需要人来完成,都需要进行计划、执行和控制,都要受到有限资源的限制。

1.1.1
项目的判别

1. 项目的定义

所谓项目(project),是指为创造唯一产品或提供唯一服务所进行的临时性的工作,它是以一套独特而相互联系的任务为前提,能够有效利用资源,为实现一个特定目标所进行的努力;它是在一定时间内满足一系列特定目标的多项相关工作的总称。项目的定义明确了其必须具备的条件是时限性和唯一性,因此,像学生每天都要进行的学习活动、工人每天都要进行的日常生产活动以及日常卫生清洁等工作,虽然也需要进行计划、执行和控制,但不具备时限性和唯一性的条件,所以都不能称为项目。

项目和日常活动的区别在于如下四点:

(1)项目具有一次性,而日常活动具有重复性。例如:"刷牙"是人们每天起床后睡觉前都要重复的工作,即日常活动;而"结婚典礼"是夫妻双方携手一生只举办一场的活动,即项目。

(2)项目以目标为导向,而日常活动以效率来体现。例如:"负责电话银行系统的销售工作"是通过效率体现的,即日常活动;而"在2020年销售20套以上的电话银行系统"是以具体目标为导向的,即项目。

(3)项目中存在变更管理,而日常活动具有持续性和连贯性。例如:"批量生产"是工人每天持续连贯的工作,即日常活动;而"竞选活动"是举办方可能因为某些约束条件产生变更管理的工作,即项目。

(4) 项目通过项目经理进行团队化管理,而日常活动是职能式线性管理。例如:"管理售后服务热线"只需要单一售后业务部门管理,即日常活动;而"建立售后服务热线"需要多部门协调配合工作团队化管理,即项目。

项目管理在早期主要用于复杂的大型研究开发,例如阿特拉斯洲际导弹和其他一些类似的军事武器系统。随着项目管理技术的日益发展,项目型组织的应用也逐渐得到推广,近年来的大规模建设工程(如建造水坝、轮船、精炼厂、高速公路等),汽车公司开发新车型工作,通用电气(General Electric)公司和普拉特·惠特尼(Pratt & Whitney)公司开发新型喷气式飞机引擎,以及新型船只的开发都使用了项目型组织。

2. 项目的特点

2020 年 6 月 23 日 9 时 43 分,我国在西昌卫星发射中心用长征三号乙运载火箭,成功发射北斗系统第五十五颗导航卫星,暨北斗三号最后一颗全球组网卫星。至此,北斗三号全球卫星导航系统星座部署项目全面完成。通过北斗卫星发射的项目,结合其定义可以归纳出项目具有如下特点。

1) 临时性

项目的临时性是指每个项目都有明确的开始点和结束点。一个项目可以如下两种可能的方式结束:

(1) 项目已经实现了目标,即已经完成了计划的独特产品。

(2) 在完成计划任务之前,项目被迫停止。

项目的临时性还可以体现于其他两个方面:

(1) 项目创造出产品的市场机遇是临时的,即产品必须在限定的时间内完成。

(2) 项目团队是临时的,即项目结束后项目团队会解散。

但项目所创造的产品不一定要具有临时性,即项目也可以创造产生长期的产品,如泰姬陵、埃菲尔铁塔或因特网等。

2) 唯一性

项目的唯一性是指项目与项目之间没有重复,每个项目都有其唯一的特点。因为项目的这一特点,决定了项目可能存在不同程度的风险和不确定性。

3) 目标性

项目进行的目的在于得到特定的结果,这些结果可能是产品或服务。项目的计划以及实施活动都围绕目标进行。

(1) 产品是有形的、可度量的物件,既可以是最终产品,也可以是产品的组成部分,如客厅的电视机、手腕上的手表以及葡萄酒瓶等都是项目结果。

(2) 项目创建的服务指的是可以执行服务的能力,如为银行创建网站提供在线结算服务的能力,也是项目结果。

4) 约束性

每个项目都需要用不同种类的有限资源来作为项目实施的保证,即资源成本是项目成功实施的约束条件。

1.1.2　项目和运营的区别

一个组织为了实现其目标要执行若干活动,这些活动有些是支持项目的,有些是支持运营的。这里的运营指一系列不能作为项目的任务,即运营是执行持续任务的功能,它既不能产生独特(唯一)的产品,又没有明确的开始点和结束点。例如,开发设计网站系统是一个项目,但网站投入使用后,对其进行维护和运行就是运营。

项目和运营具有如下共同点:

(1)需要包括人力资源在内的资源。

(2)严格地受资源限制。

(3)要被管理,即需要进行计划、执行和控制。

(4)有明确的目标。

项目和运营的不同之处在于是否具有临时性和唯一性的特点。虽然项目和运营都有目标,但项目在目标达成后便会结束,而运营在实现当前一系列目标后,还会继续实现一组新的目标;一个项目需要运营,如建造泰姬陵是项目,而建造完成后每天对参观者的展示就是运营。结合项目和运营的共同和不同之处,简单举一个例子区分两者:微信搭建平台——供给开发者创建的公众号,其中"优化算法交流地"公众号是为方便计算机初学者通过分享者自制的优化算法和MATLAB代码来更加高效地掌握算法。公众号创建过程包括前期的开发和后期的维护和运行,无论是前期还是后期都需要包括人力资源在内的各种资源,并受其资源限制,需要进行计划、执行、控制,且有明确的任务。但不同之处在于前期开发会产生唯一的产品,存在明确的开始点和结束点,而后期需要持续性工作以解决用户使用公众号时存在的各种问题。故公众号的开发是一种项目,而公众号在微信平台使用后的维护和运行是一种运营。两者之间既有相同之处也存在不同之处。表1-1是部分项目的例子。

表 1-1 部分项目的例子

项　　目	成果(产品、服务或结果)
建造泰姬陵	产品
组织一场选举活动	结果:获胜或失败;产品:文档
开发一个提供在线数字音乐的网站	服务
在零售商店建立一个无线射频识别系统	服务
把计算机网络从一个建筑移到另一个建筑	结果:网络被移动
研究生产的优化调度	结果:调度方法;产品:研究论文

1.1.3 项目的分类

世界上没有任何两个项目是完全相同的,即便是一个重复进行的项目也一定会在商业、管理或者物理特性等一个或几个方面与原来的项目有所不同。既然不存在相同的项目,就会产生通过不同领域划分的项目类型。具体的项目分类如下。

1. 土木工程、建筑、矿业开采等工业领域的项目

此类项目是人们最熟知的工业类项目,它们的共同特征是:必须具有固定的实施地点;项目履行地与项目承包商公司之间有较长距离。此类项目常伴有一定风险,需要较大的资金投入,需要公司对项目的实施过程、财务状况以及完工质量等进行严格的管理。例如土木工程项目管理,它是针对建设项目运行全过程所进行的管理,其过程包含可行性研究、勘察、设计、施工等许多不同阶段,因此,项目需要来自不同领域的专家相互配合合作完成。

2. 制造项目

制造项目的目标是制造诸如机械设备、轮船、飞机、运输工具或者其他预先设计好的特定产品。它通常在生产部门或者公司内部的其他机构中实施。此类项目可能在风险控制、合同签订、联络沟通等方面存在管理问题,因此制造业项目需要具备掌握良好的项目时间、成本、质量能力的相关人才。

3. 管理项目

此类项目的存在证明,无论公司的规模大小,其在经营期间都会或多或少用到管理方面的专业知识。管理项目通常在公司需要管理和协调业务活动时产生,此类项目所涉及的业务活动涉及公司搬迁、新计算机系统的引进、展览会的筹备工作、公司重组、可行性研究报告或其他报告的撰写等。

4. 研究项目

纯粹的研究项目需要耗费大量的时间与资金,而其可能产生的价值回报也是可观的,同时此类项目的投入也伴有回报甚微的风险。研究项目潜在的风险是所有项目中最高的,与其他类项目不同,研究项目的最终目标很难进行确切的定义,应用于工业项目或者管理项目的管理方法对于研究项目未必奏效。为研究项目提供必要工作场所、通信设施、仪器装备和研究材料等活动又可构成新的资本性投资项目。

1.2 项目管理

1.2.1 项目管理的定义

在 Bub Hughes 和 Mike Cotterell 共同编写的《软件项目管理》(第5版)中,项目管理是以项目为对象的系统管理方法,它是项目的管理者在有限的资源约束下,通过一个临时性的、专门的柔性组织,运用相关的知识、技术、工具和手段,对项目进行高效率的计划、组织、指导和控制,以实现项目全过程的动态管理和项目目标的综合协调与优化,最终实现项目的目标。还有学者提出项目管理是运用各种相关知识、技能、方法与工具,为满足项目有关各方对项目的要求与期望,所开展的各种计划、组织、领导、控制等方面的活动。

结合上述描述,本教材对项目管理概念进行了新的定义。

项目管理是指客观主体为了实现其目标,利用各种有效的手段,对执行中的项目周期各阶段工作进行计划、组织、协调、指挥、控制,以取得良好经济效益的各项活动的总和。通过项目各方干系人的合作,把各种资源应用于项目,以实现项目的目标,使项目干系人的需求得到不同程度的满足。举一个简单的项目管理的例子:某公司领导层对项目非常重视,经过讨论,决定任命分管技术的副总为项目总监,对整个项目进行负责,同时也正式选定了项目经理。这对项目开展过程中的部门间协调起到极大的推动作用,项目所需资源的获取也得到保障。

在项目启动会议前,副总与项目经理商量后确定需要参加项目启动会议的人员名单,除了包括项目技术骨干人员之外,也包括各业务部门的相关负责人。为了后续工作衔接,各业务部门负责人需指定一名精通业务的人员作为业务接口人,并一同参加项目。除此之外,还需要综合部、财务部等非直接相关部门参加。虽然这些部门与项目非直接相关,然而他们对项目存在着间接影响,同样需要得到这些部门认可,以方便后续工作开展中能得到配合与支持。

为了使项目启动会有成效,项目经理与副总商量后,拟定了启动会议的主要议题:介绍项目背景,明确该项目对于公司的意义;正式宣布成立项目组,确定项目范围;正式授权项目经理,并确定项目组的组织架构、人员安排;明确提出各部门对于本项目的响应级别和要求;介绍项目的初步计划和工作安排在启动会议后,确定项目目标、范围和人员结构,并把这些内容写入项目章程。

确立的主要项目目标如下。项目质量:开发完成第一期时,实现对现有业务的支撑,它必须符合以客户为中心、组件化设计、流程可配置、公共信息资源能共享等建设原则,同时还必须具有易扩展、易维护等特点,以便适应市场环境和业务变更。项目时间:项目自某年某月启动,至某年某月该系统能正式上线,投入试运营。项目经费:公司不会投入额外经费进行外包开发任务,完全需由项目组独立完成,但承诺项目开展过程中所需必要资源会得到充分保障。

如上述所说若要满足或超过项目干系人的需求和期望,就需要在如下方面控制平衡。

(1) 范围、时间、成本和质量。

(2) 有不同需求和期望的项目干系人。

(3) 明确表示出来的需求和未明确表达的期望。

项目管理是在人们对工商业项目中复杂多变的各种作业活动进行计划、协调与控制的过程中发展起来的。

所有项目都拥有一个共同特征:将观念与行动统一到实际工作中。项目中的风险和不确定性因素是伴随项目始终的,项目管理的意义在于尽可能全面地预测出在项目实施过程中可能发生的问题和遇到的风险,并对项目进行计划、组织和控制,在最小化风险的前提下顺利完成项目。项目管理工作在项目资源准备阶段之前已经开始,且贯穿于整个项目工作。项目最终的执行结果必须控制在预先计划的时间进度和成本预算内。

成功的项目应该是在工程允许的范围内满足成本、进度和客户满意的产品质量。判断项目成功的因素包括项目范围、进度计划、项目成本以及客户满意度。其中项目范围是指执行项目必须要完成的所有工作;进度计划是安排每项任务的起止时间以及所需的资源;项目成本即完成项目所需要的费用;客户满意度取决于项目交付成果的质量。

20 世纪后期,项目管理在方法上取得了长足的进步,复杂管理手段的发展还得益于世界各国在武器和防御系统上的竞争。同时,功能强劲、性能可靠且价格便宜的电子计算机的普及使用也加快了项目管理方法的发展进程。可以说,项目管理活动由于适当地引入了复杂技术和设备而变得更有效率,项目管理已经成为管理学领域中新兴的专业化分支。

1.2.2　项目干系人

项目干系人是指利益受项目的执行和完成所影响(积极/消极)的个人或组织。根据定义,将项目干系人分为积极的项目干系人和消极的项目干系人。积极的项目干系人乐于看到项目的成功;而如果项目被拖延或取消,则消极的项目干系人的利益将得到更好的保护。例如,如果某城市新开大型购物中心,市政府乃至附近的居民是这个项目的积极干系人,因为这会使城市商业市场更加繁荣,使居民购物更加便捷;而这个项目可能会对附近原有商户的利益构成威胁,因此,原有商户便充当了该项目的消极干系人。

1.2.2
项目干系人

在项目的实际开发过程中,消极的项目干系人常会被项目经理和团队忽视,这便增加了项目的风险。忽视积极的项目干系人或消极的项目干系人都会对项目造成损害,不同的项目干系人对同一个项目会有不同的,乃至相互冲突的期望,因此,尽早识别项目干系人至关重要。

以下是项目中常见的几类项目干系人:

(1) 项目经理:一般放在项目干系人列表的开头。

(2) 项目发起人:为项目提供资金来源的个人或团体。

(3) 执行组织:其内部成员执行与项目相关工作的组织。

(4) 项目管理团队:与项目管理工作相关的团队成员。

(5) 项目团队成员:实际执行项目工作的成员。

(6) 客户/用户:项目为其服务的个人或组织。

(7) 其他影响者:不是直接客户或项目产品/服务的直接用户,但由于在客户或执行组织中所处的位置,他们会积极或消极地影响项目的进程。

除了上述关键性的项目干系人,在组织内或组织外,还存在一些不易识别的项目干系人。根据项目的不同,这些干系人可能包括投资人、卖方、承包商、项目成员家属、政府机构、新闻媒体、行政组织,以及公民或公民社团等。

下面简单通过某公司项目管理的案例识别项目干系人。某公司领导层在项目启动会议上确定了项目的相关干系人。其中,项目经理不仅要负责项目计划、进度控制、风险控制等项目管理工作,还要负责分析系统需求、设计系统整体架构;业务分析师,负责协助项目经理进行业务分析,同时负责维护软件开发流程中的文档、对业务部门的培训;系统架构师由技术经验丰富的开发人员担任,负责整个项目的所有技术方案,确定系统的技术架构和设计平台,同时还需要参与核心模块的开发;测试工程师,负责测试设计、缺陷跟踪等;实施工程师,负责开发环境和生产环境的软硬件配置和网络开通,以及系统上线前的数据割接,也是由技术经验丰富的开发人员担任;开发人员负责各模块的开发、测试和集成。在项目执行过程中,干系人对项目的影响是需要预测和制定好计划的,在项目启动的初始阶段识别积极的项目干系人和消极的项目干系人,理解并分析他们对项目的不同期望。即使都是客户,但是由于立场不同,他们对项目的需求也不同。只有这样,才能对干系人的需求和期望进行管理并施加影响,调动其积极因素,化解其消极影响,以确保项目获得成功。

1.2.3　软件项目管理

1. 软件项目

软件项目是一种特殊的项目,它创造的唯一产品或服务是逻辑载体,没有具体的形状和尺寸,只有逻辑的规模和运行的效果。曾经有一家软件公司这样为其项目管理软件产品做广告,该公司口号是"只要你会用鼠标,你就能够管理好一个项目"。但是绝大多数人认为项目管理工作的复杂性的重要程度始终高于软件的操作方法,这与新型计算机软件的先进程度无关。成功的项目管理是由渐进且逻辑清晰的计划和决策、洞察力、合理的组织结构、高效的商业财务管理、对档案文件管理的高度重视以及长期的实践验证管理等内容所组成的整体性管理框架。软件项目管理是为了使软件项目能够按照预定的成本、进度、质量要求顺利完成,而对成本、人员、进度、质量、风险等进行分析和管理的活动。

软件项目的组成要素包括软件开发的过程、软件开发的结果、软件开发赖以生存的资源以及软件项目的特定委托人。

软件项目除了具有项目的一般性特征之外,还具有如下特点:

(1) 软件本身不是物理实体,只是一种逻辑载体,因此软件项目具有抽象性。

(2) 软件不存在老化和磨损问题,但是软件在生存期内会随着环境的变化和技术的更新而出现退化的现象。

(3) 软件具有可复用性,因此软件项目的开发中不存在重复生产过程。

(4) 软件开发基本是定制过程,无法利用现有软件组装成新的软件。

(5) 软件项目的开发依赖于计算机系统。

(6) 软件项目的开发需要高强度、复杂的脑力劳动,因此它的成本比较高。例如微信App:以虚拟形式构建出来;需要不断的技术更新以满足用户需求;用户不需要时可以卸载,需要时重新安装;依赖于 iOS 系统或者安卓系统。

与其他领域的项目比较,目前的软件项目开发标准尚不成熟,软件项目中涉及的因素很多,其中变更是软件项目中常见的现象,例如需求变更、设计变更、技术变更以及社会环境变更等。

2. 对于软件项目的管理

软件项目管理是为了使软件项目能够按照既定的成本、进度、质量顺利完成而对成本、人员、进度、质量和风险进行分析和管理的活动,它是决定软件项目能否高效、顺利进行的基础性工作。

目前的软件开发过程中尚存在开发环境复杂、代码共享困难、程序规模增大、软件重用性程度不高以及软件维护困难等问题,因此,对软件项目的管理就显得尤为重要。软件项目管理较其他类项目管理的特殊性主要体现在如下方面:

(1) 与普通项目不同,软件项目涉及的是纯知识产品,其开发进度和质量难以准确估计和度量,很多软件项目交付的成果事先不可见。有的应用软件已经不再是业务流程的电子化,而是同时涉及业务流程再造或业务创新,这就造成了项目需求获取环节的困难。

(2) 软件项目开发的周期长、复杂度高、变更可能性大。软件项目开发周期一般比较长,一般大型的软件项目开发周期达到 2 年以上。软件系统的高复杂度使软件开发过程的各种风险难以预测和控制。软件项目的变更主要来自外部和内部两个方面,外部变更包括商业环境、政策法规等对项目范围和需求造成的影响;内部变更包括组织结构、人事变动等对项目造成的直接影响。

(3) 软件需要满足目标客户的期望。软件项目给客户提供的是服务,服务质量不仅由最终交付产品决定,更取决于客户的满意度。不同行业的客户对项目的关注点也不相同,因此,满足客户期望的前提是在项目之初以及项目开发的过程中始终关注客户的需求变更和关注点。

从上述软件项目管理的特点可以归纳软件项目管理的根本目的是保证软件项目的整个生命周期都能在管理者的控制下,按照既定的成本,保质如期地完成软件开发并交付客户。软件项目管理的四大变量分别为范围、质量、成本和交期,而项目管理主要关注项目的范围、成本和进度三方面,此三方面相互制约、相互影响。成功的项目管理需要积极地管理这些相互作用的方面。

1.3　项目经理的工作描述及作用

根据企业和项目的不同,项目经理的工作也不尽相同,其工作描述也存在多种形式,以下是部分领域项目经理的工作描述。

(1) 咨询公司的项目经理:运用技术的、理论的和管理者的技能去满足项目需要,进行计划、安排进度以及控制活动,以满足明确的项目目标;协调和整合团队与个人的努力,与客户和合作者建立积极的专业关系。

(2) 金融服务公司的软件项目经理:管理、排列优先次序、开发并实施软件项目的解决方案以满足业务需要;使用项目管理软件并遵循标准的方法论,准备和实施项目计划;建立相互作用的终端用户组,在预算内准确定义并按时实施项目;在第三方服务提供者和终端用户之间扮演联络人的角色,寻找并实施技术解决方案;参与供应商的关系发展和预算管理;提供快速的实施支持。

(3) 非营利性咨询公司的软件项目经理:承担业务分析、需求调查、项目计划、预算估计、开发、测试和实施等各种事务责任;与各种资源提供者一起工作,确保开发工作能够按时、高质量、成本效益最优化地予以完成。

1.3.1　项目经理的职责

项目管理的 5 个要素包括技术、方法、团队建设、信息和沟通。其中沟通的作用尤为重要,而项目经理的主要工作就是沟通,涉及技术、管理以及质量 3 个层面的沟通。项目经理的主要职责表现为:

1. 沟通

在项目管理中,沟通的重要性是不言自明的。即使是一个进展顺利、资金充足的项目,如果缺乏适当的沟通也可能失败。作为项目经理,需要面对各种各样的人,如行政管理者、市场人员、技术专家等。沟通的人不同,采取的方式方法也不相同。

2. 谈判

谈判是以形成一个对双方都有利的结果为目的的给予与获取的过程。在项目生命周期的任何一个阶段都需要进行谈判。

3. 解决问题

与项目相关的问题可能发生在项目干系人方面,也可能发生在项目自身。项目经理的任务包括尽早发现问题并处理。解决问题过程的关键一点是“对事不对人”,目的是找到解决方案,促使项目成功,而不是进行人身指责。

4. 影响力

影响力就是在不需要权力强制的情况下,让个人或团体完成项目经理需要其完成的事情。在当下的信息经济时代,影响力已成为一种不可或缺的管理技术。为了实施影响力,必须明白组织的正式和非正式结构。在处理项目的某些方面时,可能会直接运用影响力,例如,控制项目的变更、就进度计划或资源分配进行谈判,以及解决冲突时都要用到影响力。

5. 领导力

在传统的组织结构中,项目经理对团队成员没有正式的权威,所以项目经理需要通过领导力进行管理,而不是依靠权威(权力)。依靠领导力进行管理比依靠权威进行管理的效率更高、更有实效。一个项目团队通常由来自不同组织的人员组成,他们需要一个核心领导者来告知有关项目的愿景,同时激发、鼓舞和激励他们去实现这个愿景,其中领导者的角色需要由项目经理充当。

1.3.2　项目经理的权利

尽管项目经理对项目负有主要职责,但大多数项目资源(如人力资源)不直接受项目经理的控制,职权与职责并不是统一在项目经理个体上,因此项目经理地位最主要的一个特点就是"责任大于权利",项目经理在管理项目中会更多地依赖个人权利。项目经理的权利主要体现为如下三个方面:

(1) 制定有关项目决策。项目在实施过程中必然会面临各种各样的决策,而制定决策是项目经理所拥有的最主要的权利,也是项目经理最基本、最重要的权利。

(2) 选择项目成员。项目启动后,项目经理有权根据自己的判断和自己的方式选择项目成员、组建项目团队。

(3) 对资源再分配。上级组织将资源划拨给项目组织,项目经理有权决定这些资源的具体作用,根据项目具体工作要素的情况进行资源再分配。

1.3.3　项目经理的锦囊妙计

公司项目经理通常是由底层程序员做起的。项目经理的技术出身使其很难摆脱对技术的专注,而忘记自己是管理者。项目经理经常会导致计划不周全,或者任务分配不均匀,使得有的员工比较忙,有的员工比较清闲。

以下12条法则是帮助项目经理了解自己所面临挑战的有效工具,同时也是解决问题的重要手段。

(1) 了解项目管理的背景情况。

(2) 将项目团队的冲突看作工作进程中的必然现象。

(3) 了解项目干系人的情况及其需求。

(4) 承认组织的政治性本质,并对其合理运用。

(5) 身先士卒,勇往直前。

(6) 理解"成功"的含义。

(7) 建立并维持团结紧密的团队。

(8) 热情和绝望都具有很强的感染力。

(9) 向前看远胜于向后看。

(10) 时刻牢记自己的真实使命。

(11) 谨慎利用时间,否则将被时间左右。

(12) 最重要的事情是提前计划、有备而行。

1.4　项目管理过程组和知识领域

项目管理知识体系(Project Management Body of Knowledge,PMBOK)是美国项目管理学会组织开发的一套关于项目管理的知识体系,它是项目管理专业人员考试的关键材料,并能够为所有的项目管理提供完整的知识框架。项目管理知识体系包括 5 个标准化过程组、9 个知识领域及 44 个模块。

1.4.1 项目管理过程组

项目管理的 5 个过程组分别是启动过程组、规划过程组、执行过程组、监控过程组和收尾过程组,但过程组不是项目阶段。当大型项目或复杂项目有可能分解为不同的阶段或者不同的子项目时(如可行性研究、设计、样机或样品、建造、试验等),每一阶段或子项目都要重复过程组的所有子过程。

1. 启动过程组

确定并核准项目或项目阶段。启动过程组包括如下项目管理过程:

1) 制定项目章程

这一过程的基本内容是核准项目或多阶段项目。它是记载经营和预定要满足这些要求的新产品、服务或其他成果的必要过程,颁发章程将项目与组织的日常业务联系起来并使该项目获得批准。项目章程由项目团队之外的组织、计划或综合行动管理机构颁发并授权核准。在多阶段项目中,这一过程的用途是确认或细化在以前制定项目章程过程中所做的各项决定。

2) 制定项目初步范围说明书

利用项目章程与启动过程组其他依据,为项目提供初步粗略高层定义的必要过程。这一过程处理和记载项目可交付成果提出的要求、产品要求的项目边界、验收方法以及高层范围控制。在多阶段项目中,这一过程确认或细化每一阶段的项目范围。

2. 规划过程组

确定和细化目标,为实现项目要达到的目标和完成项目要解决的问题范围而规划必要的行动路线。规划过程组包括如下项目管理过程:

(1) 制订项目管理计划:确定、编制所有部分计划并将其综合和协调为项目管理计划的过程。项目管理计划是有关项目如何规划、执行、监控及结束的基本信息来源。

(2) 范围规划:执行项目范围管理计划,如何确定、核实和控制项目范围,以及如何建立和制作工作分解结构的过程。

(3) 范围定义:制定详细的项目范围管理计划,为将来的项目决策奠定基础的过程。

(4) 制作工作分解结构:将项目主要可交付成果和项目工作分解为较小的、更易于管理的组成部分的过程。

(5) 活动定义:识别为了提交各种项目可交付成果而需要的具体活动的过程。

(6) 活动排序:识别和记载各计划活动之间的逻辑关系的过程。

(7) 活动资源估算:估算各计划活动需要的资源类型与数量的过程。

(8) 活动持续时间估算:估算完成各计划活动需要的单位工作时间的过程。

(9) 进度表制定:分析活动顺序、持续时间、资源要求,以及进度制约因素和制定项目进度表的过程。

(10) 费用估算:估算为取得完成项目活动所需各种资源的费用近似值的过程。

(11) 费用预算:汇总各单个活动或工作细目的估算费用和制定费用基准的过程。

(12) 质量规划:识别哪些质量标准与本项目有关,并确定如何达到这些标准要求的过程。

（13）人力资源计划：识别项目角色、责任、报告关系并将其形成文件，以及制定人员配备管理计划的过程。

（14）沟通计划：确定项目利害关系者的信息与沟通需要的过程。

（15）风险管理计划：决定如何对待、规划和执行项目风险管理活动的过程。

（16）风险识别：确定哪些风险可能影响到本项目并将其特征形成文件的过程。

（17）定性风险分析：为以后进一步分析或采取行动而估计风险发生概率大小与后果，并将两者结合起来，进而确定风险重要性大小的过程。

（18）定量风险分析：对已经识别的风险对项目目标的影响进行数值分析的过程。

（19）风险应对规划：为实现项目目标而增加机会和减少威胁，制订可供选择的行动方案的过程。

（20）采购规划：确定采购和征购何物，以及何时与如何采购和征购的过程。

（21）发包规划：归档产品、服务、成果要求和识别潜在的买方的过程。

3. 执行过程组

将人和其他资源结合为整体实施项目管理计划。执行过程包括如下管理过程组：

（1）指导与管理项目执行：指导存在于项目各种各样技术和组织界面，执行项目管理计划中确定的工作的过程。

（2）实施质量保证：为按照计划开展系统的质量活动，确保项目使用所有必要的过程以满足要求的过程。

（3）项目团队组建：为取得完成项目所需要的人力资源而必须进行的过程。

（4）项目团队建设：为改善团队成员胜任能力和彼此之间的配合，提高项目业绩的过程。

（5）信息发布：为项目利害关系者及时提供信息的过程。

（6）询价：取得信息、报价、投标书、要约或建议书的过程。

（7）卖方选择：审查报价书，在潜在的卖方间选择，并与卖方谈判书面合同的过程。

4. 监控过程组

定期测量并监视绩效情况，发现偏离项目管理计划之处，以便在必要时采取纠正措施来实现项目的目标。监控过程组包括如下过程组：

（1）监控项目工作：收集、测量、散发绩效信息，并评价测量结果和估计趋势以改进过程的过程。该过程包括确保尽早识别风险，报告其状态并实施相应风险计划的风险监视。风险监视包括状况报告、绩效测量和预测。绩效报告提供了有关项目在范围、进度、费用、资源、质量与风险方面绩效的信息。

（2）整体变更控制：控制造成变更的因素，确保变更带来有益后果，判断变更是否已经发生，在变更确已发生并得到批准时对其加以管理的过程。该过程贯穿项目启动直到项目结束始终。

（3）范围核实：正式验收已经完成项目的可交付成果的过程。

（4）范围控制：控制项目范围变更需要的过程。

（5）进度控制：控制项目进度变更需要的过程。

（6）费用控制：对造成偏差的因素施加影响，并控制项目预算的过程。

（7）实施质量控制：监视具体的项目结果，判断是否符合有关质量标准并寻找办法消除实施结果未达标的原因的过程。

（8）项目团队管理：关注团队成员的表现，提供反馈，解决问题并协调变化，以便增强项目执行效果的过程。

（9）绩效报告：收集与分发绩效信息的过程，其中包括状态报告、绩效衡量与预测。

（10）利害关系者管理：管理与项目利益关系者之间的沟通，满足其要求并解决问题的过程。

（11）风险监控：在整个项目生命周期内跟踪已经识别的风险，监视残余风险，识别新的风险，实施风险应对计划并评价其有效性的过程。

（12）合同管理：管理合同以及买卖双方之间的关系，审查并记载卖方履行合同的表现或履行的结果，并在必要时管理项目外部买主之间合同关系的过程。

5. 收尾过程组

正式验收产品、服务或成果，并有条不紊地结束项目或项目阶段。收尾过程组包括如下过程。

（1）项目收尾：最终完成所有项目过程组的所有活动，正式结束项目或阶段的过程。

（2）合同收尾：完成与结算每一项合同的过程，包括解决所有遗留问题并结束每一项与本项目或项目阶段有关的合同。

1.4.2 项目管理知识领域

项目管理知识领域包括项目集成管理、项目范围管理、项目时间管理、项目成本管理、项目质量管理、项目人力资源管理、项目沟通管理、项目风险管理和项目采购管理。

表 1-2 列出了项目管理过程、过程组与知识领域的关系。

表 1-2　项目管理过程、过程组与知识领域的关系

知识领域	过程组				
	启　动	规　划	执　行	监　控	收　尾
项目集成管理	制定项目章程 制定项目初步 范围说明书	制订项目管理计划	指导与管理项目执行	监控项目工作 整体变更控制	项目收尾
项目范围管理		范围规划 范围定义 制作工作分解结构		范围核实 范围控制	
项目时间管理		活动定义 活动排序 活动资源估算 活动持续时间估算 制定进度表		进度控制	
项目成本管理		成本估算 成本预算		成本控制	
项目质量管理		质量规划	实施质量保证	实施质量控制	

续表

知识领域	过程组				
	启 动	规 划	执 行	监 控	收 尾
项目人力资源管理		人力资源规划	项目团队组建 项目团队建设	项目团队管理	
项目沟通管理		沟通规划	信息发布	绩效报告 利害关系者管理	
项目风险管理		风险管理规划 风险识别 定性风险分析 定量风险分析 风险应对规划		风险监控	
项目采购管理		采购规划 发包规划	询价 卖方选择	合同管理	合同收尾

每个必要的项目管理过程都与大部分活动所在的过程组对应。例如,当某个通常属于规划过程组的过程在执行期间重新使用或更新之后,该过程仍然是在规划过程中进行的同一过程,而不是另外的新过程。

1.4.3 项目管理的工具和技术

著名历史学家和作家托马斯·卡莱尔说过:"人是使用工具的动物。离开了工具,他将一无所成;而拥有了工具,他就掌握了一切。"项目管理工具和技术能够帮助项目经理和团队实施9大知识领域的所有工作。例如成本管理工具和技术,包括净现值、投资回收率、回收分析、增值管理等。表1-3列举了各项目管理知识领域常用项目管理工具和技术。

表1-3 各项目管理知识领域常用项目管理工具和技术

知识领域	工具和技术
集成管理	项目挑选方法、项目管理方法论、利益相关者分析、项目章程、项目管理计划、项目管理软件、变更请求、变更控制委员、项目评审会议、经验教训报告
范围管理	范围说明、工作分解结构、工作说明、需求分析、范围管理计划、范围验证技术、范围变更控制
时间管理	甘特图、项目网络图、关键路径分析、赶工、快速追踪、进度绩效测量
成本管理	净现值、投资回报率、回收分析、增值管理、项目组合管理、成本估算、成本管理计划、成本基线
质量管理	质量控制、核减清单、质量控制图、帕累托图、鱼骨图、成熟度模型、统计方法
人力资源管理	激励技术、同理聆听、责任分配矩阵、项目组织图、资源柱状图、团队建设练习
沟通管理	沟通管理计划、开工会议、冲突管理、传播媒体选择、现状和进程报告、虚拟沟通、模板、项目网站
风险管理	风险管理计划、风险登记册、概率/影响矩阵、风险分级
采购管理	自制-购买分析、合同、需求建议书、资源选择、供应商评价矩阵

1.5　本章小结

　　本章介绍了项目和项目管理的定义、特点、类型以及过程。项目具有临时性和唯一性的特点,而项目管理是一门实践性较强的学科,其范围主要包括产品范围、进度管理和成本管理,同时包括对沟通、人力资源以及风险的管理。项目管理的直接实施者是项目经理,需要协同与项目有关的项目干系人的关系,准确识别出积极和消极项目干系人,以确保项目获得成功。软件项目管理不同于其他项目管理,具有特殊性。其中软件是一个特殊的领域,具有很大的发展空间,经验在软件项目管理中具有很重要的作用,充分体现了软件"软"的特色。本章还介绍了项目管理的 5 个过程组,包括启动、规划、执行、监控和收尾等;同时也阐述了九大知识领域,它是项目管理的核心领域。

习题一

1. 问答题

(1) 什么是软件项目管理?

(2) 项目管理的 9 大知识领域是什么?

(3) 项目管理的 5 个过程组是什么?

(4) 下列哪些活动属于项目?

　　a. 上自习　　　　　　　　　　　b. 开发车辆调度系统

　　c. 卫星发射计划　　　　　　　　d. 野外郊游

　　e. 集体婚礼　　　　　　　　　　f. 停车场收费

(5) 项目经理的主要职责是什么?

(6) 项目的特点是什么?

(7) 项目和运营的共同点有哪些?

(8) 项目集成管理是什么?

(9) 规划过程组的任务是什么?

(10) 启动过程组包含哪些步骤?

2. 判断题

(1) 项目管理的特征之一是暂时性。　　　　　　　　　　　　　　　　　　　　(　　)

(2) 项目开发过程中可以无限制地使用资源。　　　　　　　　　　　　　　　　(　　)

(3) 运作管理是从宏观上帮助企业明确和把握企业发展方向的管理。　　　　　　(　　)

(4) 项目管理的核心三角形是范围、进度、风险。　　　　　　　　　　　　　　(　　)

(5) 项目需要有不同需求和期望的项目干系人控制平衡。　　　　　　　　　　　(　　)

(6) 项目干系人只包含积极干系人。　　　　　　　　　　　　　　　　　　　　(　　)

(7) 项目具有重复性并以目标为导向。　　　　　　　　　　　　　　　　　　　(　　)

(8) 微信平台的维护是运营。　　　　　　　　　　　　　　　　　　　　　　　(　　)

(9) 项目经理需要将项目团队的冲突看作工作进程中的必然现象。　　　　　　　(　　)

(10) 费用控制是对造成偏差的因素施加影响并控制项目预算的过程。　　　　　(　　)

第 2 章

CHAPTER 2

项目集成管理

2.1 项目集成管理定义

项目集成管理是项目成功的关键,它贯穿了项目的全过程,包括从初始、计划、执行、管理到结束的过程,以满足项目相关人员的利益要求与期望。这种集成确保了项目的所有因素能在正确的时间聚集在一起成功地完成项目。项目集成管理的目标在于对项目中的不同组成元素进行正确高效的协调,而并不是所有项目组成元素的简单叠加。项目集成管理是在项目的整个周期内协调项目管理的各个知识领域过程来保证项目完成,项目经理的本职工作是对项目进行整合。为了成功完成项目,项目管理者必须协调各方面的人员、计划和工作。项目集成管理包括 7 个主要过程。

(1) 制定项目章程:与项目利益相关者一起合作,制定正式批准项目的文件——章程。

(2) 创建初步的项目范围说明书:通过与项目利益相关者的合作,尤其是与项目产品、服务或其他产出的用户合作,开发出总体的范围要求。这个过程的目的是建立初步的项目范围说明书。

(3) 制订项目管理计划:将确定、编写、协调与组合所有部分计划所需要的行动形成文件,使其成为项目管理计划。这个过程的产出物是成本计划、进度计划、质量计划、人力资源计划、沟通计划和风险计划等。

(4) 指导和管理项目实施:通过实施项目管理计划中的活动来执行项目管理计划。这个过程的产出是交付物、工作绩效信息、变更请求、项目管理计划及项目文件的更新。

(5) 监控项目工作:涉及监督项目工作是否符合绩效目标。这个过程的产出是惩治和预防措施建议、缺陷修复建议,以及变更请求。

(6) 集成变更控制:涉及识别、评估和管理贯穿项目生命周期的变更。这个过程的产出包括变更请求状态更新、项目管理计划更新以及项目文件更新。

(7) 项目收尾:涉及完成所有的项目活动,以正式结束项目或项目阶段。这个过程的产出包括最终产品、服务或者输出的转移,以及组织过程资产的更新。

图 2-1 给出项目集成管理过程。

良好的项目集成管理可以提高利益相关者的满意度。项目集成管理中的界面管理涉及项目元素相互作用的交界点。随着项目参与人员的增加,交界点的数量可能会呈指数增加。因此,项目经理最主要的工作便是建立和处理好组织内部的沟通和关系。项目经理需要与

图 2-1　项目集成管理过程

所有的项目利益相关者进行良好的沟通,包括顾客、项目团队、高管、其他项目经理以及与本项目有竞争关系的其他项目等。

2.2
项目章程

2.2　制定项目章程

项目章程是指项目执行组织高层批准的以书面签署的确认项目存在的正式文件,包括对项目的确认、对项目经理的授权和项目目标的概述。该文件授权项目经理可在项目活动中使用组织的资源。项目应该尽早选定和委派项目经理,项目经理任何时候都应在规划开始之前被委派(最好在制定项目章程时)。通常情况下,项目章程由项目发起人、出资方或高层管理方考虑市场需求、营运需求、客户要求、技术进步、法律要求和社会需要等一个或多个因素后签发。

项目章程不仅定义了项目,说明了它的特点和最终结果,还指明了项目权威(发起人、项目经理或团队领导)。项目章程中详细规定了项目涉及成员的角色,以及相互交流信息的方式。

2.2.1　项目章程内容

制定项目章程的过程就是一个对项目逐渐了解掌握的过程,通过认真地制定计划,项目经理可以知道哪些要素是明确的,哪些要素是逐渐明确的,通过渐进过程不断完善项目章程。当然,不同企业的做法是不一样的,例如有的企业采用一个简单的协议,有的是一个很长的文档,或者使用合同作为项目章程。

一个完整的项目章程可以包含与项目相关的任何信息。通常情况下,项目章程包括如下内容。

（1）项目正式名称。

（2）项目发起人及发起时间。

（3）项目经理及联系方式。

（4）项目要实现的目标。

（5）项目开展的必要性。

（6）项目的预期交付成果的形式。

（7）项目团队介绍。

（8）项目开展的进度计划。

（9）项目执行过程中的重点和难点问题。

（10）项目成本预算和预期效益。

无论采用哪种工具和技术，项目章程都是从正式的授权开始，然后指定项目经理、介绍项目背景和来源等。表 2-1 给出了一个项目章程示例。

表 2-1　项目章程示例

项目名称	车间调度管理系统项目
项目开始时间	2014.08.30
项目结束时间	2015.12.30
项目目标	根据制造企业标准，采用先进的管理方法和技术对正在使用的调度系统进行修改和升级。软硬件费用 200 万元，人工成本 30 万元
使用的新方法	（1）大数据支持的数据库系统； （2）科学的用料成本估算； （3）混合量子遗传算法
项目发起人	宁涛
项目经理	苟涛
质量经理	王子
技术经理	石莎莎
系统支持	聂宇晨
采购经理	安璐

2.2.2　制定项目章程依据

1. 合同

合同是监督项目执行的各方履行其权利和义务、具有法律效力的文件。软件项目合同主要是技术合同，技术合同是法人之间、法人和公民之间、公民之间以技术开发、技术转让、技术咨询和技术服务为内容，明确相互权利义务关系所达成的协议。在合同签署阶段，需方和供方正式签订合同，使之成为具有法律效力的文件；同时，根据签署的合同，分解出合同中需方的任务，并下达任务书，指派相应的项目经理负责。

技术合同管理是围绕合同生存期进行的。合同生存期分为合同准备、合同签署、合同管理、合同终止 4 个阶段。企业在不同合同环境中承担不同的角色。这些角色分为需方（买方或甲方）、供方（卖方或乙方）。需方提供准确、清晰和完整的需求，选择合适的供方，并对采购对象进行必要的验收。供方应了解清楚需方的要求，并判断是否有能力来满足这些需求。

1) 甲方合同任务

在合同准备阶段企业作为甲方的任务包括 3 个过程：招标书定义、乙方选择、合同文本准备。

招标书定义主要是甲方的需求定义。软件项目采购的是软件产品，需要定义采购的软件需求，即提供完整清晰的软件需求和软件项目的验收标准。潜在的乙方可以获取招标文件。招标文件主要包括技术说明、商务说明和投标说明。技术说明主要对采购的产品或委托的项目进行详细描述。商务说明主要包括合同条款。投标说明主要对项目背景、标书的提交格式、内容、提交时间等进行规定。招标书一般要明确投标书的评估标准，评估标准用来对投标书进行排序和打分，这也是选择乙方的依据。

确定招标文件后可以通过招标的形式选择乙方，招标的形式通常包括以下 4 项。

(1) 公开招标：在社会上公开发布招标信息，使一切潜在供应商都获得平等参与竞标的机会。

(2) 有限招标：在有限的范围内直接向筛选合格的潜在供应商发布招标信息。

(3) 直接谈判：直接与选定的一家供应商进行谈判并签订合同。

(4) 多方洽谈：甲方选择几个潜在的供应商分别进行洽谈，以从中选择一家合适的供应商。

甲方选择乙方的活动包括：发布招标文件供竞标单位接收；组织项目竞标，收取投标书；按照招标文件的标准和潜在乙方的投保书，进行竞标单位的排名；确定选择的乙方。

2) 乙方合同任务

企业作为乙方的任务包括项目分析、竞标、合同文本准备 3 个过程。

项目分析是乙方对用户的项目需求进行分析，以此开发一个初步的项目规划过程。

竞标过程是乙方根据招标文件的要求首先对自身企业进行评估、判断，即判断是否具有开发项目的能力，判断通过此项目是否可以盈利，判断标准主要考虑技术要求、完成时间、经济效益以及风险分析 4 个方面。如果可行，则开始组织人员编写项目投标文件，参加竞标。投标文件包括建议书(proposal)和报价单(quotation)两种类型。建议书是指乙方根据甲方提出的要求——产品的目标、性质和品质等提交完整的技术方案和参考报价；报价单是指乙方根据甲方提出的产品特定型号、数量和标准提交必要的报价材料。如果乙方竞标的是开发项目而不是产品，则竞标过程的关键是提交项目建议书。项目建议书是指在项目初期为竞标而提交的文档，该文档是在双方对相应问题有共识的基础上，清晰地说明项目的目的及操作方式。

合同文本是甲乙双方都需要准备的，该文件一般由甲方提供框架结构和主要内容，由乙方提供参考建议。合同文本得到双方认可后就进入合同签署阶段，即正式签署具有法律效力的合同。合同的签署标志着一个软件项目的有效开始，根据合同可分解出合同所涉及的各方的任务，同时下达项目章程，并指派项目经理，而项目章程才是项目正式开始的标志。

需要注意的是，如果一个项目是内部项目(即甲方内部完成的项目)，则不需要进行招标，也无须签署合同，只需要确定包括任务范围、成本、进度和质量等方面的协议即可。在内部项目中，甲方和乙方没有具有法律约束的合同。

在合同管理阶段，企业作为需方要对需求对象进行验收，并对违约事件进行处理。企业作为供方包括合同跟踪管理过程、合同修改控制过程、违约事件处理过程、产品提交过程和产品维护过程。

在合同终止阶段,企业作为需方,项目经理或者合同管理者应该及时宣布项目结束,终止合同执行,通过该过程告知各方合同终止。企业作为供方应该配合需方的工作,包括项目的签收、双方认可签字、总结项目的经验教训、获取合同的最后款项、开具相应的发票、获取需方的合同终止的通知、将合同相关文件归档。

2. 项目工作说明书

项目主体处于发起人或出资方(甲方)的角色,在项目进行过程中,需要选择适合的乙方,管理乙方合同的进行。项目工作说明书是由项目提供的产品或服务的对应文字说明。针对发起人或出资方(甲方)根据经营需要、产品或服务的要求提供一份工作说明书。对于外部项目,工作说明书属于顾客招标文件的一部分,如建议邀请书、信息请求、招标邀请书或合同中的一部分。

3. 事业环境因素和组织过程资产

在制定项目章程时,所有存在于项目周围并对项目成功造成影响的组织事业环境因素与制度合同双方都必须加以考虑,保证项目符合合同的要求。并且在制定项目章程及以后的项目文件时,所有影响项目成功的资产都可以作为组织过程资产。任何参与项目的组织都可能有正式或非正式的方针、程序、计划和原则,所有这些影响都必须考虑。

4. 软件项目管理合同实例

甲乙双方经过多次的协商和讨论,最后签署项目开发合同。合同文本如下:

合同登记编号:

技术合同开发

项目名称:<u>西安火车站售票系统</u>

委托人(甲方):<u>西安铁道建设管理处</u>

研究开发人(乙方):<u>西安市致一科技发展有限公司</u>

签订地点:<u>西安市</u>

签订时间:<u>2011 年 3 月 20 日</u>

有效期限:<u>2011 年 3 月 20 日至 2012 年 1 月 20 日</u>

西安市技术市场管理办公室

根据《中华人民共和国合同法》的规定,合同双方就西安火车站售票系统项目的技术开发,经协商一致,签定本合同。

一、标的技术的内容、范围及要求

根据甲方的要求,乙方完成西安火车站售票系统的研制开发。

1. 根据甲方要求进行系统方案设计,要求建立 B/S 结构的,基于 SQL Server 数据库、NT 服务器和 J2EE 技术的三层架构体系的综合服务软件系统。

2. 配合甲方,在与整体系统相融合的基础上,建立系统建立的软硬件环境。

3. 具体需求见 SOW。

二、应达到的技术指标和参数

1. 系统应满足并行登录,并行查询的速度要求。其中主要内容包括:

(1) 保证 1000 人以上可以同时登录系统;

(2) 所有查询速度应在 10 秒之内;

(3) 保证数据的每周备份;

(4) 工作日期间不能宕机;

(5) 出现问题应在 10 分钟内恢复。

2. 系统的主要功能是满足双方认可的需求规格,不可以随意改动。

三、研究开发计划

1. 第一阶段:乙方在合同签订后 15 个工作日内,完成合同内容的系统设计方案。

2. 第二阶段:完成第一阶段的系统设计方案之后,乙方于 100 个工作日内完成系统基本功能的开发。

3. 第三阶段:完成第一和第二阶段的任务之后,由甲方配合乙方于 10 个工作日内完成系统在西安火车站信息中心的调试、集成。

四、研究开发经费、报酬及其支付或结算方式

1. 研究开发经费是指完成本项目研究开发工作所需的成本。报酬指本项目开发成果的使用费和研究开发人员的研究补贴。

2. 项目研究开发经费和报酬(人民币大写):壹拾伍万元整。

3. 支付方式:分期支付。本合同签订之日起生效,甲方在五个工作日内应支付乙方合同总金额的 50%,计人民币 75000.00 元(人民币大写柒万伍千元整),验收后在五个工作日内付清全部合同余款,计人民币 75000.00 元(人民币大写柒万伍千元整)。

五、利用研究开发经费购置的设备、器材、资料的财产权属

本合同签订之日起,在项目结束之时,凡是关于本项目开发所购置的设备、器材在合同结束后归乙方所有,但是项目所涉及的资料归甲方所有,知识产权归甲方。

六、履行的期限、地点和方式

本合同自 2011 年 3 月 23 日至 2011 年 12 月 10 日在西安履行。

本合同的履行方式:

甲方责任:

1. 甲方权利协助乙方完成合同内容。

2. 合同期内甲方为乙方提供专业性接口技术支持。

乙方责任:

1. 乙方按甲方要求完成合同内容。

2. 乙方愿提供在实现功能的前提下,进一步予以完善。

3. 乙方在合同商定的时间内保证系统正常运行。

4. 乙方在项目验收后提供一年免费维护。

5. 未经甲方同意,乙方在两年内不得向第三方提供本系统中涉及专业的技术内容和所有的系统数据。

七、技术情报和资料的保密

本合同中的相关专业技术内容和所有的系统数据,归甲方所有,在交接项目之后的两年

内,未经甲方同意,乙方不得提供给第三方。

八、技术协作的内容

见系统设计方案。

九、技术成果的归属和分享

专利申请权:归甲方所有;

技术秘密的使用权、转让权:两年内,使用权转让权归甲方所有。

十、验收的标准和方式

研究开发所完成的技术成果,达到了本合同第二条所列技术指标,按国家标准,采用一定的方式验收,由甲方出具技术项目验收证明。

十一、风险的承担

在履行本合同的过程中,确因在现在水平和条件下难以克服的技术困难,导致研究开发部分或全部失败所造成的损失,风险责任由甲方承担50%,乙方承担50%。

本项目风险责任确认的方式:双方协商。

十二、违约金和损失赔偿额的计算

除不可抗力因素外(指发生战争、地震、洪水、飓风或其他人力不能控制的不可抗力事件),甲乙双方必须遵守合同承诺,否则视为违约并承担违约责任。

1. 如果乙方不能按期完成软件开发工作并交给甲方使用,乙方应向甲方支付延期违约金。每延迟一周,乙方向甲方支付合同总额0.5%的违约金,不满一周按一周计算,但违约金总额不得超过合同总额的5%。

2. 如果甲方不能按期向乙方支付合同款项,甲方应向乙方支付延期违约金。每延迟一周,甲方向乙方支付合同总额0.5%的违约金,不满一周按一周计算,但违约金总额不得超过合同总额的5%。

十三、解决合同纠纷的方式

在履行本合同的过程中发生争议,双方当事人和解或调解不成,可采取仲裁或司法程序解决。

1. 双方同意由西安市仲裁委员会仲裁。

2. 双方约定向西安市人民法院起诉。

十四、其他

1. 本合同一式6份,具有同等法律效力。其中正式两份,甲乙双方各执一份;副本4份,交由乙方。

2. 本合同未尽事宜,经双方协商一致,可在合同中增加补充条款,补充条款是合同的组成部分。

2.2.3 制定项目章程的工具和技术

制定项目章程的工具有要素分层法、方案比较法、SWOT(Strengths Weaknesses Opportunities Threats)分析法、净现值法、层次分析法、有无比较法、不确定分析、影子价格理论等。下面简单介绍一些工具。

(1) 要素分层法是制定项目章程比较常规的一种工具。项目选择涉及众多影响因素,且因素杂乱无章,要素分层法是将这些杂乱无章的影响因素按照项目机会、项目问题、项目承办者的优势、劣势进行分层。通过要素分层分析,并采用主观评分的方法,判断机会与问题、优势与劣势各自的强弱,从而做出判断和决策。

(2) 方案比较法是以已经确定的方案为基础,对不同的方案进行比较,进而辅助决策的方法。

(3) 净现值法是一种时间价值法。考虑项目投入的资金随时间推进,以特定利率(有时间、通胀、风险决定)产生的增值,与项目效益对比,进而判断项目是否可行。

(4) 层次分析法(Analytic Hierarchy Process,AHP)是将与决策总是有关的元素分解成目标、准则、方案等层次。

制定项目章程的技术是专家判断。专家判断常用于评估项目制定章程的输入。在过程中,可以借助专家判断和专业知识来处理各种技术及管理问题。专家判断可以来自具有专业知识或专业培训经历的任何小组或个人,并可通过许多渠道获得,包括组织内的其他部门、顾问、干系人(包括客户和发起人)、专业与技术协会、行业协会、主题专家、项目管理办公室(Project Management Office)。

2.3 制订项目管理计划

项目管理计划是用来协调所有项目计划文件和帮助引导项目的执行与控制。为了制定和整合一个完善的项目管理计划,项目经理一定要把握项目集成管理的技术,因为它将用到每个项目管理知识领域的知识。与项目团队和其他利益相关者一起制定一个项目管理计划,能够帮助项目经理引导项目的执行,更好地把握整个项目。创建项目管理计划时,主要的输入包括项目章程、计划过程的输出、企业环境因素及组织过程资产信息。主要应用的工具技术是专家评审,其输出就是一份项目管理计划。

项目管理计划确定了执行、监视、控制和结束项目的方式和方法。项目管理计划记录了规划过程组的各个规划子过程的全部成果,包括:

(1) 项目管理团队选择的各个项目管理过程。

(2) 每项选定流程的实施水平。

(3) 对实施这些过程时使用的工具和技术所做的说明。

(4) 在管理具体项目中使用选定过程的方式和方法,包括过程之间的依赖关系和相互作用,以及重要的依据和成果。

(5) 为了实现项目目标所执行工作的方式、方法。

(6) 监控变更的方式、方法。

(7) 实施配置管理的方式、方法。

(8) 使用实施效果测量基准并使之保持完整的方式、方法。

(9) 利害关系者之间的沟通需要的技术。

(10) 高层管理人员为了加速解决未解决的问题并处理未做出的决策,对内容、范围和时间安排的关键审查。

项目管理计划详略均可,由一个或多个子计划,以及其他事项组成。每一个子计划和其他组成部分的详细程度都要满足具体项目的需要。这些子计划包括但不限于:项目范围管理计划、项目进度计划、项目成本计划、项目质量计划、人力资源计划、沟通管理计划、风险管理计划和项目采购计划。

其他组成部分包括但不限于如下事项：里程碑清单、资源日历、进度基准、成本基准、质量基准和风险登记手册。

2.4　项目执行控制

基准章程一旦建立就必须执行，以使项目在预算内、按进度、使顾客满意地完成。在这个阶段，项目管理过程包括测量实际进程，并与计划进程相比较，同时发现计划进程的不当之处。如果实际进程与计划进程比较时显示出项目落后于计划、超出预算或是没有达到技术要求，就必须立刻采取纠正措施，以使项目能恢复到正常轨道，或者更正计划的不合理之处。

1）指导和管理项目执行

指导与管理项目执行过程要求项目经理和项目团队采取多种行动执行项目管理计划，完成项目范围说明书中所明确的工作。

项目经理与项目管理团队一起指导计划项目活动的开展，并管理项目内部各种各样的技术和组织接口。指导与管理项目执行过程会直接受到项目应用领域的影响。可交付成果是为完成项目管理计划的过程中列入并做了时间安排的项目工作而进行的过程的成果。收集有关可交付成果完成状况，以及已经完成了哪些工作的工作绩效信息，这属于项目执行的一部分，是绩效报告过程的依据。

指导与管理项目执行的成果包括可交付成果、请求的变更、实施的变更请求、实施的纠正措施、实施的预防措施、实施的缺陷补救和工作绩效信息。

2）监控项目工作

在一个大型项目中，很多项目经理认为 90％的工作是用于沟通和管理变更。在很多项目中，变更是不可避免的，所以制定并遵循某个流程以监控变更就十分重要。

监督项目工作包括采集、衡量、发布绩效信息，还包括评估度量数据和分析趋势，以确定可以做哪些过程改进。项目小组应持续监测项目绩效、评估项目整体状况和估计需要特别注意的地方。

项目管理计划、工作绩效信息、企业环境因素和组织过程资产是项目监控工作中的重要内容。项目管理计划为确认和控制项目变更提供了基准。基准是批准的项目管理计划加上核准的变更。绩效报告使用这些材料来提供关于项目执行情况的信息，其主要目的是提醒项目经理和项目团队哪些导致问题产生或可能引发问题的因素。项目经理和项目团队必须持续监控项目工作，以决定是否需要采取修正或预防措施、最佳的行动路线是什么、何时采取行动。

3）集成变更控制

变更控制的目的就是防止配置项被随意修改而导致混乱。集成变更控制是整个软件生命周期中对变化的控制和跟踪。它是通过对变更请求（Change Request，CR）进行分类、追踪和管理的过程来实现的。集成变更控制过程贯穿于项目的始终。由于项目很少会准确地按照项目管理计划进行，因而变更控制必不可少。项目管理计划、项目范围说明书以及其他可交付成果必须通过不断地认真管理变更才能得以维持。否决或批准变更请求应保证将得到批准的变更反映到基准之中。

提出的变更可能要求编制新的或者修改成本估算,重新安排计划活动的顺序,确定新的进度日期,提出新的资源要求,以及重新分析风险应对办法。这些变更可能要求调整项目管理计划、项目范围说明书,或其他项目可交付成果。附带变更控制的配置管理系统是集中项目管理项目内变更的标准过程,且效率高、效果好。附带变更控制的配置管理包括识别、记录和控制基准的变更。施加变更控制的程度取决于应用领域、具体项目的复杂程度、合同要求,以及实施项目的环境与内外联系。

2.5　项目收尾

当一个项目的目标已经实现,或者明确看到该项目的目标已经不可能实现时,应该终止该项目。

项目最后执行结果只有两个状态: 成功与失败。评定标准主要根据是否有可交付成果、是否实现目标、是否达到项目雇主的期望。如果一个项目生产出可交付的成果,而且符合事先预定的目标,满足技术性能的规范要求,满足某种使用目的,达到预定需要和期望,相关领导、项目关键人员、客户、使用者比较满意,这就是成功的项目,即使有一定偏差,但只要多方肯定,项目也是成功的。但是对于失败的界定就比较复杂,不能简单地说项目没有实现目标就是失败的,也可能目标不实际,即使达到了目标,但是客户的期望没有解决,这也不是成功的项目。

软件项目收尾工作应该做的事情至少包括范围确认、质量验收、费用决算、合同终结和资料验收。

项目结束中一个重要的过程就是项目的最后评审,它是对项目进行全面的评价和审核,主要包括确定是否实现项目目标、是否遵循项目进度计划、是否在预算成本内完成项目、项目过程中出现的突发问题以及解决措施是否合适、问题是否得到解决、对特殊成绩的讨论和认识、回顾客户和上层经理人员的评论、从该项目的实践中可以得到哪些经验和教训等事项。

项目结束中最后一个过程是项目总结。项目的成员应当在项目完成后,为取得的经验和教训提交一份项目总结报告。

2.6　本章小结

本章介绍了项目集成管理的定义。项目章程是由项目执行组织高层批准的以书面签署的确认项目存在的正式文件,该文件包括对项目的确认、对项目经理的授权和项目目标的概述。项目集成管理的主要过程包括 5 个步骤,分别是: 制定项目章程、创建初步的项目范围说明书、制定项目管理计划、项目执行控制、项目收尾。其中制定项目章程的重要依据是合同,合同明确了甲方和乙方的任务,以保证按需求完成项目。项目执行控制阶段主要是按照项目章程执行项目并监控项目性能以实现项目章程,主要包括指导和管理项目实施、监控项目工作、集成变更控制三个阶段。本章是第 1 章提及有关项目集成管理阶段的详细介绍,也是贯穿整个软件项目管理的重要阶段。

习题二

1. 问答题

（1）什么是项目建议书？

（2）什么是项目章程？

（3）外部项目和内部项目签署的合同有哪些区别？

（4）项目集成管理的过程包含哪些？

2. 选择题

（1）开发项目建议书的目的是（　　）。

    A. 编写计划　　　　　　　　　　　　B. 验收

    C. 竞标或签署合同　　　　　　　　　D. 跟踪控制项目

（2）项目章程（　　）。

    A. 明确了团队的纪律　　　　　　　　B. 明确了项目经理

    C. 明确了项目需求　　　　　　　　　D. 明确了项目的质量标准

（3）项目建议书是在（　　）阶段开发的文档。

    A. 项目计划阶段　　　　　　　　　　B. 项目初始阶段

    C. 项目执行阶段　　　　　　　　　　D. 项目结尾阶段

（4）甲乙双方之间存在的法律合同关系称为（　　）。

    A. 合同条款　　　　　　　　　　　　B. 合约

    C. 合同当事人　　　　　　　　　　　D. 其他

（5）合同激励可以使（　　）。

    A. 乙方节约成本　　　　　　　　　　B. 甲方节约成本

    C. 增加乙方成本　　　　　　　　　　D. 合同双方的目标和利益得到协调

3. 判断题

（1）如果某项目是内部项目，则在项目初始阶段可以不提交招标书。　　　　（　　）

（2）项目章程类似一份项目授权书。　　　　　　　　　　　　　　　　　（　　）

（3）软件项目都是需要签署合同的。　　　　　　　　　　　　　　　　　（　　）

（4）签署合同的双方，提出需求的是乙方。　　　　　　　　　　　　　　（　　）

（5）项目经理是在项目章程阶段被授权的。　　　　　　　　　　　　　　（　　）

（6）项目经理是一个综合的角色。　　　　　　　　　　　　　　　　　　（　　）

（7）为了编写一个好的集成项目章程，项目经理应该通晓项目知识域的相关知识，与项目团队人员一起协作完成。　　　　　　　　　　　　　　　　　　　　　　　（　　）

第 3 章

项目范围管理

项目管理过程中最重要也是最困难的方面之一是明确项目计划。项目计划是指根据对未来的项目决策,项目执行机构选择制定包括项目目标、工程标准、项目预算、实施程序及实施方案等的活动。在一个具体的项目环境中,可作为预先确定的行动纲领。制定项目计划旨在消除或减少不确定性;改善经营效率;对项目目标有更好的理解及为项目监控提供依据。项目计划活动首先要进行的就是估算——估算项目的时间、估算项目的工作量、估算项目所需人员数量、估算项目所需要的资源量(硬件及软件)和项目可能遇到的风险。

而在制定项目计划中,要明确项目的需求及其管理的范围;而软件项目的范围首先从软件项目的需求开始。

3.1
项目范围
管理

3.1 项目范围管理

项目范围是指开发项目产品所包括的工作及产生这些产品所包含的全过程,在此基础上,项目范围管理是界定和控制项目中包含什么和不包含什么的全过程。这个过程确保项目团队和项目干系人对项目的可交付成果以及生产这些可交付成果所进行的工作达成共识。在项目范围管理中,首先要明确定义项目的范围,它是项目实施的依据和变更的输入,只有对项目的范围有了明确的定义,才能进行项目规划。项目范围管理主要包括如下 4 个阶段。

(1)项目需求:定义并记录项目最终产品的特点和功能,以及创造这些产品的过程。例如:盒马鲜生物流系统可以实现网上零售管理、产品配送管理、财务管理和人力资源管理等功能。

(2)范围定义:根据项目需求分析的成果,把项目的主要可交付产品和服务分为更小的、更容易管理的单元,即形成工作分解结构(Work Breakdown Structure,WBS)。例如:根据学校图书馆的实际项目需求,为图书馆管理系统建立工作分解结构。

(3)范围核实:指对项目范围的正式认定,项目主要干系人(如项目客户和项目发起人等)要在该过程中正式接受项目可交付成果的定义。该过程可以确保项目范围能得到很好的管理和控制。例如项目经理和客户通过召开需求会议的方式,确定物流系统的可交付成果(包括项目计划、工作分解结构、进度计划、状态报告、产品、服务和用户手册等)。

(4)范围控制:指对有关项目范围的变更实施控制。主要的过程输出是范围变更、纠正行动与教训总结。例如,项目干系人不断通过访谈等形式对用户的实时需求进行了解,从而保证范围变更在可控范围内。

3.2 软件项目管理

软件项目管理的对象是软件工程项目,所涉及的范围涵盖了整个软件工程过程。软件项目管理是为了使软件项目能够按照预定的成本、进度、质量顺利完成,而对人员(People)、产品(Product)、过程(Process)和项目(Project)进行分析和管理的活动。

软件项目管理的根本目的是保证整个软件项目在整个软件生命周期(从软件分析、软件设计到软件运行与维护)都在管理者的控制之下,以预定成本和质量按期完成软件并交付用户使用。

软件项目管理和其他的项目管理相比有相当的特殊性。首先,软件是纯知识产品,其开发进度和质量很难估计和度量,生产效率也难以保证。第二,软件系统的复杂性也导致了开发过程中各自风险的难以预见和控制。第三,软件项目实现的结果与软件需求分析的结果息息相关。

因此,软件项目需求管理是项目范围管理的起始点,也是软件项目规划与实施的基础,软件需求管理的结果将直接影响项目的成败。

3.2.1 软件需求管理

启动软件项目的原因是软件需求的存在,软件开发模型有瀑布模型、快速模型和增量模型等,但无论采用哪一种模型,软件需求分析是软件开发过程的基础。在软件开发统计数据中,软件项目中40%~60%的问题都是在需求分析阶段埋下的隐患。而在以往失败的软件项目中,80%的失败项目是由于需求分析的结果不明确造成的。因此,一个软件项目成功的关键因素之一就是对需求分析的把握程度,而软件项目的整体风险往往表现出需求不明确、业务流程不合理,所以,需求管理是项目管理的重要一环。

软件需求是:①用户为解决某一问题或达到某一目标所需条件或权能;②系统或系统构件为了满足合同、规约、标准或其他正式实行的文档所需具有的条件或权能;③一种反映上述①或②所述条件或权能的文档说明。它包括功能性需求及非功能性需求,非功能性需求对设计和实现提出了限制,例如性能要求、质量标准,或者设计限制。

软件需求就是指用户希望软件能做什么事情,实现什么样的功能,达到什么样的性能。因此,软件项目管理人员要准确地理解用户所提出的要求,进行细致的需求调查分析,将用户的非形式化的需求陈述转化为完整的需求定义,并依据此定义转化为需求规格说明书。

软件需求分为三个层次:业务需求(business requirement)、用户需求(user requirement)和功能需求(functional requirement)。最后据此确定软件需求规格(software requirement specification,SRS)。业务需求一般说明在范围文档中,它是指组织机构或客户对系统、产品高层次的目标要求,由管理人员或市场分析人员确定;用户需求可以在用例或场景中进行说明,它必须与业务需求一致,描述了用户通过使用本软件产品必须要完成的任务;功能需求是指开发人员必须实现的软件功能,使用户通过使用此软件能够顺利完成任务,从而实现业务需求。软件需求规格则描述了软件系统应该具有的外部行为特征,包括了软件必须遵从的标准、规范和合约;外部界面特点;非功能性需求(例如性能要求等);设计或实现的约束条件及质量属性。所谓约束是指对开发人员在软件产品设计和构造上的限制。质量属性是通过多种角度对产品特点进行描述，从而反映产品功能。上述关系如图 3-1 所示。

图 3-1　软件需求的层次

有效的软件需求管理可以大大减少开发后期和整个维护阶段返工的工作量。Boehm (1981)验证发现，改正在产品应用后发现的需求方面的错误比在需求阶段改正同一错误多付出 68 倍的成本。20 世纪 80 年代后期，逐渐产生了软件工程的分支领域——需求工程 (Requirement Engineering，RE)，它是指应用已经证实有效的技术、方法进行需求分析，确定客户需求，帮助分析人员理解问题并定义目标系统的所有外部特征的学科，它通过合适的工具和记号系统地描述待开发系统及其行为特征和相关约束，形成需求文档，并对用户不断变化的需求演进给予支持。

软件需求工程是一门分析并记录软件需求的学科，它把系统需求分解成一些主要的子系统和任务，把这些子系统或任务分配给软件，并通过一系列重复的分析、设计、比较研究、原型开发过程把这些系统需求转换为软件的需求描述和一些性能参数。其目的是在客户和遵循客户需求的软件项目之间建立一种共同的理解，但在实际软件需求管理过程中尚存在如下问题：

(1) 范围界定方面：系统的目标、边界未被良好地定义，用户对此容易混淆。

(2) 理解问题方面：用户不能完全了解自己需要什么，对系统的能力、局限更不清楚。软件工程师不理解用户的问题域和应用环境，相互之间的沟通存在问题。

(3) 易变性方面：随时间的变化，系统需求会发生变化。

3.2.2　需求获取

软件需求获取是指通过与用户的交流，对现有系统的观察及对任务进行分析，从而开发、捕获和修订用户的需求的过程，是整个软件项目开发过程中最为关键的输入。软件需求获取具有模糊性、不确定性、易变性和主观性。

软件需求获取是项目干系人、用户之间为了定义新系统而进行的交流。需求获取是需求分析的前提，需求获取是获得系统必要的特征，或者是获得用户能接受的、系统必须满足的约束。用户来自不同的行业，对所要开发的系统的目标已做出总体的规划，但由于用户缺乏专业的软件开发经验和技术，同时，虽然项目干系人对开发软件过程中有丰富的经验，但对于用户所在行业内容知识了解较少。如果双方所理解的领域内容在系统分析、软件设计过程中出现问题，通常在开发过程的后期才会被发现，将会使整个系统交付延迟，或上线的系统无法或难以使用，最终所开发的系统以失败告终，从而出现严重的软件危机。例如遗漏的需求(丢失了系统必须支持的功能)或错误的需求(不正确的功能描述或不可使用的用户界面)。需求获取的目标是提高开发者与用户之间沟通的能力,进而构造应用系统的领域模型。

在面向对象的方法中,项目干系人选择用户易于理解的表达方式,通过使用用例(用例图)来获取软件的需求。用例通过描述"参与者"和"系统"之间的交互方式描述系统的行为。用例方法最主要的优点在于以用户为导向,用户可根据自身所对应的用例不断细化自己的需求。与此同时,使用用例还可方便地得到系统功能的测试用例。

1. 需求获取的输入和开始准则

为了对系统有全面的理解,需要确定初始的范围,从较高的层次描述软件项目需要实现什么,该范围作为需求收集阶段的输入。根据能够得到的必要信息,客户和竞标项目的组织拟定一份合同,合同规定了每一方的义务。在签署合同之前,每个组织应反复讨论协商并评审项目范围,确保没有做出无法实现的承诺。经过项目经理批准后,该高层次项目范围确定了要开发的软件部分,软件部分的细节成为软件需求获取的内容。

2. 软件需求获取内容

将需求获取看成是项目能够最大限度地满足客户的方法,而不是局限于狭窄的范围,仅仅作为获取一个给定系统的功能性需求的技术过程。软件需求获取主要包括 4 个方面。

1) 职责

正确的需求获取是后续活动成功的基础。如果没有正确地获取需求,无论后续步骤执行得多么到位,都不可能构建一个真正满足用户的系统。保证这一步正确是首先要解决的方面。促使这方面获得成功的措施有确定单一联系点和最终的决定权、确定和建立解决问题的服务级别合约、确定变更控制规范和确定法规的遵循问题。

理想情况下,为了说明和仲裁需求,应该从客户组织中一个单一且最终的联系点开始。这个单一联系点应该由客户组织的高层经理提名,并正式通知组织的其余人员。为凸显软件项目的合法性和权威性,该单一联系点通常为软件项目的项目经理或首席信息官。项目经理(或项目首席信息官)是资源分配和谈判的渠道。

任何软件系统中都有一个无法避免的事实,即需求的变更。变更是无法避免的,是不以主观愿望为转移的。更确切地说,变更必须预料到,并且按照适当的变更控制规范进行管理。变更控制解决变更中的请求、识别、评估的程序问题。在需求阶段,当系统的定义仍旧在演化时,变化几乎同步发生。通过使用最终决定权和单一联系点,需求的变更内容可以被汇集和合并。与此同时,在系统设计和系统运行和维护阶段中,需求变更需要花费巨大的成本,并且使软件开发的进度变缓,不能按期交付客户使用。因此,在承诺的条件下,识别什么类型的变更可以请求,如何决定一个特别的变更是否值得做以及带来的花费是什么,是十分重要的。

2) 需求调查形式

需求获取的主要任务是和用户方的领导层、业务层人员的访谈式沟通,目的是从宏观上把握用户的具体需求方向和趋势,了解现有的组织结构、业务流程、硬件环境、软件环境、当前运行的系统等具体情况和客观信息,建立起良好的沟通渠道和方式。在根据客户的要求确定系统的整体目标和系统的工作范围后,需对客户进行访谈和调研。交流的方式可以为会议、电话、电子邮件、小组讨论和模拟演示等不同形式。对于每一次交流均要进行记录,并对于交流的结果进行具体的分类,便于后续活动的进行。例如将一个图书馆管理系统的需求细分为功能需求、非功能需求(如响应时间、平均无故障工作时间、自动恢复时间等)、环境限制、设计约束等类型。对此,需求调查形式有以下四个方面:

- 需求专题讨论会。它是指在一段短暂但紧凑的时间段内,把所有与需求相关的人员集中到一起,围绕产品或者项目的目标进行研究和讨论,并总结出初步的需求。需求专题讨论会需要有经验的人(例如需求工程师)组织才能保证成功。
- 电视电话会议访谈。电视电话会议访谈是一种自由的、开放的获取需求的方式,可以深入探究用户对某些问题的回答,从而得到更准确的信息。
- Q&A 列表邮件提问。该方法是向用户调查需求的主要方式。它是指对软件产品需求不明确的问题,整理归纳成 Q&A 列表,通过邮件方式获取用户的需求。Q&A 列表可以详细记录需求问题从不明确到清晰的完整过程,但获取需求的进度取决于用户能否及时地回复邮件,因此需要花费大量的时间。
- 自行搜集需求。对于用户不能明确提供的需求,根据自行调查相关的行业标准、同类标准,总结出功能、非功能需求。并将需求点通过需求专题讨论会和电视电话会议访谈的方式与客户委托方进行确认。

3) 系统需求分析

需求分析也称为需求建模,是需求获取后为最终用户所看到的系统建立一个概念模型,是对需求的抽象描述,并尽可能多地捕获现实世界的语义。需求分析的任务就是借助当前系统的逻辑模型导出目标系统逻辑模型,解决目标系统“做什么”的问题。从当前系统转化为目标系统的需求分析模型如图 3-2 所示。

图 3-2　需求分析模型

当前系统需求可以分类为:①功能需求,为系统应该做什么,提供了定性的描述;②性能需求,规定了应用要满足的性能,是严格的定量描述;③可用性需求,对各种部件正常运行时间的期望描述;④安全需求,决定谁有权利使用系统的哪一部分(以及使用多少次),安全需求必须在需求阶段的早期确定;⑤环境定义,系统将要运行于其上的软件和硬件平台方面的限制。

4) 目标系统的需求

为成功部署软件产品,确保项目正常实施,在需求管理阶段,不仅要准确分析客户对于软件产品的需求,还要考虑客户所需要的非软件方面,其中包括:

(1) 文档:每个产品都需要文档,需要到何种程度取决于产品的复杂度和达成的合约。一个产品需要的文档类型包括用户手册、设计和内部文档、安装指南和在线帮助。

（2）培训：一旦产品开发完成,可能需要培训客户。对不同的客户可能有不同层次的培训。需要培训客户如何使用模块(数据输入格式、菜单、报表等);对系统管理员培训安全、系统备份、恢复等功能;如果产品的后续维护移交给客户,则可能需要培训客户组织中的开发人员了解真实的程序以及如何维护该程序。因此,需要什么程度的培训,决定了要付出的工作量。

（3）后续支持：一旦系统被部署在用户那里,将会需要后续的支持,在这方面必须回答的问题包括需求变更由什么构成以及如何处理它、代码改正的周期、产品维护周期、变更范围。

3. 软件需求获取遵循的步骤

需求获取的步骤如下：

（1）开发高层的业务模型。客户和开发组织确定各自的单一联系点,授予做决定的权利,并代表各自的组织利益行事。在此基础上,项目干系人需对所开发领域进行充分了解,并建立业务模型,描述用户的业务过程,确定用户的初始需求。最后通过迭代,更深入地了解应用领域,并对初始业务模型进行改进。

（2）定义项目范围和高层需求。在软件项目开始之前,应当在所有项目相关方面建立一个共同的愿景,即定义项目范围和高层需求。项目范围描述系统的边界与外部事物(包括组织、人、硬件设备、其他软件等)的关系。高层需求不涉及过多的细节,主要表示系统需求的概貌。

（3）识别用户类和用户代表。保证软件开发组织分析需求的一致性和完整性。在此基础上确定目标系统的不同用户类型,在需要项目澄清时,接触客户组织中适当的联系点并解决问题。

（4）获取具体需求。获取开发组织以需求规格说明文档的形式得出讨论结果。

（5）确定目标系统的业务工作流。根据客户组织中的人员评审需求规格说明文档,确保目标系统业务工作的一致性和完整性。在需要变更的情况下,与软件项目干系人进行磋商,保证双方对需求有一致的、完整的、无二义性的理解。

（6）需求整理与总结。对上述步骤的需求资料进行整理和总结,确定对软件系统的综合要求,即软件系统的需求,并提出这些需求实现条件,以及需求应达到的标准。这些需求包括功能需求、性能需求、环境需求、可靠性需求、安全保密需求、用户界面需求、资源使用需求、软件成本消耗与开发进度需求等。

4. 需求阶段的输出和质量记录

需求收集过程的主要输出是需求规格说明文档(Software Requirement Specification, SRS),需求分析完成的标志是提交一份完整的软件需求规格说明书(SRS)。该说明书以一种开发人员可用的技术形式陈述了一个软件产品所具有的基本特征和性质,以及期望和选择的特征和性质。对于一个软件项目来说,软件需求规格说明书(SRS)和工作陈述(Statement of Work, SOW)是极为关键的文档,SRS的编写可以参照甲方提供的SOW的相关信息进行,SRS为客户和开发者之间建立一个约定,准确地陈述了要交付给客户的内容。软件需求规格说明书(SRS)包括客户和开发组织最终都同意的所有信息,它有各种可能的格式。

在需求收集阶段需要获得的主要质量记录包括为讨论需求而举行的各种会议的备忘

录、为了阐明或者解决需求中的冲突而写的任何来往信件、变更请求及其影响、有决定权的人员的签字。

5. 需求获取技能和存在的问题

需求获取阶段以很高的客户能见度和互动为特征,比其他阶段更需要高层次上的沟通,并伴有很大程度上的流动性。基于所有这些因素,领导或者参与需求收集阶段的人员需要7种技能:从客户的视角看待需求的能力、领域知识、技术意识、人际交往技巧、谈判技巧、对不明确因素有一定的承受能力,以及沟通技能。

进行需求获取时应该注意如下问题:

(1)识别真正的客户。软件项目在开发过程中会面对多方的客户,不同类型客户的素质和背景都不一样,不同客户之间可能不存在共同的利益,例如:销售人员希望系统使用方便,会计人员希望系统可以对销售的数据进行有效的统计,人力资源部门更关注系统如何管理和培训员工,不同客户之间的利益还可能存在冲突。因此,需要清楚地认识影响项目的不同客户,并对多个客户的需求进行排序,如果与项目无干人参与项目,需暂缓考虑其需求。

(2)正确理解客户的需求。在访谈过程中,客户并不能有效表达真正的需求,可能提供一些混乱的信息,甚至会夸大或者弱化真正的需求。因此,项目干系人在了解客户所在行业的专业知识外,还要了解客户的业务和社会背景,有选择地过滤需求,理解和完善需求,确认客户真正需要的东西。例如,在买衣服时,客户都会谈论衣服颜色、款式和面料等方面的需求,但买衣服中隐含的需求(御寒、漂亮或体面等)并不会直接表达。

(3)具有较强的忍耐力和清晰的思维。进行需求获取的时候,应该能够从客户凌乱的建议和观点中整理出真正的需求,不能对客户需求的不确定性和过分要求失去耐心,甚至造成不愉快,要具备较好的协调能力。

(4)说服和教育客户。需求分析人员可以同客户密切合作,帮助他们找出真正的需求,通过说服、引导等手段,也可以通过培训来实现;针对需求变更,要与客户进一步交流,并告知客户需求变更为正常项目开发所带来的影响。

(5)建立需求分析小组。在软件项目开发过程中,需求分析人员应成立专门的需求分析小组,进行充分交流,对客户所提出需求进行实地考察访谈,并收集相关资料,在必要时可以采用图形表格等工具。

3.2.3 需求验证

需求获取完成,提交需求规格说明后,软件分析人员需要与客户对需求分析的结果进行验证,以需求规格说明为输入,通过符号执行、模拟和快速原型等途径,分析需求规格的正确性和可行性。需求验证通常包括如下6个方面。

1. 正确性

软件分析人员需要和用户一起进行需求的复查,以确保将用户的需求充分、正确地表达出来。每一项需求都必须准确地陈述其要开发的功能。如果软件需求与对应的系统需求相抵触,则验证是不正确的。需要注意的是,只有用户代表才能确定用户需求的正确性。

2. 一致性

这里的一致性是指与其他软件需求或高层需求不互相冲突。在开发前必须解决所有需求间的不一致部分。验证所获取的需求没有冲突和二义性。

3. 完整性

验证是否所有可能的状态、状态变化、产品和约束都在需求中描述，不能遗漏任何必要的需求信息。因此，在进行软件开发前，必须解决和补充需求中所有的遗漏项。

4. 可行性

验证需求是否可行，每一项需求都必须在已知系统和环境的约束范围内可以实施。

5. 可追溯性

验证需求是否是可被追溯的，即应该在每项软件需求与它的根源和设计元素、源代码、测试用例之间建立起连接，这种可追溯性要求每项需求以一种结构化的方式编写。

6. 可检验性

检查每项需求是否能通过设计测试用例或其他的验证方法。若需求不可验证，则其正确性便失去了客观依据。例如，"界面友好""性能优越"等模糊定性的需求便是不可检验的，这可能导致后期的软件验收问题。

如果软件项目缺乏合理的需求验证，就可能导致因不能实现预期的功能而需要在后期进行高代价的修正、拖期和超出预算等问题。

3.2.4　需求变更

需求变更是软件项目区别于传统项目的显著特点。在软件开发过程中的需求变更会给软件开发带来不确定性，因此，需求变更管理主要从如下几方面入手展开。

1. 建立需求基线

需求基线指是否允许需求变更的分界线，它是需求变更的依据。在需求被确定和评审后，可以建立第一条需求基线。每次需求变更都需要对需求基线进行重新确定。当软件分析人员与客户进行沟通建立了需求文档，则该文档经过评审后即可建立第一条需求基线。

2. 确定需求变更控制过程

需求基线建立后，需要制定有效的变更控制流程文档，所有变更都需要遵循该流程文档进行控制。

3. 建立变更控制委员会

变更控制委员会由包括项目用户方和开发方的决策人员在内的人员共同组成，该委员会负责裁定接受变更的范围。

4. 进行需求变更影响分析

进行需求变更影响分析可以对申请的需求变更有深刻的理解，从而对进行中的工作做出调整部署。

5. 跟踪所有受需求变更影响的产品

需求变更后，记录每个需求变更文档的版本号、日期以及变更的原因和内容，以使更新后的软件计划、活动与变更后的需求保持一致。

6. 衡量需求稳定性

如果需求变更过于频繁，则说明对需求的认识不够深入；如果需求变更的总体数量过高，则意味着项目范围确定存在问题。

3.3　项目工作分解

项目管理计划是描述项目范围如何进行管理,项目范围怎样变化才能与项目要求相一致等问题的。它还包括对项目范围稳定的预期而进行的评估(例如项目需求的变更、变化频率等)。范围管理计划也应该包括对变化范围确定,变化分类等问题的清楚描述。

范围计划编制是将产生项目产品所需进行的项目工作(项目范围)渐进明细和归档的过程。在进行范围计划编制工作是需参考大量的信息(例如产品描述),需要清楚最终产品的定义,从而保证规划工作的实施。项目章程是该过程的主要依据,范围计划是在此基础上进一步深入和细化。

当解决问题过于复杂时,可以将问题分解成容易解决的子问题,在规划软件项目时,从任务分解角度出发,需将一个软件项目分解为更多的工作细目或者子项目,使项目变得更小、更易管理、更易操作,从而提高软件项目估算成本、时间和资源的准确度。完成软件项目是一个极其复杂的过程,必须采取分解的手段把主要的可交付成果分成更容易管理的单元,并最终得出项目的分解结构。

3.3.1　创建工作分解结构

工作分解是对需求的进一步细化,是最后确定项目所有工作范围的过程。工作分解的结果便是工作分解结构(Work Breakdown Structure,WBS)。WBS 是面向可交付成果的对项目元素的分组,组织并定义了整个项目的范围,是一个分级的树型结构,是对项目由粗到细的分解过程。WBS 以可交付成果为中心,采用自顶向下、自底向上或类比的方法,将项目中所涉及的工作进行分解,定义出项目的整体范围。工作分解结构把项目工作分成较小和更便于管理的多项工作,每下降一个层次意味着对项目工作更详尽的说明。工作分解结构是当前批准的项目范围说明书规定的工作。构成工作分解结构的各个组成部分有助于利害关系者理解项目的可交付成果。因此,WBS 由以下四部分构成。

(1)编码。编码是最显著和最为关键的 WBS 构成因子,首先编码用于将 WBS 彻底地结构化。通过编码体系,项目干系人很容易识别 WBS 元素的层级关系、分组类别和特性。随着计算机科技的高速发展,编码实际上使 WBS 信息与组织结构信息、成本数据、进度数据、合同信息、产品数据、报告信息等紧密地联系起来。

(2)工作包。工作包(work package)是 WBS 的最底层元素,一般的工作包是最小的"可交付成果",这些可交付成果很容易识别出完成它的活动、成本和组织以及资源信息。例如:管道安装工作包可能含有管道支架制作和安装、管道连接与安装、严密性检验等几项活动;包含运输焊接和管道制作人工费用、管道和金属附件材料费等成本;过程中产生的报告和检验结果等问题;被分配的工班组等责任包干信息等。因此,一个用于项目管理的WBS 必须被分解到工作包层次才能够使其成为一个有效的管理工具。

(3)WBS 元素。WBS 元素是指 WBS 结构上的每一节点。可以通俗地理解为"组织结构图"上的一个个"方框",这些方框代表了独立的、具有隶属关系和汇总关系的"可交付成果"。工作包是最底层的 WBS 元素。

(4)WBS 字典。WBS 字典是用于描述和定义 WBS 元素中的工作的文档。字典相当于对某一 WBS 元素的规范,即 WBS 元素必须完成的工作以及对工作的详细描述;工作成果的描述和相应规范标准;元素上下级关系以及元素成果输入输出关系等。同时 WBS 字典对于清晰地定义项目范围起到规则作用,从而确保 WBS 易于理解和被组织以外的参与者接受。在建筑业,工程量清单规范就是典型的工作包级别的 WBS 字典。

3.3.2 工作分解的过程

创建工作分解结构的主要输入是项目范围说明书、组织过程资产和批准的变更请求。工作分解需要的主要工具和技术是分解,即把项目可交付成果分成较小的、便于管理的组成部分,直到工作和可交付成果定义到工作细目水平。工作分解的主要输出是项目范围说明书、工作分解结构、工作分解结构词汇表、范围基准、项目范围管理计划和请求的变更。

进行工作分解的标准应该统一,不能有双重标准。选择一种项目分解标准之后,在分解过程中应该统一使用此标准,避免因使用不同标准而导致的混乱。可以采用生存期为标准、产品的功能为标准或者以项目的组织单位为标准。进行任务分解的基本步骤如下。

(1)确认并分解项目的主要组成要素。通常,项目的主要要素是这个项目的工作细目。以项目目标为基础,作为第一级的最整体的要素。项目的组成要素应该用有形的、可证实的结果来描述,目的是使绩效易检测。

(2)确定分解标准,按照项目实施管理的方法分解,而且分解的时候标准要统一。分解要素是根据项目的实际管理而定义的。不同的要素有不同的分解层次。例如:项目生存期的阶段可以当作第一层次的划分,把第一层次中的项目细目在第二阶段继续进行划分。

(3)确认分解的详细程度以及作为费用和时间估计的标准,明确责任。工作细目的分解如果在很久的将来才能完成,就不存在确定性。

(4)确定项目交付成果。根据项目规范的衡量标准检测交付结果。

(5)验证分解正确性。验证分解正确后,建立一套编号系统。

3.3.3 工作分解的类型

合理的 WBS 制定应该按照逐层深入的思想,先确定软件项目框架,再逐层向下进行分解。WBS 中的每一个具体分节应该标明唯一的编码,编码不仅使工作分解层次清晰,还可以充当项目经理、项目团队以及客户代表的共同认知的符号标记。WBS 中的编码与分节结构条目应该具有一一对应的关系。

例如,在盒马鲜生管理信息系统中有如下功能:在入库管理子系统中,实现货物品质检测,冷链存储,复核更新货物信息;在出库管理子系统中,能实现查询货物仓位,冷链包装,以及复核更新货物信息;在物流配送管理子系统中,能实现车队信息管理与考核,订单分配与车辆分配,以及货物跟踪;在结算管理子系统中,能够实现供应商财务结算,客户订单查询结算取消,以及员工工资结算;在企业情报管理子系统中,能够实现企业历史运营数据管理,企业未来决策数据分析;在订单管理子系统中,能实现对订单信息进行管理、查询和修改,订单信息转换、确认和打印,以及交接单信息管理;在人力资源管理子系统中,能对人力资源进行规划化,人员分配、培训和考核,以及薪酬福利管理;在信息维护子系统中,能够进行用户识别与信息反馈,并对系统进行维护和运行管理。

工作分解可采取清单类型和图表类型两种形式。

1. 清单类型

采用清单类型的分解方式,就是将任务分解的结果以清单的表述形式进行层层分解的过程,类似于图书的目录结构,如表 3-1 所列。

表 3-1　清单类型

模 块 等 级	模 块 名 称
1	盒马鲜生管理信息系统
1.1	入库管理
1.1.1	货物品质检测
1.1.2	冷链存储
1.1.3	复核更新货物信息
1.2	出库管理
1.2.1	查询货物仓位
1.2.2	冷链包装
1.2.3	复核更新货物信息
1.3	物流配送管理
1.3.1	车队信息管理与考核
1.3.2	订单分配与车辆调配
1.3.3	货物跟踪
1.4	结算管理
1.4.1	供应商财务结算
1.4.2	客户订单查询结算取消
1.4.3	员工工资结算
1.5	企业情报管理
1.6	订单管理
1.7	人力资源管理
1.8	信息维护管理

2. 图表类型

采用图表类型的任务分解就是进行任务分解时采用图表的形式进行层层分解的方式,如图 3-3 所示。

3.3.4　工作分解的用途及种类

WBS 是面向项目可交付成果的成组的项目元素,项目元素定义和组织软件项目的总的工作范围,未在 WBS 中包括的工作就不属于项目的范围。WBS 每下降一层就代表对项目工作更加详细的定义和描述。较好的工作分解可以防止遗漏项目的可交付成果,帮助项目经理关注项目目标和澄清职责,建立可视化的项目可交付成果,以便估算工作量和分配工作;帮助改进时间、成本和资源估计的准确度;帮助项目团队的建立和获得项目人员的承诺;为绩效测量和项目控制定义一个基准,辅助沟通清晰的工作责任;为其他项目计划的制定建立框架,帮助分析项目的最初风险。

WBS 具有 4 种主要用途:①WBS 是一个描述思路的规划和设计工具,它帮助项目经理和团队确定和有效地管理项目的工作;②WBS 是一个清晰地表示各项目工作之间的相互联系的结构设计工具;③WBS 是一个展现项目全貌,详细说明为完成项目所必须完成的各

图3-3 图表类型

项工作的计划工具;④WBS定义了里程碑事件,可以作为项目状况的报告工具,向高级管理者和客户报告项目完成情况。

制作工作分解结构过程生成的关键文件是实际的工作分解结构。分解结构每一组成部分包括工作细目与控制账户,赋予一个唯一的账户编码标识符。这些标识符形成了一种费用、进度与资源信息汇总的层次结构。

工作分解结构不应与其他用来表示项目信息的"分解"结构混为一谈。在某些应用领域或其他知识领域使用的其他结构包括以下几类:

(1)组织分解结构(Organizational Breakdown Structure,OBS):按照层次将工作细目与组织单位形象地、有条理地联系起来的一种项目组织安排图形。

(2)材料清单(Bill of Material,BOM):将制造产品所需的实体部件、组件和组成部分按照组成关系以表格形式变现出来的正式文件。

(3)风险分解结构(Risk Breakdown Structure,RBS):按照风险类型形象而又有条理地说明已经识别的项目风险的层次结构的一种图形。

(4)资源分解结构(Resource Breakdown Structure,RBS):按照种类和形式而对将用于项目的资源进行划分的层次结构。

3.4 盒马鲜生管理信息系统案例分析

本项目需求分析阶段,项目干系人缺乏对物流管理信息系统的相关知识,不能充分理解客户的真实需求。随着对系统组织结构的深入了解,发现部分存在不合理或不完整或缺失的需求,必然会引起需求变更。为了避免不必要的需求变更,在开发盒马鲜生管理信息时,从系统所在企业的组织需求分析,具体分析每个子系统的业务需求,并绘制数据流图。在此基础上,项目组与用户通过访谈等形式确定需求规格。本项目采用原型分析法确定需求,然后根据用户确认的原型系统,并结合每个子系统的数据流图编写软件需求规格说明书。最后,根据软件需求规格说明书形成该项目的最后范围计划,即 WBS 结果。

3.4.1 结算管理子系统

结算管理子系统是对销售收入以及人力、物力资本支出等进行结算处理,系统可以每月进行一次成本和利润的核算,对内部资金流进行有效处理。结算管理子系统对顾客、管理人员及普通员工开放不同功能。对管理员而言,主要包括费用种类、收款处理、付款处理、应收款查询、应付款查询等功能;对顾客而言,主要包括查询个人订单查询、订单支付、订单取消等功能;对供应商而言,主要包括供应商账单结算和账单查询,其中账单查询包括应收款明细查询、已结算账单明细查询。对于同时具备多重身份的人员登录系统时,需要进行身份选择,以分别进入不同的结算管理操作界面。结算管理子系统的数据流图如图 3-4 所示。

图 3-4 结算管理子系统数据流图

如图 3-4 所示,该子系统在识别用户身份之后,根据不同权限开放不同功能。工作人员可以通过该系统对已经结算的客户费用作收款记录,对已经结算承运人的运费作付款记录,并且实时查询客户的应收款、应付款情况。客户或工作人员可以通过该系统查询不同业务的计费标准以及该企业提供的业务种类。并且系统可以通过对每一笔业务成本和利润的核算,快速准确地完成费用结算,并通过资金流和信息流对账单进行有效的处理。

3.4.2 企业情报管理子系统

该子系统可以实现商业数据存储、整理、分析等工作,具有很强的数据处理能力,是紧密联系商业市场发展、应用大数据技术进行数据工作的系统。企业情报管理子系统的数据流图如图 3-5 所示。

在图 3-5 中,企业情报管理子系统主要由三个部门协同构建——运营零售部、采购部、财务部。三个部门在日常运营中会产生大量的订单、报表等即时单据,这些单据在发挥商业效用的同时,副本被存储在企业数据库中。每一季度末,对将收货清单、采购清单和财务报表进行大数据分析,以历史数据为训练数据集、以上一季度数据为测试数据集,则可评估出

图 3-5 企业情报管理子系统数据流图

上一季度的企业运行情况和问题,并以此支持商业决策。

3.4.3 入库管理子系统

该子系统处理客户的各种收货指令及提供相应的查询服务,并保证生鲜类货物的冷链存储,主要功能有受理方式、订单类型、入库方式、货物品质检测、货物验收、库位分配、冷链存储等。入库管理子系统数据流图如图 3-6 所示。

(1)受理方式:直接受理、电话受理、传真受理、Email 受理、网上受理等。

(2)订单类型:先入库,再配送处理;先提货,再入库,再配送处理;先提货,再入库处理。

(3)入库方式:一次性入库、分批入库。

(4)货物品质检测:货物名称、货物类型、货物品质要求等。

(5)货物验收:货主、货物名称、规格、货物等级、接收数量、破损数量、搁置数量、货物重量、货物体积、生产日期等。

(6)收货单打印:该功能是打印出收货单据。单据内容有:收货日期、订单号、收货流水号、客户、客户通知编号、货物代码、货物名称、规格、单位、通知数量、接收数量、破损数量、搁置数量、生产日期、货物重量、货物体积等内容。

(7)库位分配:对要入库的货物进行库位分配,分配原则有两种——按货物分配库位和按库位分配货物。

(8)库位清单打印:根据预先安排的库位,打印出货物库位清单,以便保管员对号入库。

(9)预入库确认:当所有的货物已经入库后,按库位清单的实际入库数量进行入库确认。同时,把预入库类型由预定入库改成销售入库。

(10)直接入库处理:为了操作简便,根据实际情况,有些货物可经验收后不作库位分配,而直接进行入库处理。

(11)冷链存储:生鲜类货物名称、最佳存储温度、存储方式等。

图 3-6　入库管理子系统数据流图

在图 3-6 中,系统收到供应商的货物订单后,在产品记录里查找产品,仓库检测员根据收货检测单进行货物品质检测,确认合格,并对供应商进行信贷检查并更新记录,接单入库,否则拒绝并通知供应商。生成入库单交给门店管理员进行仓位处理,再生成仓位单,交给装卸工进行卸货搬运。对于搬运的货物,从运营零售部提取冷链存储信息进行冷链存储。之后门店管理员复核货物信息,接着进行货物的残损处理。最后进行库存处理,并同时在库存记录中更新货物信息。

3.4.4　出库管理子系统

出货管理子系统是对货物的出库进行处理,主要包括出库类型、货物调配、拣货清单打印、拣货处理、预出库调整、预出库确认、直接出库处理、冷链包装、送货单打印。

(1) 出库类型:根据出库目的的不同可分为销售出库、领用出库、抽样出库、调整出库、内拨出库、盘点出库、退货出库、调换出库、包装出库、报废出库。

(2) 货物调配:根据发货通知单对货物进行调配处理,即从不同的仓库进行合理的拣货处理。根据处理方法可分为人工调配和自动调配两种。

(3) 拣货清单打印:该功能是打印货物库位清单。根据清单用途,可分为外部拣货清单和内容拣货清单两种。

(4) 拣货处理:该功能是把出库的货物从原库位拣货到拣货区,以便提高出库的工作效率。拣货条件可按出库日期、仓库、客户、货物等内容进行查询。

(5) 预出库调整:把货物从存储区转移到拣货区时发生操作失误时,按先进先出原则把该货物退回存储区。

(6) 预出库确认:当承运车辆来提货时,根据该车辆的货物配载情况,从拣货区出库,做出库处理。

(7) 直接出库处理:针对某些客户的要求,为了操作上的简便,可根据实际情况对有些货物不经调配而直接进行出库处理。

(8) 冷链包装:对货物进行冷链包装。

(9) 送货单打印:该功能是根据不同客户打印出货物配送单。

出库管理子系统的数据流图如图 3-7 所示。

图 3-7 出库管理子系统的数据流图

在图 3-7 中,该子系统接收到订单,由管理货架的后台电子便签系统查询出对应的货物仓位信息,并将订单传送给门店管理员,门店管理员进行复核查询处理得出实际货物仓位单,拣货员根据冷链包装信息进行货物拣选打包,装卸完成之后,门店管理员进行仓库货物检查,整理出发货单、损坏过期单和仓库余货单、顾客余货单,并进行数据存储,便于下次查询。

3.4.5 订单管理子系统

订单管理子系统是盒马鲜生日常销售的核心模块。它对每时每刻生成的订单进行及时处理和派发,以保证商品尤其是生鲜类商品能及时送到顾客手中,具有很强的及时性和数据处理能力。同时,它还会定期进行订单的分析处理,用数据支持门店经理进行经营决策和修改经营策略。

订单管理子系统主要分为 5 个模块,分别是①订单处理模块,主要负责处理系统工作期间随时生成的订单,核实库存;②配送派发模块,主要负责及时将配送单派发给物流运输部,完成拣货与配送工作;③票据模块,主要负责生成消费票据并存档,以规范和避免商业和法律问题;④订单变更模块,主要负责更正可能出现错误记录的订单,保证企业数据库中历史商业数据的准确性;⑤订单数据分析模块,主要负责定期进行历史数据分析,以便支持决策部门进行商业决策。

订单管理子系统数据流如图 3-8 所示,需要完成订单的收集、修改、查阅等基本操作,并将历史数据存档留证。此外,还需要完成流水单生成和发票的打印,以便发票能第一时间随商品送达给顾客。在决策阶段,订单管理子系统需要进行数据的初步分析,以帮助经理进行公司决策。它通过对客户生成的订单进行全方位的跟踪来获取订单处理过程中的全部信息,用以保证第三方物流企业在服务过程中的效率和质量。

订单管理子系统主要分为六大子模块:订单信息管理模块,包括对订单类型的分类、订单信息的录入、订单信息的修改等功能;订单转换模块,主要负责订单向运单和交接单的转

图 3-8　订单管理子系统数据流图

换；订单查询模块，支持管理员通过订单号、客户、日期等信息对订单进行查询；订单确认模块，对已完成的订单的数量、实际发收的数量等信息进行最终确认；订单打印模块，按客户需求对各种订单采用不同的打印格式；交接单管理模块，包括交接单的新增管理和紧急订单的处理两大功能。

3.4.6　人力资源管理子系统

人力资源管理子系统从人力资源管理的角度出发，用集中的数据将几乎所有与人力资源相关的信息(包括组织规划、招聘管理、绩效管理、考勤管理、计时工资、计件工资等)统一管理起来。

人力资源管理模块涉及员工管理的大部分核心流程，其内容基本涵盖了管理业务的全部。目前，大多数第三方物流管理的人力资源管理模块下又分设了六大子模块，分别是人力资源规划、人员招聘分配、人员培训、社保管理、绩效考核管理、薪资管理。

(1)人力资源规划主要包括企业组织结构的设置和调整、企业人事制度的制定以及人力资源管理费用的确定和执行。

(2)人员招聘分配包括招聘需求的分析、招聘流程的制定、招聘考核的标准、招聘渠道的选择以及目标部门的分配。

(3)人员培训主要包括培训需求调查、培训计划、培训实施情况、培训评价管理、培训资源管理、培训数据分部门管理等。

(4)社保管理模块包括自定义各类保险福利类别、创建保险账户、离职员工退保、社保缴费自动核算、社保报表。

(5)绩效考核管理包括绩效制度的制定、绩效考核的实施、绩效考核的评价以绩效考核的改进。

(6)薪资管理包括薪酬分析、薪资核算、薪资汇总等。

如图 3-9 所示，人力资源系统主要涉及人事部、财务部、其他相关部门及应聘者。具体工作流程为：人事部分析人才需求，审核通过后拟定招聘计划；进行人力资源规划，审核通过后生成人力资源计划书；根据应聘者投递的简历和招聘计划进行招聘，将合格者计入录取名单，并录入员工档案；人员定岗后，签订劳动合同，记入档案；制定考核规划，审核通过后生成考核计划书，依据此计划书进行考核；同时，员工培训、员工考核、员工考勤结果生成反馈信息，反馈给相关部门及员工；人事部依据劳动合同规定，进行薪资管理，生成员工工资表；依据绩效规则实施绩效管理，生成绩效评估表，与工资信息一同录入员工档案；最后，对员工进行社会保障，生成社会保障单。

图 3-9　人力资源管理子系统数据流图

3.4.7　物流配送管理子系统

物流配送管理子系统是对顾客订单进行货物配送安排，物流配送管理员通过对订单、拣货员以及配送骑手的合理安排，为客户提供方便快捷的生鲜购物体验。主要包括顾客订单汇总、订单配送状态查询、配送骑手的调度、配送路线的选择、订单分配配送方案、货物物流跟踪反馈等功能，图 3-10 为物流配送管理子系统数据流图。

（1）顾客订单汇总：该子系统通过从订单管理子系统中获取顾客订单的信息，按照先后顺序及送往地区分类汇总整理，以便为订单安排骑手进行配送。

（2）订单配送状态查询：物流配送管理员通过登录系统，统计顾客订单，实时查询订单配送状态，如正在配送、等待配送、完成配送等。

（3）配送骑手具体信息查询：骑手的具体信息包括骑手配送的货物、路线以及往返时间等。

（4）配送路线规划：根据客户订单及所在地区进行分类，在同一时间段内优先路程较远的订单进行配送，对骑手路线规划能够有效地利用时间，高效完成配送。

（5）订单分配配送方案：根据骑手信息、顾客下单以及路线规划情况，系统根据整体最优原则自动生成订单分配配送方案。

（6）货物物流跟踪反馈：在骑手进行订单配送时，系统会实时记录货物配送进度，运营零售部将这些信息实时反馈给客户，并且订单送达时，需要顾客进行订单确认，一次配送才算完成。

图 3-10 物流配送管理子系统数据流图

在图 3-10 中,用户下单和配送骑手接单信息都会提交到配送中心,通过业务受理进行订单汇总、订单分配以及货物跟踪,同时将这些信息提交给运营零售部,运营零售部将这些方案分别反馈给相应的用户和供应商。

3.4.8 信息维护子系统

信息维护子系统其主要职能是对系统进行运作管理和维护管理。由于系统设计线上订购与线下配送,在此过程中会产生大量数据,可以通过数据挖掘分析等技术对收集的数据进行数据分析、概括,为客户提供有效的信息反馈。图 3-11 为信息维护子系统数据流图。

图 3-11 信息维护子系统数据流图

1. 系统运作管理

• 管理员管理

管理员管理主要是对系统管理员进行信息管理,管理员可以修改自己的密码,并且将管理员按级别来分,可分为全面管理(获得系统全面管理权限)和部分管理(仅对系统有部分管理权限)两种,分别给予两类管理员不同的管理权限。

• 信息反馈

系统可以接受客户的指令,自动进行数据挖掘,为对应的客户提供信息反馈。

2. 系统维护管理

• 每日数据备份

数据备份是为了避免因系统数据损坏而导致系统瘫痪。所以每天都要做好数据备份。

• 每年数据备份

为了保持系统运行速度,在年度转换时,要对系统数据进行年度数据备份以及该年数据转结。

• 数据恢复

当系统数据损坏后,在毫无办法用其他工具对数据进行修复时,用数据恢复功能。

在图 3-11 中,信息维护子系统主要功能为数据备份、数据挖掘和故障恢复。维护人员进入登录界面,修改密码后,存入管理员数据库。

(1) 在数据备份方面,定期将数据报表提交给系统,系统信息分类后对数据进行存储,存入系统数据库。

(2) 在数据挖掘方面,维护人员可根据客户需求进行需求评定,生成需求表,按要求进行数据挖掘后,生成反馈表提交给特定顾客。同时,也可以依据筛选要求进行信息筛选,在备份数据库中存档。

(3) 在故障恢复方面,查询故障原因,通过备份数据库进行数据恢复。

3.4.9 组织结构简介

该第三方物流公司有总经理一人,副总经理三人,分管行政后勤部、财务部、人事部、仓储管理部、市场部、技术部、运输部、服务部、运营部,共计九大职能部门。

其中,技术部主要负责对盒马鲜生管理信息系统的设计、运营、维护和优化,下设四大中心:①仓储管理中心,主要负责出入库系统、货物信息管理和冷链存储等一系列与物流运输中的仓储管理环节有关的功能开发,以及运营中的信息实时更新和传递,主要负责协助仓储管理部的工作;②物流管理中心,主要负责车队管理系统和路线规划系统的开发,建立决策系统为配送自动优化选择适合的车队和最优的路线,与运输部实时交流,保障货物运输;③运营管理中心,主要负责企业情报管理系统、结算系统、人力资源管理系统、订单管理系统的开发以及开发后的运营管理,对企业数据资源以及人力资源进行管理,对订单实时管理并对完成的订单进行结算以及客户的后续服务,主要负责协助财务部、人事部、运营部、服务部等部门工作;④系统管理中心,主要负责整个系统在运转过程中的信息反馈和系统维护,主要职能为在系统运行过程中查找系统漏洞并修复,及时更新优化系统功能,保证系统可以正常且高效地服务广大的用户。图 3-12 描述了系统组织结构图。

3.4.10 系统 WBS

根据上述各子系统的业务流程分析和数据流图,结合该系统所应有的背景和专业知识背景,对本项目的需求规格进行分析,采用图表方式进行任务分解,其分解结果如图 3-13 所示(图中 F2～F7 采用标准重用技术,分解方式与 F1 和 F8 相同),它是按照系统模块标准进行的入库管理子系统和出库管理子系统部分的任务分解,其中没有包括质量、功能等相关的任务,WBS 可以随着系统的完善而不断增加和完善。

图 3-12 盒马鲜生信息管理系统的组织结构图

图 3-13 盒马鲜生信息管理系统工作分解结构

3.5　本章小结

本章介绍了项目管理计划、项目管理范围和项目需求,在此基础上着重介绍了软件项目需求管理以及任务分解的过程。需求管理过程包括需求获取、需求分析、需求验证、需求变更。项目干系人首先应该通过访谈等方式与用户进行深入的需求交流,并形成一个可以作为开发图纸的软件需求规格。同时,本章重点讲述了软件项目的分解技术,在了解软件项目所在企业背景和专业知识下,分析项目的业务流程和数据流图,通过任务分解技术,将项目分解成很多更小、更方便管理和操作的子项目,使项目更加容易管理和进行。任务分解可以采用清单或者图表的形式,分解时采用的标准应该统一。通过任务分解可以界定项目总范围,并将软件需求规格说明书(SRS)和工作分解结构(WBS)作为主要提交文档。

习题三

1. 选择题

(1) 项目范围(　　)。

    A. 在项目执行阶段通过变更控制步骤进行处理的问题

    B. 从项目概念阶段到收尾阶段都应该加以管理和控制

    C. 在授权项目的合同或其他文件得到批准后就不再重要

    D. 只在项目开始时很重要

(2) 下面哪一项不是 WBS 重要性的体现?(　　)

    A. 防止遗漏工作　　　　　　　　B. 帮助组织工作

    C. 为项目估算提供依据　　　　　D. 确定团队成员责任

(3) 范围变更是指(　　)。

    A. 对批准后的 WBS 进行修改　　B. 对范围陈述进行修订

    C. 修改技术规格　　　　　　　　D. 修改需求规格说明文档

(4) 需求管理是说明系统必须(　　)的问题。

    A. 怎么做　　　　B. 做什么　　　C. 何时做　　　　D. 谁来做

(5) 下列哪一项不是需求管理的内容?(　　)

    A. 需求变更　　　　　　　　　　B. 需求获取

    C. 需求设计　　　　　　　　　　D. 需求验证

(6) 任务分解可以(　　),它是范围变更的一项重要输入。

    A. 提供项目成本估算结果　　　　B. 提供项目范围基线

    C. 规定项目采用的过程　　　　　D. 提供项目的关键路径

2. 判断题

(1) 需求分析过程是确定项目如何实现的过程,并确定项目采用的技术方案。(　　)

(2) 对于以前没有做过的项目,在开发 WBS 时,可以采用自底向上的方法。(　　)

(3) 在需求获取过程中,项目干系人不需要与客户进行访谈等交流,只需召开需求专题讨论会。
(　　)

（4）为了提高软件项目成本、时间和资源的准确性,需要将软件项目拆分成很多更小、更易管理、更易操作的子项目。　　　　　　　　　　　　　　　　　　　　（　　）

（5）范围计划主要是对项目的范围进行分析,得出范围说明,提交的文档主要是需求规格说明书(项目范围说明书)以及 WBS。　　　　　　　　　　　　　　　　（　　）

3．名词解释

项目计划；

项目范围；

项目管理范围；

软件项目需求；

WBS。

第 4 章

软件项目成本管理

成本管理是软件项目管理的核心之一,因为软件项目开发存在很多不确定性,这也使项目的估算无法做到精确。尤其在项目初期,人们对需求和技术的了解比较模糊,所以有效的软件项目成本估算是软件项目管理乃至软件工程中最为重要和最具挑战的问题。

为了得到一个相对准确的估算结果,项目管理者应该系统学习相关的成本管理过程。成本估算是对完成项目所需费用的估计和计划,是项目计划中的一个重要组成部分。要实行成本控制,首先要进行成本估算。理想状况下,完成某项任务所需费用可根据历史标准估算,但由于项目实施过程汇总,需求变更不断发生。所以,成本估算无法在一个以高度可靠性预计的环境下进行。

随着软件系统规模的不断扩大和复杂程度的日益增大,从 20 世纪 60 年代末期开始,出现了以大量软件项目进度延期、预算超支和质量缺陷为典型特征的软件危机。软件成本估算不足和需求不稳定是造成软件项目失控最普遍的两个原因。所以,成本估算对于项目管理者是一项必须和重要的技能。

4.1 成本管理

4.1.1 成本管理概述

企业经营最直接的目标就是利润,利润的最直接决定因素就是成本,因此利润与成本的关系最为密切。项目成本管理涉及在一个允许的预算范围内确保项目团队完成一个项目所需要开展的管理过程。成本按其产生和存在形式的不同可分成固定成本、可变成本、半变动成本、直接成本、间接成本和总成本。软件项目成本是指完成软件开发过程中所花费的工作量及相应的代价,它不包括原材料和能源的消耗,主要是人的劳动的消耗,同时,软件项目不存在重复制造的过程,其估算应从软件计划、需求分析、设计、编码、单元测试、集成测试到系统维护等一次性开发过程所花费的代价作为计算的依据。软件项目成本主要包括以下内容。

1. 直接材料成本

直接材料成本是能用经济可行的办法计算出来的,所有包含在最终产品中或能追溯到最终产品上的原材料成本。在软件企业和软件项目中,直接材料成本是指项目外购的直接用于项目并将最终交付给用户的硬件、网络、第三方软件、外购服务(安装、维护、培训、质保)等。这部分成本可以直接从项目合同中区分并计算出来。

2. 直接人力成本

直接劳动力成本指用经济可行的办法能追溯到最终产品上的所有劳动力成本,如机器的操作员、组装人员。在软件企业和软件项目中,直接劳动力成本也称为直接人力资源成本,是指可分摊到项目上的人力资源的直接费用,包括工资、福利、保险等固定费用,也包括激励等不固定的费用。在项目的不同周期内人员使用的工作量的计算、专职和兼职、全职和半职等,都对直接的人力资源成本计算产生影响。

当确定了项目的目标和范围,并根据任务进行了工作任务分解后,就可以基本确定人力资源的使用情况,根据人力资源使用数量,参照公司的人力资源直接成本,可以获得项目的直接人力资源成本。

3. 项目的实施费用成本

在项目实施中,差旅费用、交通费用、通信费用、出差补贴等是实施费用的主要构成因素。

4. 其他直接成本

其他直接成本是指与项目有关、直接在项目中发生的其他费用成本。其他直接成本包括设备和场地的租借费用、项目组专用设备的折旧费用、项目合同的税费、项目的销售和广告费用等。

5. 间接成本

间接成本是和项目过程有关的分摊性质的成本,包括固定分摊费用,如公司办公场地的租金、公司的保险、税金、其他公用设备折旧和工商管理费等;可变分摊费用,如水电、公司管理费用、财务费用、办公通信费用等;其他费用,如公司整体运作的市场和广告费用、销售费用、研发费用、测试费用。

对于软件项目而言,全项目生命周期成本是开发成本和维护成本的总和。在维护期,开发商不但需要继续保证远程的技术支持、系统维护、程序修改和使用培训,在特定的情况下,还必须承诺在多少响应时间内到达现场的维护,这些都涉及成本费用。虽然项目成本管理主要关心的是完成项目活动所需资源的费用,但也必须考虑项目决策对项目产品、服务或成果的使用费用、维护费用和支持费用的影响。例如,限制设计审查的次数有可能降低项目费用,但同时就有可能增加客户的运营费用。广义的项目成本管理通常称为生命期成本估算。生命期成本估算经常与价值工程技术结合使用,可降低费用,缩短时间,提高项目可交付成果的质量和绩效,并优化决策过程。

项目成本管理应当考虑项目干系人的信息需要,不同的项目干系人可能在不同的时间、以不同的方式测算项目的费用。例如,物品的采购费用可在做出承诺、发出订单、送达、货物交付时测算,或在实际费用发生时,或为会计核算目的记录实际费用时进行测算。成本管理包括如下 4 个过程:

(1) 资源计划过程:决定完成项目各项活动需要哪些资源(人、设备、材料)以及每种资源的需要量。

(2) 成本估计过程:估计完成项目各项活动所需每种资源成本的近似值。

(3) 成本预算过程:把估计总成本分配到各具体工作。

(4) 成本控制过程:控制项目预算的改变。

4.1.2　成本估算

成本估算是对完成项目所需费用的估计和计划,是预测开发一个软件系统所需要的总工作量的过程,它也是成本管理的核心。这里的工作量指软件项目规模,是从软件项目范围中抽出的软件功能,然后确定每个软件功能所必须执行的一系列工程任务。通过成本估算,分析并确定项目的估算成本,在此基础上进行软件项目预算、开展项目成本控制等管理活动。成本估算是进行项目规划相关活动的基础。

成本估算涉及计算完成项目所需资源成本的近似值。例如,软件项目依据合同进行开发的过程中,需要将成本估算和定价进行区分。成本估算是对可能数量结果的估计,即乙方为提供产品或服务的花费;而定价是乙方为该项目提供的产品或服务索取的费用,成本估算只是定价考虑的因素之一。

成本估算应该考虑各种不同的成本替代关系。例如,在软件项目设计阶段,增加额外工作量可减少开发阶段的成本。成本估算过程必须考虑增加的设计工作所多花的成本能否被以后的节省成本所抵消。同时,成本估算是针对资源进行的,因项目性质的不同可以进行多次估算,对于独特的项目产品所进行的逐步细分需要进行几次成本估算。

规模成本估算是项目各活动所需资源消耗的定量估算,规模成本估算主要是对各种资源的估算,包括人力资源、设备、资料等,而这些资源正是成本估算输入的内容,因此,成本估算的输入内容包括:

(1) WBS:根据估算阶段的不同,将不同的输入用于成本估算,从而确保所有阶段的工作都被估算进成本。

(2) 资源编制计划:能够使项目管理者掌握资源需要和分配的情况。

(3) 资源单价(资源消耗率):成本估算时必须知道每种资源单价(如单位时间的人工费用:150 元/小时),这是估算的基础。假如不能掌握实际单价信息,则必须要估计单价本身。

(4) 进度计划:主要项目活动时间的估计,活动时间估计会影响项目成本的估算。

(5) 历史项目参考数据:以往项目的数据,主要包括规模、进度、成本等,这是项目估算的主要参考。

(6) 学习曲线:项目组学习某项技术或工作的时间。

成本估算的输出通常以货币为单位描述,如美元、欧元、元、英镑等,它是成本估算的结果;也可以用人时、人天、人月等单位(人时、人天、人月是工作量计量单位,是项目所有参与者工作时长的累计)表示,这也是项目规模估算的结果例如:一个软件项目前期投入 5 个人工作 3 个月,中间投入 2 人工作 0.5 月,那么其工作量为 $5\times3+2\times0.5=16$ 人月,而企业的人力成本参数是 3 万/人月,则项目的成本是 48 万。同时,成本估算的输出结果可以用一个范围表示,例如 \$20000± \$1000 表示该软件项目的成本在 \$19000 和 \$21000 之间。成本估算是一个不断优化的过程,其输出文件应包括项目需要的资源、资源的数量、质量标准、估算成本等信息。

4.2 成本估算方法

4.2.1 成本估算分类

项目成本管理的一个主要输出是成本估算,成本估算的类型包括以下三种。

1. 粗数量级估算(Rough Oder of Magnitude,ROM)

估算一个项目将花费多少钱。ROM 也称为大致估算、猜测估算、科学粗略剖析性猜测和大体的猜测等。一个 ROM 估计的准确程度一般在$-50\%\sim100\%$。例如,一个 ROM 预算为 100 000 美元的项目,它的实际花费是 50 000~200 000 美元。对于软件项目估计,这一范围通常还要更宽一些。

2. 预算估算/概算

为把资金分配到一个组织所做的预算。预算估算的精度在$-10\%\sim25\%$。例如,一个预算为 100 000 美元的项目实际成本会在 90 000~125 000 美元。

3. 确定性估算

提供了项目成本的精确估算。确定性估算的精度在$-5\%\sim10\%$。例如,一个确定性估算为 100 000 美元的项目,实际成本会在 95 000~110 000 美元。表 4-1 列出了成本估算的类型。

表 4-1　成本估算的类型

估算类型	When will it be done?	why do it?	Accuracy range
粗数量级估算	项目生命周期前期,经常是项目完成前的 3~5 年	提供选择决策的成本估算	$-50\%\sim100\%$
预算估算/概算	早期,1~2 年	把资金分配到预算计划	$-10\%\sim25\%$
确定性估算	项目后期,少于 1 年	为采购提供详细内容,估计实际费用	$-5\%\sim10\%$

4.2.2 成本估算方法分类

成本估算是从成本的角度对项目进行规划。在项目管理过程中,为了使时间、费用和工作范围内的资源得到最佳利用,人们开发了不少成本估算方法,以尽量得到较好的估算。

概括起来,主要依靠工作分解结构、资源需求计划、工作的延续时间、资源的基础成本、历史资料和会计科目表来进行估算。常用的成本估算的方法包括:

1. 代码行方法

代码行(Line Of Code,LOC)方法是从软件程序量的角度定义项目规模。代码行指所有可执行的源编码行数,包括可交付的工作控制语言语句、数据定义、数据类型说明、等价声明、输入/输出格式声明等。单位编码行的价值和人月编码行数可以体现一个软件生产组织的生产能力。组织可以根据历史项目的审计来核算组织的单行编码价值。

例如,某软件公司统计发现该公司某项目源编码为 15 万行,该项目累计投入工作量为240 人月,每人月费用为 10 000 元,则该项目中 1LOC 的价值为

$$(240\times10\ 000)元/150\ 000=16\ 元/LOC$$

即该项目的人月均编码行为 150000LOC/240人月$=625$LOC/人月。

代码行是在软件规模度量中最早使用也是最简单的方法,在用代码行度量规模时,常会被描述为源代码行(Source Lined Of Code,SLOC)或者交付源指令(Delivered Source Instruction,DSI)。目前成本估算模型通常采用非注释的源代码行。

代码行技术的优点在于所有软件开发项目都有"软件产品",而且很容易计算代码行数,但其缺点在于:

(1) 对代码行没有公认的可接受的标准定义,例如,最常见的计算代码行时存在空代码行、注释代码行、数据声明、复用的代码,以及包含多条指令的代码行等。在 Jones 的研究中指出,采用不同的计算方式计算同一产品的代码行,结果差异达到 5 倍。

(2) 代码行数量依赖于所用的编程语言和个人的编程风格,因此,计算的差异也会影响用多种语言编写的程序规模,进而也很难对不同语言开发的项目的生产率进行直接比较。

(3) 在软件项目早期,在需求不稳定、设计不成熟、实现不确定的情况下,很难准确地估算代码量。

(4) 代码行强调编码的工作量,只是项目实现阶段的一部分。

2. 功能点方法

1979 年 Albrecht 在 IBM 公司工作时在研究编程生产率时,提出了与编程语言无关的量化程序的规模方法,即功能点(Function Point,FP)的思想。功能点方法是用系统的功能数量来测量其规模,以一个标准的单位来度量软件产品的功能。因为功能点方法是从功能的角度来度量系统,因此它与所使用的技术无关。该方法包括两个评估:①评估产品所需要的外部用户类型;②根据技术复杂度因子进行量化,生成产品规模结果。

4.2.2(1)
成本管理-
功能点方法

功能点分析的基础是基于计算机的信息系统由 5 个主要构件组成,或者在 Albrecht 的术语中由 5 个使用户受益的外部用户类型组成。

(1) 外部输入(External Input,EI)类型:更新内部计算机文件的输入事务。(通常为外部输入给软件提供面向应用的数据项,例如:屏幕、表单、对话框、控件、文件等。)

(2) 外部输出(External Output,EO)类型:输出数据给用户的事务。通常报表和出错信息是打印的报告,同时,一个外部输出可以更新内部逻辑文件。数据生成报表或者传送给其他应用的数据文件,这些文件从一个或者多个内部逻辑文件以及外部接口文件生成。

(3) 内部逻辑文件(Internal Logical File,ILF)类型:是指用户可以识别的一组逻辑相关的数据,而且完全存在于应用的边界之内,并且通过外部输入维护,是逻辑主文件的数目。逻辑主文件可以是一起访问的一组数据,也可能是大型数据库的一部分。

(4) 外部接口文件(External Interface File,EIF)类型:允许输入和输出从其他计算机应用程序传出或传入。例如,从一个订单处理系统传送账务数据到主分类账系统,或者在磁介质或电子介质上产生一个直接借记细节文件传递给银行自动结算系统。应用程序之间的共享文件也可以计算在内。

(5) 外部查询(External Inquiry,EQ)类型:提供信息的用户引发的事务,但不更新内部文件。用户输入信息来指示系统得到需要的详细信息。

当项目干系人对组件进行归类后,需要指定级别,每个组件被分类为高、中或低三种复杂度。对于事务组件的级别划定取决于被更新或引用的文件个数以及数据元素类型(Data Element Types,DET)的个数,对于内部逻辑文件和外部接口文件的级别划定取决于记录元素类型(Record Element Types,RET)和数据元素类型的个数。

　　表 4-2 是 Albrecht 复杂度权重表。因为一个信息系统所需要的工作量不仅与提供的功能点的数目和复杂度有关,而且和系统要在其中运行的环境有关,所以计算出未调整功能点总数(Unadjusted Function Count,UFC)后,还需要根据项目具体情况,对各个技术复杂度参数进行调整。调整因子是一种补偿机制,即通过 5 个功能点和复杂度都还没有办法考虑到的因素就应该作为调整因子。如同一个软件系统,一种是系统要支持分布式和自动更新,而另一种是不考虑这种需求,如果不考虑调整因子这两者的规模是一样的,但很明显第一种情况复杂程度和规模都会更大些。目前标识了 14 个与实现系统相关的困难程度的影响因素,简称技术复杂度因子(Technical Complexity Factor,TCF)。表 4-3 列出了 14 个技术复杂度因子,表 4-4 列出了系统特性影响程度取值范围(技术因素取值)。

表 4-2　Albrecht 复杂度权重表

外部用户类型	低	中	高
外部输入	3	4	6
外部输出	4	5	7
内部逻辑文件	7	10	15
外部接口文件	5	7	10
外部查询文件	3	4	6

表 4-3　14 个技术复杂度因子

序　　号	技术复杂度因子
F1	可靠的备份和恢复
F2	数据通信
F3	分布式函数
F4	性能
F5	大量使用的配置
F6	联机数据输入
F7	操作简单性
F8	在线升级
F9	复杂界面
F10	复杂数据处理
F11	重复使用性
F12	安装简易性
F13	多重站点
F14	易于修改

表 4-4　系统特性影响程度取值范围

调整系数	描　　述
0	不存在或者没有影响
1	不显著的影响
2	相当的影响
3	平均的影响
4	显著的影响
5	强大的影响

功能点计算公式为 FP＝UFC×TCF,具体步骤如下:

(1) 计算未调整功能点总数(UFC)。

首先由估算人员识别出软件项目中 5 个功能项的数量;然后再由估算人员对每一项的复杂性做出判断,一般复杂性分为高、中、低三个级别,每种级别复杂度权重如表 4-2 所列;最后把每个功能项按照复杂度加权后得出的总和就是项目的未调整功能点数。

(2) 计算技术复杂度因子(Technical Complexity Factor,TCF)。

计算机复杂度因子(TCF)取决于 14 个通用系统特性,这些系统特性用来评定功能点应用的通用功能级别。每个特性都有相关的描述以帮助确定该系统特性的影响程度。影响程度的取值范围为 0~5,影响能力逐渐增强,如表 4-4 所列。技术复杂度因子的计算公式为

$$TCF = 0.65 + \left[\sum_{i=1}^{14} F_i / 100\right]$$

式中,$i = 1 \sim 14$,表示每个通用系统特性;$F_i = 0 \sim 5$,表示每个通用系统特性的影响程度;即 TCF 的范围是 0.65~1.35。

(3) 计算功能点(Function Point,FP)。

功能点计算公式为

$$FP = UFC \times TCF$$

例 4-1 某软件的 5 类功能计数项如表 4-5 所列,假设这个软件项目所有的技术复杂程度都是显著影响(显著对应的调整系数为 4),计算这个软件的功能点,UFC 结果如表 4-6 所列。

表 4-5 软件需求的功能计数项

复杂度 各类计数项	低	中	高
外部输入	6	4	3
外部输出	7	5	4
内部逻辑文件	2	4	6
外部逻辑文件	3	4	5
外部查询文件	3	2	4

根据表 4-2Albrecht 复杂度权重表,将表 4-5 中每个类型组件的每一级复杂度计算值输入表 4-6 中。每级组件的数量乘以所示的级数得出定级的值。表中每一行的定级值相加得出每类组件的定级值之和。这些定级值之和再相加,得出全部的未调整功能点计数(UFC),则 UFC 结果表如表 4-6 所示。

$$TCF = 0.65 + \left[\sum_{i=1}^{14} F_i / 100\right] = 0.65 + 0.01 \times 14 \times 4$$

$$= 1.21(显著对应的调整系数为 4)$$

$$FP = UFC \times TCF = 411 \times 1.21 = 497.31$$

$$UFC = 6 \times 3 + 4 \times 4 + 3 \times 6 + 7 \times 4 + 5 \times 5 + 4 \times 7 + 2 \times 7 + 4 \times 10 + 6 \times 15 +$$
$$3 \times 5 + 4 \times 7 + 5 \times 10 + 3 \times 3 + 2 \times 4 + 4 \times 6 = 411$$

表 4-6　计算 UFC 结果

组 建 类 型	低	中	高
外部输入	6×3	4×4	3×6
外部输出	7×4	5×5	4×7
内部逻辑文件	2×7	4×10	6×15
外部逻辑文件	3×5	4×7	5×10
外部查询文件	3×3	2×4	4×6
合计	84	117	210
UFC		411	

4.2.2(2)
成本管理-
Delphi 方法

3. 类比估算法

类比估算法是从项目的整体出发,进行类推,即估算人员根据以往的完成类似项目所消耗的总成本(或工作量),来推算将要开发的软件的总成本(或工作量),然后按比例将它分配到各个开发任务单元中,是一种自上而下的估算形式,也称为自顶向下。当对项目的详细情况了解甚少时(如在项目的初期阶段),往往采用这种方法估算项目的费用。例如在合同期和市场招标时等。它的特点是简单易行,花费少,但是具有一定的局限性,准确性差,可能导致项目出现困难。

类比估算法的操作步骤为:首先,软件项目的上层管理人员收集以往类似项目的有关历史资料,以过去类似项目的参数值(持续时间、预算、规模、重量和复杂性等)为基础,并且依据以往的经验和判断,估算当前(未来)相同项目的总成本和各分项目的成本;然后,将估算结果传递给下一层管理人员,并责成他们对组成项目和子项目的任务和子任务的成本进行估算,并继续向下传送结果,直到项目组的最基层人员。

类比估算法简单易行,花费较少,尤其当项目的资料难以取得时,该方法是估算项目总成本的一种行之有效的方法。但该方法具有一定的局限性,进行成本估算的上层管理者根据他们对以往类似项目的经验对当前项目总成本进行估算时,由于软件项目具有一次性、独特性等特点,在实际生产中,根本不可能存在完全相同的两个项目,因此这种方法的准确性较差。

4. 自下而上估算

自下而上估算是指估算个别工作包或细节最详细的计划活动的费用,然后将这些详细费用汇总到更高层次,以便于报告和跟踪目的;通常利用任务分解结构图,对各个具体工作包进行详细的成本估算,然后将结果累加起来得出项目总成本。自下而上估算方法的费用与准确性取决于个别计划活动或工作包的规模和复杂程度。一般地,需要投入量较小的活动可提高计划活动费用的估算的准确性。但该方法的准确度来源于每个任务的估算情况,需要花费一定的时间,因此,估算本身也需要成本支持,而且可能发生虚报现象。

例 4-2　现有一个计算机辅助设计 CAD 应用软件包,根据系统定义,得到一个初步的软件范围说明如下:

"软件接收来自操作员的二维或三维几何数据。操作员通过用户界面与系统进行交互并控制其运行,该用户界面具有良好的人机接口设计特征。所有的几何数据和其他支持信息保存在一个 CAD 数据库中。开发一些设计分析模块以产生在各种图形设备上的输出。软件在设计中要考虑与外设进行交互并控制其运行,包括鼠标、数字化仪器和激光打印机。"

对上述软件范围的叙述进一步细化,并识别出软件包具有以下的主要功能:用户界面及控制、二维几何分析、三维几何分析、数据库管理、计算机图形显示、外设控制、设计分析模块。然后,对每一功能估算相应的代码行数,再根据历史数据得出每一功能的成本和相应的工作量,最后汇总成系统的总成本和总工作量,其计算过程如表 4-7 所列。

表 4-7　基于 LOC 的成本估算表

功　　能	最少代码行数 a	最可能代码行数 m	最多代码行数 b	期望代码行数 $(a+4m+b)/6$	每行代码成本/(元/行)	平均生产率/(行/人月)	成本/元	工作量/人月
用户界面及控制	2000	2400	2600	2366	20	700	47 320	3
二维几何分析	4000	5000	7000	5166	30	300	154 980	17
三维几何分析	5000	7000	8000	6833	30	200	204 990	34
数据库管理	3000	3500	3800	3466	25	600	86 650	6
计算机图形显示	4000	5000	6000	5000	40	300	200 000	17
外设控制	2000	2100	2400	2133	50	200	106 650	11
设计分析模块	6000	8000	10 000	8000	25	300	200 000	27
总计				32 964			1 000 590	115

注:在上述计算中,期望代码行只精确到个位,工作量精确到个位。其中,成本=期望代码行数×每行代码成本;工作量=期望代码行数÷平均生产率

5. 专家估算法

专家估算法是由一个被认为是该任务专家的人来进行估算,并且估算过程的主要部分是基于不清晰、不可重复的推理过程,即直觉。对于某一个专家所用的估算方法,经常使用 WBS,通过将项目元素放置到一定的等级划分中来简化预算估计与控制的相关工作,当仅可以依赖专家意见而非确切的实验数据时,专家估算法是解决成本估算问题的最直接的选择。该方法依据专家的经验对实际项目与经验项目的差异作更细致的发掘,甚至可以洞察未来新技术可能带来的影响,但缺点在于,专家的个人偏好、经验差异与专业局限性都会为成本估算的准确性带来风险。

Delphi 方法是最流行的专家评估技术,在没有历史数据的情况下,这种方法适用于评定过去与将来、新技术与特定程序之间的差别。但专家“专”的程度及对项目的理解程度是工作中的难点,尽管 Delphi 方法可以减轻这种偏差,专家评估技术在评定一个新软件时通常用得不多,但是,这种方式对决定其他模型的输入特别有用。Delphi 方法鼓励参加者就问题相互讨论,这个技术要求具有多种软件相关经验的人参与,互相说服对方。

Delphi 方法的估算步骤如下:

(1)协调人向各专家提供项目规格和估计表格,召集小组会,各专家讨论与规模有关的因素,请专家估算。

(2)专家对该软件提出 3 个规模的估算值,即最小值 a_i、最可能值 m_i、最大值 b_i。

(3)协调人对专家在表格中的答复进行整理,计算每位专家的估算值 $E_i=(a_i+4m_i+b_i)/6$,然后计算出估算值 $E=(E_1+E_2+\cdots+E_n)/n$。

(4)协调人整理出一个估计总结,以迭代表示的形式返回专家。

（5）协调人召集小组会，讨论较大的估计差异。

（6）专家重复估算总结，并在迭代表上提交另一个匿名估算。

（7）将上述过程重复多次，最终获得一个多数专家共识的软件规模。

6. 参数估算法

参数估算法是一种运用历史数据和其他变量之间的统计关系，来计算计划活动资源的费用估算的技术。这种技术估算的准确度取决于模型的复杂性及其涉及的资源数量和费用数据。与费用估算相关的例子是，将工作的计划数量与单位数据的历史费用相乘得到估算费用。

参数模型估算法的基本思想是：找到软件工作量的各种成本影响因子，并判定它对工作量所产生的影响的程度是可加的、乘数的或指数的，以期得到最佳的模型算法表达形式。当某个因子只影响系统的局部时，则为可加的。例如：当给系统增加源指令、功能点实体、模块、接口等，只会对系统产生局部的可加的影响。当某个因子对整个系统具有全局性的影响时，则为乘数的或指数的，如增加服务需求的等级或者不兼容的客户等。

结构化成本模型（Constructive Cost Model，COCOMO）是世界上应用最广泛的参数型软件成本估价模型，由 B. W. Boehm 在 1981 年出版的《软件工程经济学》（Software Engineering Economics）中提出。其本质上是一种参数化的项目估算方法，参数建模是把项目的某些特征作为参数，通过建立一个数字模型预测项目成本，如将居住面积作为参数计算的整体的住房成本。

COCOMO 用 3 个不同层次的模型来反映不同程度的复杂性，分别为：

（1）基本模型（Basic Model）是一个静态单变量模型，用一个已估算出来的源代码行数（SLOC）为自变量的函数来计算软件开发工作量；

（2）中间模型（Intermediate Model）在选用 SLOC 为自变量的函数计算软件开发工作量的基础上，再用涉及产品、硬件、人员、项目等方面属性的影响因素来调整工作量的估算；

（3）详细模型（Detailed Model）包括中间 COCOMO 模型的所有特性，但用上述各种影响因素调整工作量估算时，还要考虑对软件工程过程中分析、设计等各步骤的影响。

同时，根据不同应用软件的不同应用领域，COCOMO 模型划分为如下 3 种软件应用开发模式：（1）组织模式（Organic Model），主要指各类应用程序，例如数据处理、科学计算。相对较小、较简单的软件项目，开发人员对开发目标理解比较充分，与软件系统相关的工作经验丰富，对软件的使用环境很熟悉，受硬件的约束比较小，程序的规模不是很大，其主要特点是在一个熟悉稳定的环境中进行项目开发；（2）嵌入式应用开发模型（Embedded Model），主要指各类系统程序，例如实时处理、控制程序等，要求在紧密联系的硬件、软件和操作的限制条件下运行，通常与某种复杂的硬件设备紧密结合在一起，对接口、数据结构、顺丰的要求高，软件规模任意，例如大而且复杂的事物处理系统、大型、超大型操作系统、航天通用控制系统、大型指挥系统等；（3）中间应用开发模型（Semidetached Model），主要指各类实用程序，例如编译器（程序）、联接器（程序）、分析器（程序）等，介于上述两种模式之间，规模和复杂度都属于中等或者更高。

随着使用范围的扩大及估算需求的增加，Boehm 教授及其同事、研究生除了进行上述改进之外，还增加了不少扩展模型以解决其他问题，形成了 COCOMO 模型系统，包括：用于支持增量开发中成本估算的 COINCO-MO（constructive incremental COCOMO）、用于估算软件产品的遗留缺陷并体现质量方面投资回报的 COQUALMO（constructive quality model）、用于估算并跟踪软件依赖性方面投资回报的 iDVE（information dependability attributed value estimation）、支持对软件产品线的成本估算及投资回报分析的 COPLIMO（constructive product line investment model）、提供在增量快速开发中的工作量按阶段分布的 COPSEMO（constructive phased schedule and effort model）和用于估算主要系统集成人员在定义和集成软件密集型（system-of-system）组件中所花费工作量的 COSOSIMO（constructive system of systems integration cost model）等。

因为 COCOMO 模型应用的日益广泛，其他研究中也纷纷提出有针对性的改进或者扩展方案，不断丰富和完善基于算法的估算方法。

4.2.3　成本估算的过程及误差

1. 成本估算的过程

概括起来，成本估算由以下输入来进行估算：工作分解结构、资源需求计划、工作的延续时间、资源的基础成本、历史资料、会计科目表。其主要步骤如下。

1）对任务的分解

由于已经确定了项目的目标和范围，可以把项目分为六个主要阶段，表 4-8 标出了时间进度和人力资源需求。

表 4-8　时间进度和人力资源需求

	任务名称	比较基准开始时间	比较基准完成时间	开始时间	完成时间	资源名称
1	☐ ***管理系统	**2014年5月5日**	**2014年7月1日**	**2014年5月5日**	**2014年6月3日**	
2	☐ 软件规划	**2014年5月5日**	**2014年5月6日**	**2014年5月5日**	**2014年5月6日**	
3	项目规划	2014年5月5日	2014年5月5日	2014年5月5日	2014年5月5日	王,张
4	计划评审	2014年5月6日	2014年5月6日	2014年5月6日	2014年5月6日	王,张,李,赵
5	☐ 需求开发	**2014年5月7日**	**2014年5月14日**	**2014年5月8日**	**2014年5月16日**	
6	需求调研	2014年5月7日	2014年5月7日	2014年5月8日	2014年5月8日	李
7	需求分析	2014年5月8日	2014年5月8日	2014年5月12日	2014年5月12日	张,李
8	需求评审	2014年5月9日	2014年5月9日	2014年5月13日	2014年5月13日	张,王,李,赵
9	修改需求、修改界面原型	2014年5月12日	2014年5月12日	2014年5月14日	2014年5月14日	张,李
10	编写需求规格说明书	2014年5月13日	2014年5月13日	2014年5月15日	2014年5月15日	张
11	需求验证	2014年5月14日	2014年5月14日	2014年5月16日	2014年5月16日	王,赵,刘
12	☐ 设计	**2014年5月13日**	**2014年5月16日**	**2014年5月15日**	**2014年5月22日**	
13	概要设计	2014年5月13日	2014年5月13日	2014年5月15日	2014年5月16日	李
14	人机界面设计	2014年5月14日	2014年5月14日	2014年5月19日	2014年5月19日	王
15	数据库及算法设计	2014年5月15日	2014年5月15日	2014年5月20日	2014年5月20日	张
16	编写设计规格说明书	2014年5月16日	2014年5月16日	2014年5月21日	2014年5月21日	李
17	设计评审	2014年5月16日	2014年5月16日	2014年5月22日	2014年5月22日	张,王,李,赵,刘
18	☐ 实施	**2014年5月16日**	**2014年6月25日**	**2014年5月21日**	**2014年5月28日**	
19	高校新闻头条	2014年5月16日	2014年5月20日	2014年5月21日	2014年5月23日	张
20	会议通知和公告	2014年5月16日	2014年5月16日	2014年5月21日	2014年5月21日	李
21	电子课表	2014年5月19日	2014年5月20日	2014年5月22日	2014年5月22日	李
22	电子地图	2014年5月21日	2014年5月22日	2014年5月26日	2014年5月27日	张
23	互动BBS	2014年5月20日	2014年5月20日	2014年5月28日	2014年5月28日	李
24	☐ 系统集成	**2014年5月21日**	**2014年5月22日**	**2014年5月29日**	**2014年5月30日**	
25	系统集成测试	2014年5月21日	2014年5月21日	2014年5月29日	2014年5月29日	张,李
26	环境测试	2014年5月22日	2014年5月22日	2014年5月30日	2014年5月30日	张,李,赵,刘
27	☐ 提交	**2014年5月23日**	**2014年5月30日**	**2014年6月2日**	**2014年6月3日**	
28	完成文档	2014年5月23日	2014年5月28日	2014年6月2日	2014年6月2日	张,李,赵
29	验收、提交	2014年5月29日	2014年5月30日	2014年6月3日	2014年6月3日	张,王,李,赵,刘

2. 获得成本科目单价

对资源的单价进行标定。对于这个项目来说，直接成本包括两个部分，即人力资源成本和项目的费用。

通过公司有关部门提供的成本单价资料,可获得如下成本:人力资源成本、差旅交通费、差旅补贴、市内交通费、通信费用、住宿费用和其他费用。其中其他费用属于临时性、突发性、小额的费用,例如,临时租一个会议场地、临时购买复印材料等,可以根据情况作一个大致的估计。

根据 WBS 的"颗粒度",可以把单价定为每月,也可以细化到周。表 4-9 按周列出各成本科目的单价。

表 4-9 按周列出各成本科目的单价

阶段目标	人数	时间	工资/元	差旅交通费/元	补贴/元	市内交通费/元	通信费用/元	住宿费用/元	其他费用/元	阶段合计/元
人周单价		周	1000	4080	490	50	50		20 000	

3. 从进度计划获得工作地点和延续时间

工作分解结构(WBS)给出了每一任务的持续时间和工作地点,这是成本估算的主要数据依据。

在软件项目中,某一阶段的工作场地在公司、还是在用户现场,持续时间多长,需要在现场工作多长时间,是项目成本计划的核心问题。

4. 进行成本估算

根据 WBS 的每项工作的持续时间、工作地点、人数,以及有关费用的单价,计算出项目期间的直接成本费用,如表 4-10 所列。

表 4-10 项目期间的直接成本费用数

阶段目标	人数	时间/周	工资/元	差旅费用/元	补贴/元	市内交通费/元	通信费用/元	住宿费用/元	其他费用/元	阶段合计/元
人周单价			1000	4080	490	50	50		2000	
用户需求评估与项目计划确认	4	1						2940		
对对方需求进行调研	2	1								
对方提出原则性修改意见	1	1								
数据格式提供	1	1								
网络环境准备、试点单位确定、基础数据确定	0	2	0				0			0
服务器及第三方软件到货	1	2								
服务器及第三方软件安装调试、系统安装调试	2	1						4000		

续表

阶段目标	人数	时间/周	工资/元	差旅费用/元	补贴/元	市内交通费/元	通信费用/元	住宿费用/元	其他费用/元	阶段合计/元
数据录入培训	3	0								
系统试运行、系统使用培训、数据录入督导	3	2								
系统前期维护	1	8								
系统二次开发总体方案确定	5	3								
系统二次开发的概要设计	5	0								
系统二次开发的详细设计	5	0								
代码实现	5	0								
内部测试	5	0								
二次开发新版本的用户测试	2	1								
系统用户文档修改	1	1								
二次开发的新系统提交	2	1								
系统初验	2	1						2100		
系统维护相关文档修改	1	1								
系统终验	1	24	24 000					1050		
合计	45	23	72 600							185 034

最后获得项目的直接成本为 185 034 元,这个估算的初步结果对项目可能发生的直接费用进行了估计。

任何方法得出的估算结果,都是在一些前提、假定和约束、有效范围等情况下进行的。为了便于理解、执行、检查,也便于以后总结,在做出估算后,要对估算的结果和这些假设、前提条件、有效范围做出说明。

5. 成本估算的误差

软件项目在开发的不同阶段会出现不同的误差。而越在项目的前期,估算的准确性越低,随着项目干系人对项目理解的不断推进,以及得到专家建议,估算的准确性也不断提高。表 4-11 说明了在一个软件项目开发的不同时期,项目估算的准确度。

表 4-11 成本估算的误差

类型	准确度	说明
初步量级估算(合同前)	−25%~+75%	概念和启动阶段,决策
预算级估算(合同期)	−10%~25%	编制初步计划
确定级估算	−5%~10%	任务分解后的详细计划

在表 4-11 中,初步量级估算是比较粗略的估算,一般是在项目的初期中采用,属于自顶向下估算,估算误差范围一般是 $-25\%\sim+75\%$;预算级估算比前者更加精确,在项目的规划过程中采用自顶向下估算,估算误差范围一般是 $-10\%\sim25\%$;确定级估算是最精确的方法之一,在项目规划过程后使用此方法,属于自底向上估算方法,估算误差范围一般是 $-5\%\sim10\%$。

分析成本估算的过程以及方法,估算不准的主要原因有以下五点:

(1) 基础数据不足,准确估算要求估算企业应该有足够的以往项目的经验数据作为估算的基础,但是,很多企业的基础数据远远不足;

(2) 估算对需求分析十分敏感,必须对项目的需求理解到很深的程度,才能准确估算,而实际项目中,估算前对需求的理解很少达到很深的程度;

(3) 软件项目存在很多不确定性因素,项目进展过程中会存在很多的变更;

(4) 缺乏有经验的估算人员,例如:过分乐观,考虑不周,估算方法不一致;

(5) 合同签约前后不连贯和低劣的推测技术也是不准的原因。在合同签约前期,销售人员为了拿到项目,而夸大了承诺,或者消减了价格,等合同签约后,项目经理接手项目,可能会因为无法实现处于无法成果的境地,所以,估算也无法准确。

在软件项目中,首先要避免低劣的估算。为了避免低劣的估算,应尽可能使企业的估算机构专业化,进行相关的培训,同时制定一套严格的方法和步骤,以便估算者可以参照执行。此外,应该尽量避免估算中的过分乐观,政治压力,低劣估算模型。最后,在进行估算过程中,还应掌握一定的技巧,如避免无准备的估算;留出估算的时间,并做好计划;分类法估算(使用多种估算方法分别估算,然后比较结果)、选用专业的估算工具和选用几种不同估算技术并比较。

4.3　资源计划管理

为了对项目进行成本管理,项目经理首先需要确定完成项目所需要的资源和资源的数量。影响项目资源计划的主要因素是组织和项目本身的特征,因此,确定项目资源计划的最主要方法是依靠了解组织和同时拥有类似项目经验的人员,依靠历史经验、数据和专家的判断,确定项目需要什么资源。

资源计划管理也称项目资源管理(Project Resources Management, PRM)是指为了降低项目成本,而对项目所需人力、材料、机械、技术、资金等资源所进行的计划、组织、指挥、协调和控制等活动。项目资源管理的全过程包括项目资源的计划、配置、控制和处置。

资源计划管理目的在于对项目的投入进行优化配置,即适时、适量、按比例配置资源并投入到施工生产中以满足需要;对资源进行优化组合,即投入项目的各种资源在施工项目中搭配适当、协调、能够充分发挥作用,更有效地形成生产量;同时,在整个项目运行中,对资源进行动态管理,因为项目的实施过程是一个不断变化的过程,对资源的需求也会不断发生变化,因此资源的配置与组合也需要不断地调整去适应工程的需要,该过程是一种动态的管理,是优化组合与配置的手段与保障,其基本内容是按照项目的内在规律、有效地计划、组织协调、控制各种生产资源,使其能合理地流动,在动态中求得平衡。

4.3.1　确定资源需求

资源计划管理与项目的实施方案、工期计划、成本计划互相制约、互相影响。它包括对所有资源的使用、供应、采购过程以及建立完善的控制程序、责任体系和计划方案。在资源计划管理过程中,项目干系人应确定合理的内部劳务队伍和外部劳务分包公司的资源配置,并按照软件项目进度计划特点拟定劳动力计划,由企业劳动主管部门或委托项目经理部自行招标,签订劳务分包合同,并根据项目实际开展情况,确定资源需求。

资源计划管理的实施与开展需要根据项目的内容、历史经验以及组织情况对需要的资源进行管理,其主要包括:

(1) 人力资源管理。主要是对软件项目的人力资源开展的有效规划、积极开发、合理配置、准确评估、适当激励等方面的管理,主要为项目人力资源需求的规格说明,根据项目的阶段、任务层次、职责的不同,可以有很多的划分。一般要表明他的角色、能力、职责、全职和半职等。

(2) 项目机械设备管理。主要是指项目经理部根据所承担施工项目的具体情况,科学优化选择和配备施工机械,并在生产过程中合理使用、维修保养、配置机械环境需求规格说明等各项管理工作。在软件项目中,最主要的机械设备就是计算机设备,可能包括主机、网络环境、系统环境、开发工具、个人环境等。环境的需求规格说明可以直接用计算机硬件和软件的规格说明表示。

(3) 项目组构成。项目组是项目最为核心的资源。在软件项目中,人力资源作为软件项目的物理元素,项目是根据人力资源组合和项目实际需求进行抽象的逻辑结果。

(4) 组织内部的支持与协调能力。项目实现所需要的技术不能算作项目向组织获取资源,因为某些组织或项目组所不具备的技术,可能正是项目组通过项目的开发而得到的。而需要通过在组织内部的支持和协调能力,则是项目组可以向组织提出并有权利获得的。项目的有些实施过程和责任,可能并不在项目组,例如,采购、物流、检验、销售、硬件安装和调试等,这些工作在组织的其他部门进行,组织应提供这些在项目组外部的资源并协调与项目组的配合。

(5) 外部协调。与用户在项目实施过程中的协调,是项目经理的责任。但是,有时在某些重大问题上,组织高层需要与用户高层进行协调和沟通,甚至需要进行必要的公关工作,这是组织必须提供的支持资源。

(6) 项目资金管理。软件项目资金管理是指项目经理根据软件项目开展过程中资金运动的规律,进行资金收支预测、编制资金计划、筹集投入资金、资金使用、资金核算与分析等一系列资金管理工作。

4.3.2　资源计划的编制

软件项目实施过程中,往往涉及多种资源,如人力资源、原材料、机械设备、施工工艺及资金等,因此,在软件项目开始前必须编制项目资源管理计划。开始前,项目经理必须制定指导全局的组织计划,其中,编制项目资源计划便是组织设计中的一项重要内容。为了对资源的投入量、投入时间、投入步骤有合理的安排,在编制项目资源管理计划时,必须按照项目实施准备计划、项目进度总计划和主要分部(项)工程进度计划以及项目的工作量、套用相关的定额,来确定所需资源的数量、进场时间、进场要求和进场安排,编制出详尽的需用计划表。

资源计划编制过程是确定为完成项目各活动需什么资源以及这些资源的数量的过程,资源计划的编制是为以后成本估算服务的。

(1) 资源计划编制过程的输入包括工作分解结构、历史资料、范围的陈述、资源库的描述、组织策略和活动历时估计。

(2) 资源计划的工具和方法包括专家判断、替代方案的确认和项目管理软件。

(3) 资源计划的输出是 WBS 下的每一工作需要什么资源以及资源的数量,这些资源可以通过人员引进或采购予以解决。

4.3.3 资源计划

通过提出要求、分析和调整,项目经理获得了对该项目的资源计划结果。资源计划一般关注资源内容和资源在时间上的分配。因此,资源计划是资源和时间的一系列配合表。

在软件项目中,人力资源是最主要和最复杂的资源需求,表 4-12 为软件项目各阶段的人力资源需求表。

表 4-12　软件项目各阶段的人力资源需求表

任 务 名 称	人力资源名称	工作量/人月	资源数量/人	工期/月
项目经理	项目经理	10	1	10
系统需求分析	系统设计师	4	2	2
系统概要设计	系统设计师	2	2	1
系统详细设计	系统设计师	6	3	2
系统架构设计	系统架构师	1	1	1
核心模块编码	高级程序员	12	4	3
业务模块编码	高级程序员	15	5	3
一般模块编码	初级程序员	32	8	4
单元测试	测试工程师	16	2	8
集成测试	高级测试工程师	4	2	2
文档编写	文档编辑	20	2	10
合计		122		

从表 4-12 中,可以明确地知道该项目需要的人员、时间以及人力资源在整个项目周期中的分布和累积情况。

4.4　成本预算

成本预算是在确定总体成本后的分解过程。分解主要是做两个方面的工作:按工作分摊成本、按工期时段分摊成本。这些工作分解的结果是基于 WBS 分解的结果,所以,WBS、WBS 字典、每个任务的成本估价、进度、资源日历等可以作为成本预算的输入,成本预算的目的是产生成本基线,它可以作为度量项目成本性能的基础。

在软件项目中,两个过程是紧密联系的。首先,没有任务分解,实际上就不可能得到总的项目成本。或者说,软件的项目成本一般是根据工作分解,然后自底向上,根据任务、进度推算出来的。在软件项目中,项目任务编排好了执行的先后关系并分配了资源后,项目中每个任务的成本预算就可以确定,成本预算是根据项目的各项任务以及分配的相应资源进行计算的。成本预算的作用是提供对实际成本的一种控制机制,为项目管理者提供一把有效的尺子。所有任务的预算应该在总成本的控制下。

在项目经理完成项目的估算之后,应提交给组织的相应部门,对估算进行审核和批准,使项目预算成为项目管理和控制、考核的正式文件。项目经理在分配项目成本预算时,主要包括三种情况:

(1) 分配资源成本。这是最常用的一种方式,即根据每个任务的资源分配情况来计算这个任务的成本预算,而资源成本与资源的基本费率紧密相连,所以要设置资源费率,例如标准费率、加班费率、每次使用费率等。例如,项目中开发人员的加班费率是 600 元/小时。

(2) 分配固定资源成本。当一个项目的资源需要固定数量的资金时,用户向任务分配固定资源成本。例如项目中小李的人力资源为固定资源成本,固定资源成本是 1 万元,即小李在这个项目中的成本固定为 1 万元,不用计算小李花费的具体工时。

(3) 分配固定成本。有些任务是固定成本类型的任务,即某项任务的成本不变,不管任务的工期时间变化,或任务使用何种资源。在该情况下,用户对任务直接分配成本。例如,项目中的某项外包任务成本是固定的,即任务为成本固定。假设项目某模块外包的成本是 15 万元,则这个任务的成本为 15 万元。

同时,绘制成本预算过程中应该提供一个成本基线(cost baseline)。成本基线是每个时间阶段内的成本,它是项目管理者度量或监控项目的依据。成本预算与变更也相关,当发生需求变更时,需要同时变更成本预算。成本为资金需求提供信息。如果在项目进行过程中通常成本基线发现某个阶段的成本超出预算,需要研究必要时采取措施。

4.5　成本控制

成本控制是保证成本在预算估计范围内的工作。根据估算对实际成本进行检测,标记实际或潜在偏差,进行预测准备并给出保持成本与目标相符的措施。主要包括:(1)监督成本执行情况及对发现实际成本与计划的偏离;(2)将一些合理改变包括在基准成本中;(3)防止不正确、不合理、未经许可的改变包括在基准成本中;(4)把合理改变通知项目涉及方。在成本控制时,还必须和其范围控制、进度控制、质量控制等相结合。

成本控制是成本管理的一部分,致力于满足成本要求。满足成本要求主要是指满足顾客、最高管理者、相关方以及法律法规等对组织的成本要求。成本控制的对象是成本发生的过程,包括:设计过程、采购过程、生产和服务提供过程、销售过程、物流过程、售后服务过程、管理过程、后期保障过程等所发生的成本控制。成本控制的结果应能使被控制的成本达到规定的要求。为使成本控制达到规定的、预期的成本要求,就必须采取适宜的和有效的措施,包括:作业、成本工程和成本管理技术和方法。如 VE 价值工程、IE 工业工程、ABC 作业成本法、ABM 作业成本法、SC 标准成本法、目标成本法、质量成本管理、环境成本管理、存货管理、成本预警、动量工程、成本控制方案等。

项目成本控制包括监督成本绩效,确保在修订的成本基线中只包括适当的项目变更,并将对成本有影响的授权变更通知到项目的利益相关者。成本控制过程的输入包括项目管理计划、项目资金需求、工作绩效业绩和组织过程资产等,输出则包括工作绩效测量结果、成本预测、组织过程资产更新、项目管理计划更新和项目文件更新等。

企业成本控制的方法主要包括作业成本法、绝对成本控制法、相对成本控制法、全面成本控制法等。(1)作业成本法是指企业按照活动性质划分经验活动,将类似的经营活动组合构成经营中心,根据活动的资源消耗,将资源分配给每个活动。(2)绝对成本控制法是指将企业成本损耗控制在一个绝对的金额范围中,依据金额范围进行成本控制,从而大大降低成本消耗。(3)相对成本控制法是指企业从商品产量、成本和收入三者的平衡关系着手控制销售成本和相对利润成本率,以确定企业在多大的产品销量下可以实现销售收入和利润成本的平衡,从而达到最大利润收益率。(4)全面成本控制法是指对企业所有日常生产经营活动汇总可能发生的活动成本、成本体系形成过程中所有员工参与的活动成本和全体员工积极参与活动成本进行成本控制。(5)ERP成本控制法是指基于企业管理学和会计学的基本原理,运用ERP软件对企业生产成本状况进行长期预测、计划、决策、控制、分析和绩效考核。

4.6　本章小结

成本管理是软件项目管理的核心之一,有效的软件成本估算是软件项目管理乃至软件工程中最为重要和最具挑战性的问题。成本按其产生和存在形式的不同可分成固定成本、可变成本、半变动成本、直接成本、间接成本和总成本。成本估算是对完成项目所需费用的估计和计划,它是成本管理的第一步。成本估算的输入包括工作分解结构、资源需求计划、工作的延续时间、资源的基础成本、历史资料、会计科目表。成本估算的输出通常以货币为单位描述。成本估算方法主要包括代码行方法、功能点方法、类比估算法、自下而上估算法、专家估算法和参数估算法。在此基础上,介绍成本估算的过程主要包括对任务的成本、获得成本科目单价、从进度计划获取工作地点和延续时间和进行成本估算,并需在估算过程中尽量避免误差的发生。最后,在成本管理的基础上要对所需要的资源进行计划管理、成本预算和成本控制,从而保证成本满足顾客、最高管理者、相关方以及法律法规等对组织的成本要求。

习题四

1. 选择题

(1) 在成本管理过程中,项目经理确定的每个时间段、各个工作单元的成本是(　　)。

　　A. 估算　　　　　　　　　　　　B. 预算

　　C. 直接成本　　　　　　　　　　D. 间接成本

(2) (　　)是用系统的功能数量来测量其规模,与实现产品使用的语言和技术无关。

　　A. 代码行　　　　　　　　　　　B. 对象点

　　C. 功能点　　　　　　　　　　　D. 用例点

(3) 在项目初期,进行竞标合同的时候,一般采用的成本估算方法是(　　)。

　　A. 参数估算法　　　　　　　　　B. 专家估算法

　　C. 功能点估算法　　　　　　　　D. 类别估算法

2. 判断题

（1）软件项目的估算结果是比较精确的。 （ ）

（2）进行软件项目估算时，可以按照其他企业的估算模型进行估算。 （ ）

（3）间接成本是与一个具体的项目相关的成本。 （ ）

（4）项目经理不需要在项目开始前确定完成项目所需要的资源和资源的数量。（ ）

（5）COCOMO 模型划分为 3 种软件应用开发模式：组织模式（Organic Model）、嵌入式应用开发模型（Embedded Model）和中间应用开发模型（Semidetached Model）。 （ ）

3. 计算题

（1）项目经理正在进行一个盒马鲜生信息管理系统项目的估算，他采用的 Delphi 的成本估算方法，邀请 2 位专家估算，第一个专家分别给出 4 万、7 万、16 万的估算值，第二个专家分别给出了 4 万、6 万、8 万的估算值，计算这个项目成本的估算是多少？

（2）某软件的五类功能计数项如表 4-13 所示，假设这个软件项目所有的技术复杂程度都是显著影响（显著对应的调整系数为 4），计算这个软件的功能点。

表 4-13 软件需求的功能计数项

复杂度 各类计数项	低	中	高
外部输入	6	5	3
外部输出	3	5	4
内部逻辑文件	2	5	6
外部逻辑文件	3	4	5
外部查询文件	3	2	2

第 5 章

软件项目时间管理

一般地说，项目的初期要对项目的规模、成本和时间(进度)进行估算，而且基本上是同时进行的，项目的规模和时间(进度)估算有一定的关系。而交付期作为软件开发合同或者软件开发项目中的时间要素，是软件开发能否获得成功的重要判断标准之一，是最为核心的关注范围。软件项目管理的主要目标就是提升质量、降低成本、保证交付期，以及追求顾客满意。交付期意味着软件开发在时间上的限制，意味着软件开发的最终速度，也意味着满足交付期的预期收益和捍卫交付期需要付出的代价。交付期在进度计划中表现。目前，软件项目的进度是企业普遍最重视的项目要素，原因有很多，例如：在与客户的协约中或者项目计划汇总，客户最关心的是进度，最明确的也是进度；进度是项目各要素中最容易度量的，因为容易度量，所以在许多企业中被认为是最理想的管理考核指标。

项目的时间管理是项目管理的另一个核心，是项目计划中最重要的部分，如何有效、合理地安排项目各项工作的时间是项目执行前必须要解决的问题。时间是一种特殊的资源，具有单向性、不可重复性和不可替代性的特点。项目时间管理的目的是保证按时完成项目、合理分配资源、发挥最佳工作效率，即在给定的限制条件下，用最短时间、最少成本、以最小风险完成项目工作，它涉及6个过程：活动定义、活动排序、活动资源估计、活动工期估计、进度安排和进度控制，主要过程是先根据WBS进一步分解出主要的活动，确立活动之间的关联关系，再估算出每个活动需要的资源、历时，最后编制项目进度计划。

5.1 基本概念

5.1.1 活动定义

进度是对执行的活动和里程碑制定的工作计划日期表，它决定是否达到预期目的，是跟踪和沟通项目进展状态的依据，也是跟踪变更对项目影响的依据。按时完成项目是对项目经理最大的挑战，因为时间是项目规划中灵活性最小的因素，进度问题又是项目冲突的主要原因，尤其在项目的后期。为了编制进度，首先需要定义活动。

项目活动定义是确认和描述项目的特定活动，它把项目的组成要素细分为可管理的更小部分，以便更好地管理和控制。通过活动定义可使项目目标进行体现。WBS是面向可提交物的，WBS的每个工作包被划分成所需要的任务，活动定义是面向任务的，是对WBS做进一步分解的结果，以便清楚应该完成的每个具体任务或者提交物需要执行的活动。

活动定义的输入包括4部分：工作分层结构图、范围的描述、历史的资料、约束因素和假设因素。

一般地,范围的描述包括以下内容。

(1) 范围描述:用表格的形式列出项目目标、项目的范围、项目如何执行、项目完成计划等。

(2) 目的:对项目的总体要求做一个概要性的说明。

(3) 用途:项目范围描述是制定项目计划和绘制工作分解结构图的依据。

(4) 依据:项目章程、已经通过的初步设计方案和批准后的可行性报告等。

(5) 项目描述表格的主要内容是项目名称、项目目标、交付物定义、交付物完成验收标准、工作描述、工作规范、所需资源的初步估计、重大里程碑事件等。

进行活动定义的成果有活动清单、活动属性、里程碑清单和请求的变更。其中:

(1) 活动清单。包括项目将要进行的所有计划活动。活动清单不包括任何不必成为项目范围一部分的计划活动。活动清单应当有活动标志,并对每一计划活动工作范围给予详细的说明,以保证项目团队成员能够理解如何完成该项工作。计划活动的工作范围可有实体数量,例如需安装的管道长度、在指定部位浇筑的混凝土、图纸张数、电脑程序语句行数或书籍的章数。活动清单在进度模型中使用,属于项目管理计划的一部分。计划活动时项目进度表的单个组成部分,不是工作分解结构的组成部分。

(2) 活动属性。活动属性是活动清单中的活动属性的扩展,指出每一计划活动具有的多属性。每一计划活动的属性包括活动标志、活动编号、活动名称、先行活动、后继活动、逻辑关系、提前与滞后时间量、资源要求、强制性日期、制约因素和假设。活动属性还可以包括工作执行负责人、实施工作的地区或地点,以及计划活动的类型、如投入的水平、可分投入与分摊的投入。这些属性用于指定项目进度表,在报告中以各种各样方式选择列入计划的计划活动,确定其顺序并将其分类。属性的数目因应用领域而异。活动属性用于进度模型。

(3) 里程碑清单。计划里程碑清单列出了所有的里程碑,并指明里程碑属于强制性(合同要求)还是选择性(根据项目要求或历史信息)。里程碑清单是项目管理计划的一部分,里程碑用于进度模型。

(4) 请求的变更。活动定义过程可能提出影响项目范围说明与工作分解结构的变更请求。请求的变更通过整体变更控制过程审查与处置。

5.1.2 活动排序

活动排序是识别与记载计划任务之间的逻辑关系。在按照逻辑关系安排计划活动顺序时,可加入适当的时间提前与滞后量,只有这样以后才能制定出符合实际和可以实现的项目进度表。活动排序过程包括确认并编制活动间的相关性。

活动之间存在相互联系与相互依赖的关系,根据这些关系来安排各项活动的先后顺序。活动只有被正确排序后才能够方便日后计划的制定。一般的项目中活动之间存在结束—开始、结束—结束、开始—开始、开始—结束 4 种关系,如图 5-1 所示。

在图 5-1 中,结束→开始(Finish-to-Start,FS)表示 A 任务(活动)在 B 任务(活动)开始前结束;结束→结束(Finish-to-Finish,FF)表示 A 任务(活动)结束,B 任务(活动)才可以结束;开始→开始(Start-to-Start,SS)表示 A 任务(活动)开始,B 任务(活动)才可以开始;开始→结束(Start-to-Finish,SF)表示 A 任务(活动)开始,B 任务(活动)才能结束。结束→

图 5-1　活动关系图

开始(Finish-to-Start，FS)是最常见的逻辑关系，开始→结束(Start-to-Finish，SF)关系极少使用。

活动之间的关联关系有如下 3 类。

1. 强制依赖关系(mandatory or hard)

强制依赖关系是活动之间本身存在的、无法改变的逻辑关系，又称硬逻辑关系。项目管理团队在确定活动先后顺序的过程中，要明确哪些依赖关系属于强制性的。强制依赖关系指工作性质所固有的依赖关系，它们往往涉及一些实际的限制。例如，在施工项目中，只有基础完成之后，才能开始上部结构的施工；在电子项目中，必须先制作原型机，然后才能进行测试；在软件项目中，先做完需求分析，才能做总体设计。

2. 自由依赖关系(discretionary)

自由依赖关系是人为由组织确定的，两项活动可先可后的组织关系也称软逻辑关系。在确定活动先后顺序的过程中，项目管理团队要明确哪些依赖关系属于自由依赖关系。软件逻辑关系要有完整的文字记载，因为它们会造成总时差不确定，失去控制并限制今后进度安排方案的选择。例如，安排计划时，哪个模块先做，哪个模块后做，哪些任务先做好一些，哪些任务同时做好一些，都可以由项目经理确定。自由依赖关系的确定一般比较难，它通常取决于项目管理人员的知识和经验，因此自由依赖关系的确定对于项目的成功实施是至关重要的。

3. 外部依赖关系(external)

外部依赖关系是项目活动与非活动之间的依赖关系。项目管理团队在确定活动先后顺序的过程中，要明确哪些依赖关系属于外部依赖。例如，系统安装依赖外购产品和服务的提供；软件项目测试活动的进度可能取决于来自外部的硬件是否到货；施工项目的场地平整，可能要在环境听证会之后才能动工。活动之间的这种依赖可能要依靠以前性质类似的项目历史信息或者卖方合同或建议。

项目管理团队要确定可能要求加入时间提前与滞后量的依赖关系，以便准确地确定逻辑关系、时间提前与滞后量，以及有关的假设要形成文件。利用时间提前量可以提前开始后继活动，例如，技术文件编写小组可以在写完长篇文件初稿(先行活动)整体之前 15 天着手第二稿(后继活动)。利用时间滞后量可以推迟后继活动，例如，为了保证混凝土有 10 天养护期，可以在结束—开始关系中加入 10 天的滞后时间，这样一来，后继活动就只能在先行活动完成之后开始。

5.2　进度估算方法

项目的初期要对项目的规模、成本和进度进行估算,其中进度估算是从时间的角度对项目进行规划。在项目的不同阶段可以采用不同的估算方法,初期的估算结果误差可能较大,随着项目的进展,会逐步趋于精确。

5.2.1　计划活动资源估算

活动资源估算就是确定在实施项目活动时要使用何种资源(人员、设备或物资),每一种使用的数量,以及何时用于项目计划活动。活动资源估算过程和成本估算过程紧密结合。

例如,施工团队在不了解当地的建筑法规时,需要支付额外的费用聘请专家,或从当地的专业机构进行获取;汽车设计团队需要熟悉最新的自动装配技术,获取必要知识的途径包括聘请一位咨询人员,派一位设计人员出席机器人研讨会,或者把来自生产岗位的人员纳入设计团队等。

资源估计的主要输入包括：(1)事业环境因素,它是指活动资源估算过程利用事业环境因素中包含的有关基础设施资源有无或是否可利用的信息;(2)组织过程资产,它提供了实施组织有关活动资源管事过程所考虑的人员配备,以及物质与设备租用或购买的各种方针;(3)活动清单,是指需要与估算资源对应的计划活动;(4)活动属性,是指在估算活动清单中每一计划活动所需资源时依靠的基本数据;(5)资源可利用情况,是指在估算资源类型时,要利用相关资源(如人员、设备和物资)可供本项目使用的信息,对于这些信息的了解包括资源来源地的地理位置,以及可利用的时间,例如,在工程设计项目的早期阶段,可供使用的资源包括大量的初级与高级工程师,而在同一项目的后期阶段,可供使用的资源可能仅限于因为参与过项目早期阶段而熟悉本项目的个人。专家判断、备选方案分析、出版的估算数据、项目管理软件和自下而上估算方法都是有助于资源估计的可行工具。

资源估计过程的主要输出包括活动资源清单、资源分解结构、变更申请以及必要时对活动属性和资源日历的更新。如果分配给初级员工很多任务,那项目经理可能会分配额外的时间和资源来帮助培训和指导这些员工。活动资源估算不仅是活动工期估计的基础,而且还为项目成本管理、项目人力资源管理、项目沟通管理及项目采购管理提供了重要的信息。

5.2.2　项目工期历时估计

工期是开展活动的实际时间加上占用时间。例如,尽管可能只花一周或 5 天就能完成一项实际的工作,但估计的工期可能是两周,目的是根据外部信息留出一些额外的时间进行调整。分配给一项任务的资源也会影响该任务的工期估计。

人工量是指完成一项任务所需的工作天数和工作小时。工期是指时间估计,而不是人工量估计。在项目进展过程中进行工期估计或更新工期估计时,项目团队成员必须验证他们的假设。实际上,工作执行者在进行活动工期估计时是最有发言权的,因为要根据能否按工期完成活动来评估他们的工作绩效。如果项目的范围发生了变化,应更新工期估计以反映这些变化。回顾类似的项目和寻求专家的建议将有助于做好活动工期估计。

项目工期历时估计是估计任务的持续时间,它是项目计划的基础工作,直接关系到整个项目所需的总时间。项目历时估计首先是对项目中的任务(活动)进行时间估计,之后确定项目的历时估计。任务(活动)时间估计指预计完成各任务(活动)所需时间长短,在项目团队中熟悉该任务(活动)特性的个人和小组可对活动所需时间进行估计。进行活动工期历时估计的输入包括活动清单、活动属性、活动资源需求、资源日历、项目范围说明、企业环境因素和组织过程资产所包含的信息都会影响工期估计。在进行活动工期历时估计时,还应考虑实际的工作时间(例如一周工作几天,一天工作几小时等)、生产率(例如 LOC/天等)、项目的人员规模(例如多少人月,多少人天等)、有效工作时间、连续工作时间和历史项目等。

常用的工期估算方法包括基于规模的进度估算、工程评估评审技术(Program Evaluation and Reviewer Technique,PERT)、专家估算法、类推估计方法、关键路径法、三点估算法以及自上而下经验比例法。

1. 基于规模的进度估算

5.2.2(1)
时间管理-
定额估算法

(1) 定额估算法:定额估算法是根据项目规模估算的结果来推测进度的方法,是比较基本的估算项目历时的方法。其公式为:$T=Q/(R×S)$。此方法适用于规模比较小的项目。

式中:T 代表活动的持续时间,可以用小时、日、周等表示;

$\quad Q$ 代表活动的工作量,可以用人天、人月、人年等表示;

$\quad R$ 代表人力或设备的数量,可以用人或设备数表示;

$\quad S$ 代表开发(生产)效率,以单位时间完成的工作量表示。

例 5-1　一个软件项目的规模估算是 6 人月,如果有 2 名开发人员,而每个开发人员的开发效率是 1.5,则该项目工期为多少?

答案:由题意可知,该项目有 2 个开发人员,即 $R=2$ 人;而每个开发人员的开发效率是 1.5,即 $S=1.5$;该项目的规模估算为 6 人月,即 $Q=6$ 人月,则由公式可知:

$$T=Q/R×S=6 \text{人月}/(2×1.5)=2 \text{月}。$$

(2) 经验导出模型:是根据大量项目数据统计而得出的模型,经验导出模型为

$$D=a×E^b$$

式中,D 代表活动的持续时间,例如月进度;

$\quad E$ 代表活动的工作量,可以用人天、人月、人年等表示;

$\quad a$ 代表 2~4 的参数;

$\quad b$ 代表 1/3 左右的参数。

例 5-2　一个项目的规模估算是 27 人月,如果模型中的参数 $a=3$,$b=1/3$,则该项目工期为多少?

解:$D=a×E^b=3×27^{1/3}=9$ 人月。

2. 工程评估评审技术(Program Evaluation and Review Technique,PERT)

5.2.2(2)
时间管理-
Pert方法

工程评估评审技术(PERT 法)最初发展于 20 世纪 50 年代,主要适用于大型工程。它主要利用网络顺序图的逻辑关系和加权历时估算来计算项目历时,在估计历时存在不确定性,可以采用 PERT 方法,即估计具有一定的风险时采用 PERT 法加权平均的算法 $(O+4M+P)/6$,其中 O 代表基于最好情况的最大乐观值(Optimistic time),即项目完成的最小估算值;P 代表基于最坏情况的最大悲观值(Pessimistic time),即项目完成的最大估

算值；M(Most likely time)即项目完成的最大可能估算值，最大可能估算值是基于最大可能情况的估计或者是基于最期望的情况的估计。

图 5-2 为 ADM 网络图，其中估计 A、B、C 的任务历时存在很大不确定性，因此对任务 A、B、C 的项目历时采用 PERT 方法进行估计。其中任务 A 的最大乐观、最大可能和最大悲观历时估计分别为 4、6、8；任务 B 的最大乐观、最大可能和最大悲观历时估计分别为 3、4、6；任务 C 的最大乐观、最大可能和最大悲观历时估计分别为 2、3、6。根据 PERT 公式 $(O+4M+P)/6$ 计算的各任务的历时估计结果如表 5-1 所示。

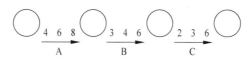

图 5-2 任务的 ADM 网络图

表 5-1 PERT 方法计算的项目历时估计值结果

任 务	最大乐观值	最大可能值	最大悲观值	PERT 估计值
A	4	6	8	6
B	3	4	6	4.17
C	2	3	6	3.33
项目				13.5

网络图中路径上的所有任务历时估计之和便是该路径的历时估计结果，叫作路径长度，则图 5-2 的项目历时估计值为 13.5。

在使用 PERT 方法的过程中，可能存在一定的风险，因此需要进一步使用基于标准差(Standard Deviation)和方差(Variance)的风险分析，其中标准差 $\delta=(p-O)/6$，方差 $\delta^2=[(P-O)/6]^2$。其中 O 是最乐观的估计，P 是最悲观的估计。

如果一条路径中每个活动的 PERT 历时估计表示为 $E_1,E_2,\cdots,E_n$，则该路径的历时、方差以及标准差分别表示为

$$E=E_1+E_2+\cdots+E_n$$
$$\delta^2=(\delta_1)^2+(\delta_2)^2+\cdots+(\delta_n)^2$$
$$\delta=\sqrt{(\delta_1)^2+(\delta_2)^2+\cdots+(\delta_n)^2}$$

则图 5-2 中任务 A、B、C 的标准差、方差以及整条路径(项目)的标准差、方差结果计算如表 5-2 所示。

表 5-2 项目标准差、方差结果表

任 务	标 准 差	方 差
A	4/6	16/36
B	3/6	9/36
C	4/6	16/36
项目(路径)	1.07	41/36

设 E 为满足正态分布的均值，由概率论知识可知，$E\pm1\delta$ 的概率分布是 68.3%，$E\pm2\delta$ 的概率分布为 95.5%，$E\pm3\delta$ 的概率分布为 99.7%，如图 5-3 所示。

图 5-3　正态分布标准差图

由表 5-1 和表 5-2 计算结果可知,图 5-2 中项目的 PERT 总历时估计为 13.5 天,标准差为 1.07,因此该项目的总历时估计概率可计算为:项目在 12.43(13.5−1.07=12.43)天到 14.57(13.5+1.07=14.57)天内完成的概率为 68.3%;在 11.36(13.5−2*1.07=11.36)天到 15.64(13.5+2*1.07)天内完成的概率为 95.5%;在 10.29(13.5−3*1.07)天到 16.97 天内完成的概率为 99.7%,如表 5-3 所示。

表 5-3　完成项目的概率分布

历时估计均值 E=13.5,标准差 δ=1.07			
范围	概率	下界	上界
$\pm 1\delta$	68.3%	12.43	14.57
$\pm 2\delta$	95.5%	11.36	15.64
$\pm 3\delta$	99.7%	10.29	16.97

例 5-3　求图 5-2 中的项目在 15.64 天内完成的概率是多少?

解:由于 $13.5+2\delta=13.5+2\times1.07=15.64$,因此项目在 15.64 天内完成的概率是 50%+95.5/2=97.75%,结果如图 5-4 所示。

图 5-4　计算结果图

3. 专家估算法

由于影响活动持续时间的因素太多,如资源的水平或生产率,所以常常难以估算。专家估算法是通过专家依靠过去资料信息进行判断,以估算进度的方法。在进行估算时,各位专家或项目团队成员可以提供持续时间估算的信息,或根据以前的类似项目提出有关最长持续时间的建议。如果无法请到合适的专家,估计结果会造成较大的误差和项目会面临巨大的风险。

4．类推估计方法

类推估计就是以从前类似计划的活动的实际持续时间为依据,估算将来的计划活动的持续时间。当有关项目的详细信息数量有限时,则在项目的早期阶段就经常使用这种方法估算项目的持续时间。类比估算需要利用历史信息和专家判断。以下情况的类推估计是可靠的:(1)先前活动和当前活动是本质上类似而不仅仅是表面的相似;(2)专家有所需专长。对于软件项目,利用企业的历史数据进行历史估计是常见的方法。

5．关键路径法

关键路径法(Critical Path Method,CPM)是杜邦公司开发的技术,它是根据制定的网络图逻辑关系进行的单一的历时估算,首先计算每一个活动的单一的、最早和最晚开始和完成日期,然后计算网络图中的最长路径,以便确定项目的完成时间估算。一个项目往往是由若干个相对独立的任务链条组成的,各链条之间的协作配合直接关系到整个项目的进度。关键路径法属于一种数学分析方法,包括理论上计算所有活动各自的最早和最晚开始与结束日期,该方法包含如下基本术语:

(1) 最早开始时间(Early Start,ES):表示一项任务(活动)的最早可以开始执行的时间。

(2) 最晚开始时间(Late Start,LS):表示一项任务(活动)的最晚可以开始执行的时间。

(3) 最早完成时间(Early Finish,EF):表示一项任务(活动)的最早可以完成的时间。

(4) 最晚完成时间(Late Finish,LF):表示一项任务(活动)的最晚可以完成的时间。

(5) 超前(Lead):表示两个任务(活动)的逻辑关系所允许的提前后置任务(活动)的时间,它是网络图中活动间的固定可提前时间。

(6) 滞后(Lag):表示两个任务(活动)的逻辑关系所允许的推迟后置任务(活动)的时间,是网络图中活动间的固定等待时间。例如:在装修房子时,刷油漆的后续活动是刷涂料,他们之间需要至少一段时间(一般是一天)的等待时间,等油漆变干后,再刷涂料,这个等待时间为滞后。

(7) 浮动时间(Float):浮动时间是一个任务(活动)的机动性,它是一个活动在不影响项目完成的情况下可以延迟的时间量。

(8) 关键路径:项目是由各个任务构成的,每个任务都有一个最早、最迟的开始时间和结束时间,如果一个任务的最早和最迟时间相同,则表示其为关键任务,一系列不同任务链条上的关键任务连接成为项目的关键路径,关键路径是整个项目的主要矛盾,是确保项目能否按照完成的关键。关键路径是网络图中浮动为0,而且是网络图中的最长路径。关键路径上的任何活动延迟都会导致整个项目完成时间的延迟。它是完成项目的最短时间量。

由图 5-5 介绍确定关键路径的方法。在图 5-5 中,将所有任务的历时以天为单位。由图中可知,包含两条路径:A-B-C-E 和 A-B-D-F。其中 A-B-C-E 的长度为 11(天),有浮动时间;A-B-D-F 的长度为 15(天),没有浮动时间。因此,最长而且没有浮动的路径 A-B-D-F 为关键路径,则项目完成的最短时间是 15 天,即关键路径的长度是 15 天。

关键路径法的计算方法有正推法(Forward Pass)和逆推法(Backward Pass)两种。正推法用于计算活动和节点的最早时间,其主要步骤如下:(1)设置网络图中的第一个节点时间,例如设置为1;(2)选择一个开始于第一个节点的活动开始进行计算;(3)令活动最早开始时间等于其开始节点的最早时间;(4)在选择的活动的最早开始时间上加上工期,即最早结束时间;(5)比较此活动的最早结束时间和此活动结束节点的最早时间。如果结束节点

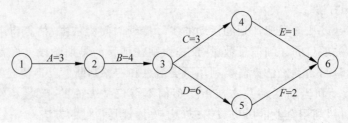

图 5-5 项目网络图

还没有设置时间,则此活动的最早结束时间就是该结束节点的最早时间,如果活动的结束时间比结束节点的最早时间大,则取此活动的最早结束时间座位节点的最早时间,如果此活动的最早结束时间小于其节点的最早时间,则保留此节点时间作为其最早时间;(6)检测是否还有其他活动开始于此节点,如果有,则返回步骤(3),如果没有,则进入下一个节点的计算,直到最后一个节点。

逆推法一般从项目的最后一个活动开始计算,直到计算到第一个节点的时间为止。在逆推法的计算中,首先令最后一个节点的最迟时间等于其最早时间,然后开始计算,其主要步骤如下为:(1)设置最后一个节点的最迟时间,令其等于正推法计算出的最早时间;(2)选择一个以此节点作为节点的活动进行计算;(3)令此活动的最迟结束时间等于此活动的最迟时间;(4)从此活动的最迟结束时间汇总减去其工期,得到其最迟开始时间;(5)比较此活动的最迟开始时间和其开始节点的时间。如果开始节点还没有设置最迟时间,则将活动的最迟开始时间设置为此节点的最迟时间,如果活动的最迟开始时间早于节点的最迟时间,则将此活动的最迟开始时间设置为节点的最迟时间,如果活动的最迟开始时间迟于节点的最迟时间,则保留节点的时间作为最迟时间;(6)检查是否还有其他活动以此节点为结束节点,如果有则进入第二步计算,如果没有则进入下一个节点,直至最后一个节点;(7)第一个节点的最迟时间是本项目必须要开始的时间,假设最后一个节点的最迟时间和最早时间相等,则其值应该等于1。

在项目管理中,编制网络计划的基本思想就是在一个庞大的网络图中找出关键路径,并对各关键活动,优先安排资源,挖掘潜力,采取相应措施,尽量压缩需要的时间。而对非关键路径的各个活动,只要在不影响工程完工时间的条件下,抽出适当的人力、物力和财力等资源,用在关键路径上,以达到缩短工程工期,合理利用资源等目的。在执行计划过程中,可以明确工作重点,对各个关键活动加以有效控制。

6. 三点估算法

考虑原有估算中风险的大小,可以提高活动持续时间估算的准确性。三点估算就是在确定三种估算的基础上做出的。估计活动执行的三个时间,即乐观持续时间 a,悲观持续时间 b,最可能持续时间 m,对应于 PERT 网络期望时间 $t=(a+4m+p)/6$。

例 5-4 某一工作正常情况下的活动时间是 15 天,在最有利的情况下其活动时间是 9 天,在最不利的情况下其活动时间是 18 天,那么该工作的最可能完成时间是多少?

解: 由题意可知,该工作正常情况下的活动时间为 15 天,即最可能持续时间 $m=15$ 天;在最有利的情况下的活动时间是 9 天。即乐观持续时间 $a=9$ 天;在最不利的情况下的活动时间是 18 天,即悲观持续时间 $b=18$ 天,则由 PERT 网络期望时间公式得:

$$t=(a+4m+p)/6=(9+4\times15+18)\text{天}/6=14.5\text{ 天}。$$

7. 自上而下经验比例法

如果估算工作量时,项目经理是根据类推法、专家法给出的整个项目的工作量,那么计算出来的都是整个项目的历时,而没有给出项目各个阶段的历时,这种情况下仍然没有制定出进度计划来。通常此时需要采用经验比例法,把整个项目的历时按照经验划分到每个阶段上,从而得出每个阶段的历时,例如可以得出需求历时、设计历时、代码历时。有了阶段历时后,则再根据识别的任务,进行阶段任务分配和排序,把这些时间根据经验分配到各个任务上,对各个任务再进行工作量和开发时间的分配,这种方法可以看成是自上而下的经验比例进度估算法。

阶段历时的经验比例现在有很多种,各公司也有自己的不同值,下面给出几种供参考的经验比例。

(1) 简单比例。为了简单,制定软件项目进度计划时遵循"40-20-40"分布规则,即整个软件开发过程中,软件设计仅占 20%,软件分析工作量占 40%,软件测试工作量占 40%。"40-20-40 分布规则"只是对软件各阶段的工作量进行粗略分布,而具体项目的实际工作量分配比例必须按照各项目的特点进行详细划分。因此,"40-20-40"只能作为设计指南,进行参考。

(2) 设计和开发详细比例。McConnell 在《软件项目生存指南》中提出设计和开发详细比例,如表 5-4 所示。在该表中没有给出需求分析阶段的比例,因为他认为需求分析要另外花费项目 10%~30% 的时间,而且配置管理和质量管理分别占总项目成本的 3%~5%,因此一个项目应该给出 10%~15% 的比例进行项目管理和支持活动。

表 5-4 设计和开发详细比例表

生命周期阶段	小项目/%	大项目/%
架构设计	10	30
详细设计	20	20
代码开发	25	10
单元测试	20	5
集成测试	15	20
系统测试	10	15

(3) Walker Royce 比例表。Walker Royce 在其《软件项目管理》一书中给出如表 5-5 所示的 Walker Royce 比例表,该比例表在 McConnell 提出的设计和开发详细比例基础上,还考虑了环境配置和项目实施阶段的比例。

表 5-5 Walker Royce 比例表

管理工作	5%
需求分析	5%
设计	10%
编码和单元测试	30%
集成和系统测试	40%
项目实施	5%
环境配置	5%

以上比例都只是作为参考,项目经理在实际工作中需要根据自己团队成员情况、项目情况、公司历来水平确定合理的比例。

历时估计的数值应该在有效工作时间加上额外的时间,历时估计的输出是各个活动的时间估计,即关于完成一项活动需多少时间的数量估计,其估计值可以用一个唯一的值,也可以用某一范围表示,例如:任务的历时是 12 天,或者 7 天到 15 天,或者 2 周±1 天,表示该活动至少需 13 天或不超过 15 天。

5.3　软件进度安排

5.3.1　软件进度安排概念

进度是执行的活动和里程碑制定的工作计划日期表,它决定是否达到目的,是跟踪和沟通项目进展状态的依据,也是跟踪变更对项目影响的依据。项目执行的过程中,进度问题是项目冲突的主要原因,因为它是项目规划中灵活性最小的因素,尤其在项目的后期,因此好的进度安排是项目能够顺利进行的有力保证。

软件进度安排就是依据项目时间管理前几个过程的结果确定软件项目的开始和结束日期。进度安排的最终目标是编制一份切实可行的项目进度表,从而在时间维度上为监控项目的进展情况提供了依据。项目安排在指定项目进度时,主要依据是合同书和项目计划。通常的做法是把复杂的整体项目分解成许多可以准确描述、度量、可独立操作的相对简单的任务,然后这些任务的执行顺序,确定每个任务的完成期限、开始时间和结束时间。在进度安排过程中需要考虑项目可以支配的人力及资源、项目的关键路径、软件生命周期各个阶段工作量的划分、工程进展情况和各个阶段任务完成标志等。

软件进度安排的主要依据是组织过程资产、项目范围说明书、活动清单、活动属性、活动资源要求、资源日历、活动持续时间估算等。

有两种进度安排方式:

(1) 系统最终交付日期已经确定,软件开发组织在这一约束下将工作量进行分配。

(2) 系统最终交付日期只确定了大致的期限,最终发布日期由软件开发组织确定,工作量以一种能够最好地利用资源的方式进行分配。

但是,在实际工作中,第一种方式出现的频率远远高于第二种。显然,如果不能按期完成,将会引起用户不满,甚至导致市场机会的丧失和成本的增加。因此,合理分配工作量,利用进度安排的有效方法监控软件开发的进展,对于大型而复杂的软件开发项目显得尤为重要。

在自下而上经验比例法提出,制定软件项目进度计划时遵循"40-20-40"分布规则,即整个软件开发过程中,软件设计仅占 20%,软件分析工作量占 40%,软件测试工作量占 40%。但该方案在分配方案时不强调编码工作,在现在大型软件项目开发过程中,编码工作所占的工作量份额还在不断缩小。

该分配方案只能作为工作量分配的指导原则。一般在计划阶段所需工作量很少超出项目总工作量的 2%~3%,除非是具有高风险的巨额投资项目。需求分析可能占用项目工作量的 10%~25%,用于分析或原型开发的工作量与项目规模和复杂度成正比增长。通常有20%~25%的工作量用于软件设计,用于设计评审和迭代修改的时间也必须计算在内。由于设计时完成了相当的工作量,所以编码工作变得相对简单,用 15%～20% 的工作量就可以完成。测试和随后的调试工作占 30%～40% 的工作量,且测试的工作量取决于软件的质量特性要求。

例 5-5 对 CAD 应用开发软件包的每项功能的每项开发活动进行工作量分配,可得如表 5-6 所示的分配方案。

表 5-6 CAD 应用开发软件包工作量分配方案(单位:人·月)

名 称	需求分析	设 计	编码与单元测试	集成测试
用户界面	0.5	1.0	0.5	1.0
二维几何分析	3.0	5.0	3.0	6.0
三维几何分析	7.0	10.0	6.0	11.0
数据库管理	1.0	2.0	1.0	2.0
图形显示	3.0	5.0	3.0	6.0
外设控制	2.0	3.5	1.5	4.0
设计分析	5.0	8.0	5.0	9.0

5.3.2 软件进度安排方法

软件进度安排的目的在于合理控制时间和节约时间,而软件项目的主要特点就是有严格的时间期限要求。因此,软件项目的进度安排一般以图形的方式展现。图形表示可以简单直观地展现项目的进度计划和工作的实际进展情况的区别、各项任务之间进度的相互依赖关系和资源的使用状况,从而有利于进度管理。一般的软件进度管理安排有三种图形表示方法:甘特图、网络图和里程碑图。

1. 甘特图(Gantt chart)

甘特图又称为横道图、条状图。其通过条状图来显示项目,进度,和其他时间相关的系统进展的内在关系随着时间进展的情况。甘特图可以显示任务的基本信息,使用甘特图能方便地看到任务的工期、开始和结束时间以及资源的信息,它可以直观表明计划何时进行,对比进展与要求,便于项目管理者弄清项目的剩余任务,评估工作进度,是小型项目中最常用的工具。即使在大型工程项目中,它也是管理层了解全局、基层安排进度时有用的工具。

甘特图按照内容不同,分为计划图表、负荷图表、机器闲置图表、人员闲置图表和进度表五种形式。

并有两种表示方法,这两种方法都是将工作分解结构中的任务排在垂直轴,时间安排在水平轴。第一种是棒状图(图 5-6),即用棒状表示任务的起止时间,空心棒状图代表计划起止时间,实心棒状图代表实际起止时间,棒状图中一个任务要占用两行空间。另一种是三角形图(图 5-7),即用三角形表示特定日期,方向向上三角形表示开始时间,向下三角形表示结束时间,计划时间和实际时间分别用空心三角和实心三角表示,一个任务仅占用一行空间。

图 5-6　棒状甘特图

图 5-7　三角形甘特图

甘特图以作业排序为目的,将活动与时间进行联系,帮助项目管理者描述工作中心,超时工作等资源的使用。它包含三个含义:以图表或表格的形式显示活动;通用的显示进度的方法;构造时含工作日和持续时间。而甘特图的作用表现在计划产量与计划时间的对应关系、每日实际产量与预定计划产量的对比关系、一定时间内实际累计产量与同时期计划累计产量的对比关系。因此,为了合理表示上述关系和含义,绘制甘特图的步骤为:

(1)明确软件项目牵扯到的各项活动、项目。其内容包括项目名称(包括顺序)、开始时间、工期、任务类型(依赖和决定性)和依赖于哪一项任务。

(2)创建甘特图草图。将所有的项目按照开始时间、工期标注到甘特图上。

(3)确定项目活动依赖关系及时序进度。使用草图,按照项目的类型将项目联系起来,并安排项目进度。

(4)计算单项活动任务的工时量。

(5)确定活动任务的执行人员及适时按需调整工时。

(6)计算整个项目时间。

如图 5-8 所示为某管理系统的甘特图示例。

甘特图的优点在于图形化概要,通用技术,易于理解;有软件支持,无须担心复杂计算和分析。但它仅能部分地反映项目管理的时间、成本和范围的关系,虽然可以通过项目管理软件描绘出项目活动的内在关系,但如果关系较多,纷繁芜杂的线图必将增加甘特图的阅读难度。甘特图可以采用 Microsoft Office Project、Gantt Project 和 Excel 等。

2. 网络图

当把一个工程项目分解成许多子任务,并且它们彼此间的依赖关系又比较复杂时,仅仅用甘特图作为安排进度的工具是不够的,不仅难于做出既节省资源又保证进度的计划,而且还容易发生差错。

网络图能描绘任务分解情况以及每项作业的开始时间和结束时间,此外,它还显式地描

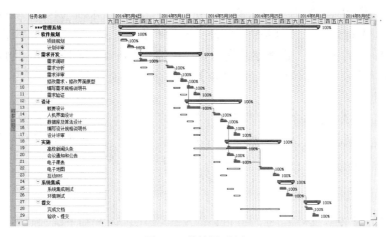

图 5-8　甘特图示例

绘各个作业彼此间的依赖关系。进行历时估计时可以表示项目将需要多长时间完成,当改变某些任务的历时时可以表明历时将如何变化。网络图是用箭线和节点将项目任务的流程表示出来的图形,根据节点和箭线的不同含义,项目管理中的网络图分为 PDM 网络图(Precedence Diagramming Method)、ADM 网络图(Arrow Diagramming Method)和 CDM 网络图(Conditional Diagramming Methods)三种类型。

1) PDM 网络图

PDM 也称为前导图法(单代号图或活动节点图),它利用节点代表活动,而用节点间箭头表示活动的相关性。因为活动是在节点上,所以也称为活动在节点法(Activity on Node,AON)或简称节点法,是大多数项目管理软件包所采用的方法。图 5-9 所示是一个软件项目的 PDM 网络图示例。

图 5-9　PDM 网络图示例

2) ADM 网络图

ADM 也称为箭线图(双代号网络图)。图中箭头表示任务,节点表示前一道任务的结束,同时也表示后一道任务的开始。用两个数字或两个字母表示活动起点和终点,用节点连接箭线以示相关性。因为网络中活动是在两点间的箭头上,所以也称箭线代表活动(Activity on Arrow,AOA)。图 5-10 所示是一个软件项目的 ADM 网络图示例。

图 5-10　ADM 网络图示例

在 ADM 网络中,有时为了表示逻辑关系,需要设置一个虚活动,虚活动不需要时间和资源,一般用虚箭线表示。在图 5-10 中,为了表示软件开发过程中总体设计和详细设计的逻辑关系需要引入代号 6,用虚线连接代号 6 到代号 5 的活动就是一个虚活动,它不是一个实际的活动,只是为了表达两者之间的逻辑关系。

3) CDM 网络图

CDM 网络图也称为条件箭头线图法,它允许活动序列相互循环和反馈,诸如一个环(例如:某试验须重复多次)或条件分支(例如:一旦检查中发现错误,设计就要修改),这在系统动力学模型中较常见,但 PDM 和 ADM 都不允许回路或有条件分支存在。因为这种情况下难以计算项目的周期,所以实际项目中很少使用 CDM 网络图。

3. 里程碑图

项目进展中要设置里程碑,里程碑仅表示事件的标记,不消耗资源和时间。里程碑图就是使用图表的方式来直观地表达项目里程碑的一种项目管理表格工具。里程碑图有利于就项目的状态与用户和组织的上级进行沟通。图 5-11 所示是一个软件项目里程碑图示例。

图 5-11　里程碑图

里程碑图显示项目进展中的重大工作完成,里程碑不同于活动,活动需要消耗资源并且需要花时间完成,里程碑仅仅表示事件的标记,不消耗资源和时间。例如:在图 5-11 中可知,软件项目的设计阶段在 2018 年 5 月 10 日完成,软件项目的测试阶段在 2019 年 1 月 1 日完成。

项目计划以里程碑为界限,将整个开发周期划分为若干阶段。根据里程碑的完成情况,适当调整每一个较小的阶段的任务量和完成的任务时间。同时,对项目里程碑阶段点的设置必须符合实际,必须有明确的内容并且通过努力能达到,以保证开发人员积极地完成所安排的工作和任务。进度管理与控制其实就是确保项目里程碑的达到,因此里程碑的设置要尽量符合实际,并且不轻易改变里程碑的时间。

例如,盒马鲜生信息管理系统,计划在 2017 年 9 月 1 日开始,2018 年 12 月 31 日结束,共投入 50 万元。项目中设置了 6 个里程碑事件,即系统规划完成、需求分析完成、系统设计完成、系统实施完成、系统测试完成、系统提交完成,则该系统的里程碑计划表如表 5-7 所示。

该项目主要输出项目进度表、进度模型数据、进度基线、变更申请,以及对资源需求、活动属性、项目日历和项目管理计划的更新。

表 5-7 某软件开发项目里程碑计划表

序　　号	里程碑事件	交 付 成 果	完 成 时 间
1	系统规划完成	规划书	2017 年 9 月 1 日
2	需求分析完成	需求规格说明书	2017 年 12 月 20 日
3	系统设计完成	系统设计方案	2018 年 3 月 9 日
4	系统实施完成	系统软件及编码文档	2018 年 8 月 2 日
5	系统测试完成	测试报告	2018 年 11 月 20 日
6	系统提交完成	验收报告	2018 年 12 月 30 日

5.4　进度控制

进度控制管理是采用科学的方法确定进度目标,编制进度计划与资源供应计划,进行进度控制,在于质量、费用、安全目标协调的基础上,实现工期目标。由于进度计划实施过程中目标明确,而资源有限,不确定因素多,干扰因素多。而这些因素存在主观因素和客观因素,并且主客观条件的不断变化,项目计划也随之改变,因此,在项目进行过程中必须不断掌握计划的实施状况,并将实际情况与计划进行对比分析,必要时采取有效措施,使项目进度按预定的目标进行,确保目标的实现。进度控制管理是动态的、全过程的管理。进度控制的目标就是了解进度的情况,干预导致进度变更的因素,确定进度是否已经发生变更,以及进度发生变更时,管理好这些变更。

进度控制的主要输入是项目管理计划、项目进度计划、工作绩效信息、组织过程资产。

其所使用的主要工具和技术是进展报告、进度变更控制系统、进度对比条形图(如甘特图)、项目管理软件、偏差分析、假设情景分析、进度压缩、绩效管理等。同时,在进度控制时,要遵循如下定理:

(1) 动态原理。项目的进行是一个动态的过程,因此,进度控制随着项目的进展而不断进行。项目管理人员原因在项目各阶段制定各种层次的进度计划,需要不断监控项目进度并根据实际情况及时进行调整。

(2) 系统原理。项目各实施主体、各阶段、各部分各层次的计划构成了项目的计划系统,它们之间相互联系、相互影响;每一计划的制定和执行过程也是一个完整的系统。因此必须用系统的理论和方法解决进度控制问题。

(3) 封闭循环。项目进度控制的全过程是一种循环性的例行活动,其活动包括编制计划、实施计划、检查、比较与分析、确定调整措施、修改计划,形成一个封闭的循环系统。进度控制过程就是这种封闭的循环系统不断运行的过程。

(4) 信息原理。信息是项目进度控制的依据,因此必须建立信息系统,及时有效地进行信息的传递和反馈。

(5) 弹性原理。软件工程项目工期长、体系庞大、影响因素多而复杂。因此在进度控制时要对计划留有余地,使计划有一定的弹性。

进度控制的主要输出包括工作绩效测量、组织过程资产的更新、变更请求、项目管理计划(更新)、项目文件(更新)。而在进度控制过程中,要注意:(1)采用各种控制手段保证项目及各个工程活动按计划及时开始,在项目开发过程中记录工程活动的开始和结束时间及完成程度；(2)在各控制期末(例如月末、季末、一个里程碑事件结束时)将各活动的完成程度与计划对比，确定整个项目的完成程度，并结合工期、生产成果、劳动效率、消耗等指标，评价项目进度情况，分析其中的问题，并找出需要采取纠正措施的地方；(3)对下期工作进行安排，对一些已开始但尚未结束的项目单位的剩余时间进行估算，提出调整进度的措施，根据已完成状况作新的安排和计划，调整网络(如变更逻辑关系，延长、缩短持续时间，增加新的活动等)，重新进行网络分析，预测新的工期状况；(4)对调整措施和新计划评审，分析调整措施的效果，分析新的工期是否符合目标要求。

5.5　本章小结

项目的时间管理是项目计划中最重要的部分，它涉及 6 个过程：活动定义、活动排序、活动资源估计、活动工期估计、进度安排和进度控制。项目进度估算法方法包括计划活动资源估算和项目工期历时估计，常用的工期估算方法包括基于规模的进度估算、工程评估评审技术(PERT)、专家估算法、类比估算法、关键路径法(CPM)、三点估算法、参数估算法以及自上而下经验比例法等。软件进度管理安排通常包括甘特图、网络图和里程碑图等表示方法。其中网络图是关键路径法中最常用的表示方法，它主要有 PDM 图、ADM 图和 CDM图，其中正推法确定各个活动的最早开始时间和最早完成时间，通过逆推法确定各个活动的最晚开始时间和最晚结束时间。最后，通过进度控制了解项目进度的情况，干预导致进度变更的因素，确定进度是否已经发生变更，以及进度发生变更时，管理好这些变更。

习题五

1. 选择题

(1)"软件编码完成之后，才可以对它进行软件测试。"这句话说明了下列哪种依赖关系？(　　)

    A. 软逻辑关系　　　　　　　　　　B. 里程碑
    C. 外部依赖关系　　　　　　　　　D. 强制性依赖关系

(2)关注一个任务时，更应该关注(　　)。

    A. 非关键任务　　　　　　　　　　B. 通过成本最低化加速执行任务
    C. 加速执行关键路径上的任务　　　D. 尽可能多的任务

(3)对一个任务进行进度估算时，乐观估计 8 天完成，悲观估计 20 天完成，最有可能 11 天完成，则这个任务的历时估计介于 10～14 天的概率是(　　)。

    A. 50%　　　　　B. 68.3%　　　　　C. 70%　　　　　D. 99.7%

(4)如果用户提供的环境设备需要 6 月 20 日到位，所以环境测试安排在 6 月 20 日以后，这种活动安排的依赖依据是：(　　)。

    A. 外部依赖关系　　B. 软逻辑关系　　C. 里程碑　　　D. 强制依赖关系

(5)对一个任务进行进度估算时，乐观估计需要 6 天完成，悲观估计需要 24 天完成，最有可能 12 天完成，那么这个任务的历史估计在 16 天内完成的概率是(　　)。

    A. 68.3%　　　　　B. 99.7%　　　　　C. 15.8%　　　　　D. 84.2%

（6）关于浮动，下面正确的是？（　　　）。

    A. 每个任务都有浮动

    B. 只有复杂的项目有浮动

    C. 浮动是在不影响项目完成时间的前提下，一个活动延迟的时间量

    D. 浮动是在不增加项目成本的条件下，一个活动可以延迟的时间量

2. 名词解释

进度；

软件进度安排；

进度控制管理；

甘特图；

项目活动定义。

3. 应用题

（1）设存在任务 A 和任务 B，它们的最乐观值分别为 8 和 2，最悲观值分别为 22 和 10，最可能值分别为 11 和 6，试说明包含此两个任务的项目在 20 天内完成的概率近似值。

（2）一个软件项目的规模估算是 10 人月，如果有 4 个开发人员，而每个开发人员的开发效率是 1.5，则该项目工期为多少？

第 6 章

软件项目质量管理

6.1 基本概念

6.1.1 软件质量定义

软件已经成为我们日常生活中必不可少的一部分。在电话等家用小电器中、我们乘坐的轿车中、交通控制系统中、银行的自动提款机(Automated Teller Machine,ATM)中,软件无处不在。这些系统中的任何一个缺陷都会对我们的生活甚至一生产生影响。

随着时间的推移,人们逐渐将自己的一切托付给了软件,但同时人们的生活也受到软件中缺陷与漏洞(bug)的制约。客户总是希望软件中没有任何缺陷与漏洞(bug),这一点就像他们期望开车时不会遇到红灯一样。目前整个经济正在向电子商务方向发展,而政府也在向电子化政府转变,所以,软件的无缺陷特性越来越重要。

对于软件行业来说,它的一个特点就是人们总是处于压力之下工作,并且常常要在不合理的期限之内完成给定的工作。在如此大的压力下,软件出错的可能性也就变得很高。随着软件使用的深入,对于修改错误而言,事实上是不会有第二次机会的。如果是在一个很关键的系统中发生了错误,那么在发生重大事故之后再去修改错误已经于事无补了。即使缺陷没有造成直接影响,但在一个分布式环境中修改缺陷所需的费用过高,根本无法接受。由于软件行业自身的一些问题,在产品中存在缺陷已经成为一种传统。让开发人员找出产品中的所有缺陷并加以修改并不是一件容易的事情,通常他们更愿意去进行有趣的设计工作,而不是从事维护工作。

质量是产品或服务满足明确或隐含需求能力的特性和特征的总和。国际 ISO 定义:"质量是产品或者服务满足明确和隐含需要能力的性能特性的总体"。明确或隐含的需求是项目需求开发的依据。就项目而言,质量管理的一个关键就是通过利益相关者分析,将利益相关者需求、需要转化为项目范围管理中的要求。

软件质量是与软件产品满足规定的和隐含的需求能力有关的特征或特性的全体。ANSI/IEEE Std 729-1983 对软件质量的定义为:"与软件产品满足规定的和隐含的需求能力有关的特征或特性的全体"。软件质量反映了以下三方面的问题:

(1) 软件需求是度量软件质量的基础,不满足需求的软件就不具备质量。

(2) 不遵循各种标准中定义的开发规则,软件质量就得不到保证。

(3) 只满足明确定义的需求,而没有满足应有的隐含需求,软件质量也得不到保证。

软件质量是贯穿于软件生存周期的一个极为重要的问题,是软件开发过程中采用的各种开发技术和检验方法的最终体现。软件质量是满足软件需求规格中明确说明以及隐含的需求的程度。其中明确说明是指在合同环境中,用户明确提出的需求或需要,通常是合同、标准、规范、图纸、技术文件中做出的明确规定,隐含的则应加以识别和确定,具体来说是顾客或者社会对实体的期望,或者是指人们所公认的,不言而喻的,不需要做出规定的需求。

例 6-1 某大学需要选用最好的商用工资单软件包。应该如何以系统的方法来着手进行选择?

解决这个问题的一个要素是标识用于评判工资软件包的准则。这些准则应该是什么?应该如何检查软件包和这些准则的符合程度呢?

项目质量管理过程包括保证项目满足原先规定的各项要求所需的实施组织的活动,即决定质量方针、目标与责任的所有活动,并通过质量规划、质量保证、质量控制、质量持续改进等方针、程序和过程来实施质量体系。质量管理过程包括质量规划、实施质量保证和实施质量控制。

6.1.2　软件质量模型

从软件质量的定义可知软件质量是通过一定的属性集来表示其满足使用要求的程度,那么这些属性集包含的内容就显得重要了。通过计算机对软件质量的属性进行了较多的研究,得到了一些有效的质量模型,包括 McCall 质量模型、Boehm 质量模型、ISO/IEC 9126质量模型。

1. McCall 质量模型

早期的 McCall 质量模型是 1977 年 McCall 和他的同事建立的,他们在这个模型中提出了影响质量因素的分类,把软件质量分为三组质量因素。

(1)产品操作质量,包括 5 个方面。

① 正确性:程序满足其规格说明以及实现用户目的的程度。

② 可靠性:程序能够在规定的精确度下执行预期功能的程度。

③ 有效性:软件所需要的计算机资源的数量。

④ 完整性:控制未经授权的用户访问软件或数据的程度。

⑤ 可用性:学习、操作、准备输入数据和解释输出所需要的工作量。

(2)产品修订质量,包括 3 个方面。

① 可维护性:定位和修改运行程序中的错误所需要的工作量。

② 可测试性:测试程序确保程序实现预期功能所需要的工作量。

③ 灵活性:修改运行程序所需要的工作量。

(3)产品转变质量,包括 3 个方面。

① 可移植性:把程序从一种硬件配置或软件系统环境转移到另一种环境所需要的工作量。

② 可重用性:程序能用在其他应用程序中的程度。

③ 互操作性:把系统和另一个系统相互耦合需要的工作量。

2. Boehm 质量模型

1978 年 Boehm 和他的同事提出了分层结构的软件质量模型,除包含了用户期望和需要的概念这一点与 McCall 相同之外,还包括了 McCall 模型中没有的硬件特性。Boehm 质量模型如图 6-1 所示。

图 6-1 Boehm 质量模型

Boehm 质量模型始于软件的整体效用,从系统交付后设计不同类型的用户考虑。第一种用户是初始顾客,系统做了顾客期望的事,顾客对系统非常满意;第二种用户是将软件移植到其他软硬件系统下使用的客户;第三种用户是维护系统的程序员。因此,Boehm 模型反映了对软件质量的全过程理解,即软件做了用户要它做的、有效地使用系统资源、易于用户学习和使用、易于测试和维护。

3. ISO/IEC 9126 质量模型

20 世纪 90 年代初期,软件工程界试图将诸多的软件质量模型统一到一个模型中,并把这个模型作为度量软件的一个国际标准。国际标准化组织和国际电工委员会共同成立的联合技术委员会(JTC1)1991 年颁布了 ISO/IEC 9126—1991 标准《软件产品评价——质量模型》,其中质量模型分为 3 个:内部质量模型、外部质量模型、使用中质量模型。软件的外部和内部质量模型如图 6-2 所示,使用中质量模型如图 6-3 所示。

图 6-2 软件的外部和内部质量模型

图 6-3 软件使用中质量模型

各个模型包括的属性集大致相同,但也有不同的地方。这说明,软件质量的属性是依赖于人们的意志,基于不同的时期,不同的软件类型,不同的应用领域,软件质量的属性是不同的,这也是软件质量主观性的表现。

6.1.3 软件缺陷

某公司为学校开发一套完整的教务管理系统,在软件系统交付使用的过程中,学校发现一些软件说明书上所描述的功能并没有在系统内得到实现,在一些教务功能上出现了混乱和说明书中明确表明不会出现的错误并且在教师和学生经过试用后发现该系统运行速度慢且不易于使用。因此学校决定将该系统退回并要求对该系统进行修改。

软件缺陷是软件在生命周期各个阶段存在的一种不满足给定需求性的问题。通常,可以从以下 5 个规则来判别出现的问题是否是软件缺陷:

(1) 软件未实现说明书要求的功能。

(2) 软件出现了说明书指明不应该出现的错误。

(3) 软件实现了说明书未提到的功能。

(4) 软件未实现说明书虽未明确提及但应该实现的目标。

(5) 软件难以理解、不易使用、运行速度缓慢或者最终用户会认为不好。

软件缺陷一旦被发现,就要设法找出引起这个缺陷的原因,分析对产品质量的影响。由于资源是稀缺的,确定软件缺陷修复优先级是节约资源的最佳手段。因此,要对软件缺陷进行分类研究。有多种分类标准可以对缺陷进行分类,下面列举常见的软件缺陷分类。

（1）根据软件缺陷所造成的危害的恶劣程度来划分,一般分为致命的、严重的、一般的和微小的缺陷。

（2）根据软件缺陷产生的技术类型来分类,一般分为 5 种类型:输入/输出缺陷、逻辑缺陷、计算错误、接口缺陷和数据缺陷。

6.2　质量计划

现代质量管理强调:质量是计划出来的,不是检查出来的。只有制订了切实可行的质量计划,严格地按照规范流程实施,才能达到规定的质量标准。质量计划是判断哪些质量标准与本项目有关,并决定应如何达到这些质量标准。质量计划的依据是质量政策、范围描述、产品说明、标准和规则以及其他过程的输出。质量计划要明确质量管理组织的职务和义务。质量保证人员应该有特殊的问题上报渠道,以保证问题顺利解决,但是质量保证人员应该慎用该渠道。

质量计划的工具和技术包括以下内容。

1. 成本效益分析

质量计划过程必须考虑成本与效益两者间的取舍平衡。符合质量要求所带来的主要效益是减少返工,它意味着劳动生产率的提高,成本降低,利益相关者更加满意。为达到质量要求所付出的主要成本是开展项目质量管理活动的开支。

2. 基准比较分析

基准比较分析包括将实际的或计划中的项目实施情况与其他项目的实施情况相比较,从而得出提高水平的思路,并提供检测项目绩效的标准。其他项目可能在执行组织的工作范围之内,也可能在执行组织的工作范围之外;可能属于同一领域,也可能属于别的领域。

3. 流程图

流程图是表示系统中各要素之间相互关系的图表。在质量管理中常用的流程图包括因果图(也称为鱼刺图)和系统流程图。流程图能够帮助项目团队预测可能发生哪些质量问题,在哪个环节发生,因而有助于使解决问题的手段更为高明。

4. 实验设计

实验设计是帮助确定在产品开发和生产中,哪些因素会影响产品或过程特定变量的一种统计方法,而且在产品或过程优化中也起到一定作用。例如,组织可以通过实验设计降低产品性能对环境或制造变动因素的灵敏度。该项技术最重要的特征是,它提供了一个统计框架,可以系统地改变所有重要因素,而不是每次只改变一个重要因素。通过对实验数据的分析,可以得出产品或过程的最优状态,着重指明结果的影响因素并揭示各要素之间的交互作用和协同作用关系。

5. 质量成本

质量成本指为避免评估产品或服务是否符合要求及产品或服务不符合要求(返工)发生的所有费用。失败费用也称为质量低劣费用,通常分为内部和外部费用。

质量计划的输出包括以下内容。

（1）质量管理计划。质量管理计划应说明项目管理团队如何具体执行它的质量政策。

质量管理计划是整个项目计划的输入，它提出项目的质量控制、质量保证和质量改进的具体措施。质量管理计划可以是正式的或非正式的，高度细节化的或框架型的，应视项目的需要而定。

（2）操作性定义。操作性定义描述各项操作规程的含义，以及如何通过质量控制程序对它们进行检测。例如，仅仅把满足进度计划时间作为管理质量的检测标准是不够的，项目管理团队还应指出是否每项工作都应准时开始，或者只要准时结束即可；是否要检测单个的活动，或者仅仅对特定的可交付成果进行检测。如果是后者，那么哪些可交付成果需要检测。在一些应用领域，操作性定义又称为度量标准。

（3）检查单。检查单是一种结构化的管理手段，常用以核实需要执行的一系列步骤是否已经得到观测实施。检查单可以简单，也可以复杂。许多组织提供标准化的检查单，以确保对常规工作的要求保持前后一致。

（4）过程改进计划。过程改进计划是项目管理计划的从属内容。过程改进计划将详细说明过程分析的具体步骤，以便于确定浪费和非增值活动，进而提高客户价值。

6.3　质量保证

6.3.1　软件质量保证的目标和任务

质量保证（Quality Assurance，QA）是为了提供信用，证明项目会达到有关质量标准，而开展有计划、有组织的工作活动。它是贯穿整个项目生命周期的系统性活动，经常性地针对整个项目质量计划的执行情况，进行评估、检查与改进等工作，向管理者、顾客或其他地方提供信任，确保项目质量与计划保持一致。

软件质量保证（Software Quality Assurance，SQA）的目的是验证在软件开发过程中是否遵循了合适的过程和标准。其主要作用是保证软件透明开发的主要环节。它贯穿于整个项目的始终。

软件质量保证是一种有计划的、系统化的行动模式，它是为项目或产品符合已有技术需求提供充分信任所必需的。质量保证是一种预防性、提高性和保证性的质量管理活动。

实施质量保证是开展规划确定的系统的质量活动，确保项目实施满足要求所需的所有过程。

全面质量管理（Total Quality Management，TQM）是一个组织以质量为中心，以全员参与为基础，目的在于通过让顾客满意和本组织所有成员及社会受益而达到长期成功的一种质量管理模式。

软件质量保证和全面质量管理的思想是一致的，都指出了不应该只在一个环节上，例如测试环节来保证软件质量，而应该全面地去改进、控制软件流程来保证软件质量。

质量保证的关注点集中于在一开始就避免缺陷的产生。质量保证是：

（1）事前预防工作，例如，着重于缺陷预防而不是缺陷检查。

（2）尽量在刚刚引入缺陷时即将其捕获，而不是让缺陷扩散到下一个阶段。

（3）作用于过程而不是最终产品，因此它有可能会带来广泛的影响与巨大的收益。

（4）贯穿于所有的活动之中，而不是只集中于一点。

软件质量保证的目标是以独立审查的方式，从第三方的角度监控软件开发任务的执行，就软件项目是否正确遵循已制定的计划、标准和规程给开发人员和管理层提供反映产品和过程质量的信息和数据,提高项目透明度,同时辅助软件工程取得高质量的软件产品。

软件质量保证的主要作用是给管理者提供预定义的软件过程的保证,因此 SQA 组织要保证如下内容的实现:选定的开发方法被采用、选定的标准和规程得到采用和遵循、进行独立的审查、偏离标准和规程的问题得到及时的反映和处理、项目定义的每个软件任务得到实际的执行。

软件质量保证的主要任务在于以下 3 个方面。

(1) SQA 审计与评审。SQA 审计包括对软件工作产品、软件工具和设备的审计,评价这几项内容是否符合组织规定的标准。SQA 评审的主要任务是保证软件工作组的活动与预定的软件过程一致,确保软件过程在软件产品的生产中得到遵循。

(2) SQA 报告。SQA 人员应记录工作的结果,并写入报告之中,发布给相关的人员。SQA 报告的发布应遵循 3 条原则:SQA 和高级管理者之间应有直接沟通的渠道;SQA 报告必须发布给软件工程组,但不必发布给项目管理人员;在可能的情况下向关心软件质量的人发布 SQA 报告。

(3) 处理不符合问题。这是 SQA 的一个重要的任务,SQA 人员要对工作过程中发现的不符合问题进行处理,及时向有关人员及高级管理者反映。

软件质量保证实施的 5 个步骤如下。

(1) 目标:以用户需求和开发任务为依据,对质量需求准则、质量设计准则的质量特性、设定质量目标进行评价。

(2) 计划:设定适合于待开发软件的评测检查项目,一般设定 20～30 个。

(3) 执行:在开发标准和质量评价准则的指导下,制作高质量的规格说明书和程序。

(4) 检查:以计划阶段设定的质量评价准则进行评价,算出得分,以质量图的形式表示出来,比较评价结果的质量得分和质量目标,确定是否合格。

(5) 改进:对评价发现的问题进行改进活动,重复计划到改进的过程直到开发项目完成。

6.3.2　软件质量保证过程

SQA 人员类似于软件开发过程中的过程警察,其主要职责是:检查开发和管理活动是否与制定的过程策略、标准和流程一致;检查工作产品是否遵循模板规定的内容和格式。

1. 计划阶段

目的和范围:项目计划过程的目的是计划并执行一系列必要的活动,以便在不超过项目预算和日程安排的前提下,将优质的产品交付给客户。项目计划过程适用于组织中的所有项目,但每个项目可以根据各自的不同情况对该过程进行裁剪。

进入标准:项目启动会议已经结束;在项目周期中,根据项目的跟踪结果,需要对项目计划进行修改和完善。

输入:项目启动报告、项目提案书、项目相关材料、组织数据库中以往类似的经验文档。

输出:评审后的文档,包括软件开发质量计划、软件项目质量管理计划、软件配置管理计划。

过程描述:制定软件管理计划、软件质量管理计划、软件配置管理计划。

验证：同级评审人员和软件质量保证人员必须对项目计划进行评审，经批准后项目才能付诸实施。

QA 检查清单：软件开发质量计划、软件配置管理计划。

该阶段应确保制订了软件开发质量计划和软件配置管理计划。

2. 需求分析阶段

目的和范围：需求说明和需求管理的目的是保证开发组在开发期间对项目目标和生产出最后产品的目的有一个清晰的理解。软件需求规格说明书将作为产品测试和验证是否适合需要的基础。对于需求的变更，它可能在开发项目期间的任何时间点发生，需求的变更将要影响日程和承诺的变化，这些变化需求和客户多提出的要求相一致。

进入标准：计划已经被批准，并且项目整体要求的基础设施是可用的；软件的需求已经被需求收集小组捕获；对已经形成了基线的软件规格说明书有变更的请求。

输入：软件需求说明书；变更需求的请求。

退出标准：软件需求规格说明书已经经过评审并形成了基线；对已经形成基线的软件需求的变更进行了处理；形成基线的软件说明书已经经过客户批准；验收标准已经完成；所有评审的问题都已经解决。

输出：经过批准并形成基线的软件需求规格说明书；对受影响组件的重新估算文档；验收测试标准和测试计划。

过程描述：主要处理需求说明和需求管理。

验证：项目经理定期检查需求规格说明书和项目需求管理的各个方面；软件质量保证人员要定期对需求分析过程执行独立的评估。

质量保证检查清单：软件需求规格说明书；变更需求跟踪记录；验收测试标准与测试计划。

该阶段要确保客户提出的需求是可行的，确保客户了解自己提出的需求的含义，并且这个需求能够真正达到他们的目的，确保开发人员和客户对于需求没有误解或者误会，确保按照需求实现的软件系统能够满足客户提出的要求。

3. 设计阶段

目的与范围：本过程关注的是把需求转变成如何实现这些需求的描述。主要包括概要设计和详细设计。软件设计过程主要包括体系结构设计、运算方法设计、类/函数/数据结构设计和建立测试标准。

进入标准：产品需求已经形成了基线；需要设计解决方案；新的或修改的需求需要改变当前的设计。

输入：形成基线的需求。

退出标准：设计文档已经评审并形成基线；测试标准、测试计划可行。

输出：概要设计文档、详细设计文档、测试计划、项目标准和选择的工具。

过程描述：设计过程包括概要设计和详细设计两个阶段。

验证：项目管理者分析概要设计满足需求的程度；项目管理者不定时地监督详细设计说明书的创建工作；项目管理者通过定期的分析在设计阶段收集的数据来验证设计过程中执行的有效性；质量保证人员通过验证产生的工作产品和进行独立的抽样检查来验证产品的有效性；质量保证人员通过分析项目的度量数据和对过程的走查来验证设计过程的有

效性。

质量保证检查清单：概要设计文档、详细设计文档、测试计划(系统/集成/单元)和项目标准。

在概要设计阶段,要确保规格定义能够完全符合、支持和覆盖前面描述的系统需求;可以采用建立需求跟踪文档和需求实现矩阵的方式,确保规格定义满足系统需求的性能、可维护性、灵活性的要求;确保规格定义是可以测试的,并且建立了测试策略;确保建立了可行的、包含评审活动的开发进度表;确保建立了正式的变更控制流程。

在详细设计阶段,要确保建立了设计标准,并且按照标准进行设计;确保设计变更被正确的跟踪、控制、文档化;确保按照计划进行设计评审;确保设计按照评审准则评审通过并被正式批准之前,没有开始正式编码。

4. 编码阶段

目的和范围：编码过程的目的是实现详细设计中各个模块的功能,能够使用户要求的实际业务流程通过代码的方式被计算机识别并转化为计算机程序。

编码过程就是用具体的数据结构来定义对象的属性,用具体的语言来实现业务流程所表示的算法。在对象设计阶段形成的对象类和关系最后被转换成特定的程序设计语言、数据库或者硬件的实现。

进入标准：设计文档已经形成基线;详细设计变更编写完毕并通过评审,并且代码需要变更时;对于维护项目,维护需求分析已经形成基线,可进行代码的变更;对于编码的测试标准已经制定。

输入：详细设计文档;特定项目的编码规范;相关的软、硬件环境;维护分析文档;测试计划。

退出标准：详细设计中所有模块的功能全部实现,并通过自我代码审查,编译通过。

输出：已完成的、需要进行测试的代码;代码编写规范的更改建议。

过程描述：编码过程是把详细设计中的各个模块功能转化为计算机可识别代码的过程,因此程序员在进行编码时,一定要仔细认真,切勿有半点疏忽。编码过程通常情况下占整个项目开发时间的20%左右。为了使代码达到高质量、高标准,代码编写过程一定要合理规范。编码过程主要包括制定编码计划;认真阅读开发规范;编码准备;专家指导,并填写疑问或问题表;理解详细设计书;编写代码;自我审查;提交代码和更改代码。

验证：验证编码的规范化;验证是否进行了自我审查;验证代码的一致性和可跟踪性;通过测试验证代码的正确、合理性;验证每个编码人员的工作能力。

质量保证检查清单：编码计划;开发规范建议书;详细设计疑问列表;代码审查检查列表;代码审查记录;代码测试记录。

该阶段要确保建立了编码规范、文档格式标准,并且按照该标准进行编码;确保代码被正确地测试和集成,代码的修改符合变更控制和版本控制流程;确保按照进度计划编写代码;确保按照进度计划进行代码审查。

5. 测试阶段

目的和范围：软件测试过程的目的是保证软件产品的正确性、完整性和一致性,保证提供实现用户需求的高质量、高性能的软件产品,从而提高用户对软件产品的满意程度。

在软件投入运行前,要对软件需求分析、设计和编码各阶段的产品进行最终检查和检测,软件测试是对软件产品内容和程序执行状况的检测以及调整、修正的过程。这种以检查软件产品内容和功能特性为核心的测试,是软件质量保证的关键步骤,也是成功实现软件开发目标的重要保障。

进入标准:经过自我检查过的程序代码需要进行测试;测试环境搭建完成;测试计划完成。

输入:需要测试的程序代码;测试工具;测试环境;测试计划;测试用例;测试数据;测试检查列表;以往的经验与教训。

退出标准:按照测试计划,所有的测试用例都成功地被执行了;测试过的代码形成基线。

输出:测试记录;缺陷统计表;已经测试过的代码。

过程描述:软件测试包括单元测试、集成测试、系统测试和确认/验收测试。

验证:验证测试人员是否按测试计划执行测试;验证测试人员的测试能力;验证各个阶段缺陷的严重程度。

质量保证检查清单:软件测试计划、测试记录和缺陷统计表。

该阶段要确保建立了测试计划,并按照测试计划覆盖了所有的系统规格定义和系统需求;确保经过测试和调试,软件仍旧符合系统规格和需求定义。

6. 系统交付和安装阶段

目的和范围:在系统交付阶段,要将开发并且通过测试的软件应用系统和相关文档交付给用户。本过程的目的是确保正确的元素/组件被交付给用户,并对每个交付产品做适当的记录。

进入标准:软件已经经过了系统测试,达到了用户所提的要求;各种手册已经书写完毕,准备交付。

输入:测试通过的、需要被安装的应用系统;软件用户使用手册;软件维护技术手册。

退出标准:用户接受了被交付的系统。

输出:被批准的软件交付及培训计划;安装后的软件;用户签字后的用户验收确认单。

过程描述:制定软件交付及培训计划;制定软件维护计划;交付给用户所有的文档;交付、安装软件系统;评审批准软件维护计划;用户验收确认。

验证:项目经理定期或时间驱动地评审交付产品的配置管理活动;质量保证组评审和审计交付产品的配置管理过程。

质量保证检查清单:说明书检查;程序检查。

该阶段要确保按照软件交付计划交付、安装软件系统,并按照培训计划对用户进行培训;确保交付给用户所有的文档;制定并评审、批准了软件维护计划;用户进行了验收确认。

软件质量保证工具是预防软件故障,降低软件故障率,提高生产效率,为软件质量保证活动服务,主要包括规程与工作条例、模板、检查表、配置管理、受控文档和质量记录。

(1)规程与工作条例,规程是为了完成一个任务、根据给定方法所执行的详细活动或过程。软件质量规程是一种确保质量结果有效实现的方式,提供了活动实施的宏观定义,规程是普遍适用的,并且服务于整个组织。工作条例是适用于独特实例,为由特定小组使用的方法提供了详细的使用指示。

（2）模板。模板是小组或组织创建的用于编辑报告和其他形式文档的格式。

（3）检查表。检查表指的是为每种文档专门构造的条目清单，或者是需要在进行某项活动（如在用户现场安装软件包）之前完成的准备工作清单。

（4）配置管理。配置管理提供了一个可视的、跟踪和控制软件进展的方法。

（5）受控文档与质量记录。受控文档是那些对软件系统的开发、维护以及与顾客关系的管理当前或未来会很重要的文档。因此，这些文档的准备、存储、检索和处理受控于文档编制规程。质量记录是一种特殊类型的受控文档。它是面向顾客的文档，用于证实同顾客需求的全面符合性以及贯穿于开发和维护全过程的软件质量保证系统的有效运行。

6.4　质量控制

质量控制（Quality Control，QC）是确定项目结果与质量标准是否相符，同时确定消除不符的原因和方法，控制产品的质量，及时纠正缺陷的过程。

质量控制是监控项目的具体结果，判断它们是否符合相关质量标准，并找出消除不合绩效的方法。质量控制贯穿于项目的始终。质量控制是一种过程性、纠偏性和把关性的质量管理活动。质量标准涵盖项目过程和产品目标。项目结果既包括可交付成果，也包括项目管理结果，如成本和进度绩效。质量控制通常由质量控制部门或名称相似的部门实施。

质量控制的关注点在于事后的缺陷检查与改正，质量控制是：

（1）在产品构造完成之后才进行的，因此它通常都属于事后检测活动。

（2）有时质量控制的代价是十分昂贵的，因此在某些情况下是无法实施的。例如，对于抢救生命的有关设备或者大批量生产的设备而言，无法在发现了有关问题之后再进行修改。

（3）偏重于检测缺陷而不是避免缺陷。软件质量控制的任务是策划可行的质量管理活动，然后正确地执行和控制这些活动以保证绝大多数的缺陷可以在开发过程中发现。一般来说，软件质量控制的过程包括技术评审、代码走查、代码评审、单元测试、集成测试、系统测试和缺陷追踪等。

① 技术评审：技术评审的目的是尽早地发现工作成果中的缺陷，并帮助开发人员及时消除缺陷，从而有效地提高产品的质量。

技术评审最初是由 IBM 公司为了提高软件质量和提高程序员生产率而倡导的。进行技术评审的根本原因在于它能够在任何开发阶段执行，它可以比测试更早地发现并消除工作成果中的缺陷，从而提高产品的质量。越早消除缺陷就越能降低开发成本。此外，通过技术评审，开发人员能够及时地得到专家的帮助和指导，加深对工作成果的理解，更好地预防缺陷，在一定程度上能提高开发效率。缺乏技术评审或未严格进行技术评审的后果往往会导致测试阶段的"井喷"现象，使得开发人员不得不拼命加班"救火"，生产率下降。

从理论上讲，为了确保产品的质量，产品的所有工作成果都应当接受技术评审。现实中为了节约时间，允许有选择地对工作成果进行技术评审。技术评审方式也视工作成果的重要性和复杂性而定。一般主要评审对象是软件需求规格说明书、软件设计规格、测试计划、用户手册、维护手册、系统开发规程、安装规程、产品发布说明等。

软件技术评审涉及的角色包括项目经理、作者、评审组织者、评审专家、质量保证人员、记录员、客户和用户代表、相关领导和部门管理人员。技术评审一般都遵循一定的流程，这在企业质量体系或者项目计划中都有相应的规定。

②代码走查：一般来说，代码走查是一种非正式的代码评审技术，正规的做法是把代码打印出来，邀请其他同行开会检查代码的缺陷。但是这种方法过于消耗时间，所以实际中常常是在编码完成之后将项目开发人员集中在一起，用投影仪将各自的代码浏览一遍，由代码的作者向同事来讲解他自己编写的代码的逻辑和写法，然后同事给出意见，分析和找出程序问题。当开发人员对代码进行讨论时，应该集中到一些重要的话题上，例如算法、类设计等。

在编码阶段代码走查的会议要多开，从而有助于大家了解整个项目情况，也有助于各开发人员及早发现问题。而且代码走查时间应尽早，不一定要在编程完全结束后进行，可以在编码的一两周之后就走查一次，尽早发现问题和避免问题。甚至每天都可以进行简单的代码走查，采用 XP 中提倡的"结对编程"的思想，两个开发人员互相检查代码，在下班前半小时对当天改动的模块进行评审。此外，代码走查发现的问题要尽量解决，要有人跟踪。

为了提高代码走查的效率，在系统设计阶段，需要明确系统架构、编码规范等技术要求，来制定出代码走查活动需要的检查列表，以此为依据进行代码走查。

③代码评审：代码评审是代码编写者讲解自己的代码，由专家或项目组其他成员及项目经理来做评审，其间有不了解之处可随时提问，并提出意见。主要采用关键代码检查、部分代码抽查的原则。

要想让代码评审真正发挥应有的效果，建议做好评审有计划、评审分层次和分重点、问题的确认和追踪。代码评审活动组织安排得是否合理对评审效果有直接的影响，项目经理对评审活动负有重要责任。

④软件测试：软件测试是软件项目中最基本的质量控制手段。软件测试的目的是尽可能地发现软件的缺陷，而不是证明软件的正确。好的软件测试也是需要计划的，一般软件测试过程包括测试计划、测试的组织、测试用例的开发、测试的执行和报告。软件测试的方法主要有白盒和黑盒两种测试方法。软件测试一般包括如下测试类型：单元测试、集成测试、系统测试、验收测试、安装测试、易用性测试、性能测试、安全性测试、配置测试、兼容性测试、ALFA、BETA 测试、软件国际化测试和软件本地化测试。

⑤软件缺陷跟踪：从发现缺陷开始，一直到缺陷改正为止的全过程称为缺陷跟踪。缺陷跟踪要一个缺陷、一个缺陷地加以追踪，也要在统计的水平上进行，包括统计未改正的缺陷总数、已经改正的缺陷百分比、改正一个缺陷的平均时间等指标。

缺陷的来源可以是多方面的，如软件评审、测试等，因此在软件项目管理中应该引入缺陷跟踪管理机制，从而及早清除缺陷且不遗漏项目缺陷。缺陷跟踪管理机制中需要对缺陷进行描述，既要描述缺陷的基本信息，如缺陷内容，也要包含缺陷的追踪信息，如缺陷状态。

缺陷跟踪管理的意义在于确保每个被发现的缺陷都能被解决，可能是指缺陷被修正，也可能是指项目组成员达成一致的处理意见。软件缺陷跟踪管理过程中所收集到的缺陷数据为评估软件系统的质量、测试人员的业绩、开发人员的业绩等提供了量化的参考指标，也为软件企业进行软件过程改进提供了必要的案例积累。另外，有些软件企业还根据缺陷跟踪管理过程中所获得的缺陷数目分布趋势来决定软件产品的最佳发布时机。

质量控制的输入包括项目成果、质量管理计划、操作性定义和审验单。质量控制包括如下 8 种工具。

（1）检验。检验有各种不同的名称，如审查、产品审查、审计和实地检查等。检验是指检查产品，确定是否符合标准。检验可以在任何管理层次中展开（如对一个单项活动的结果和整个项目的最后成果都可以检验）。

（2）因果图。因果图又叫鱼刺图，它直观地显示出各项因素如何与各种潜在问题或结果联系起来。

（3）控制图。控制图是根据时间推移对过程结果的一种图表展示，常用于判断过程是否在控制中进行。当一个过程在控制之中时，不应对它进行调整。为了提供改进，过程可以有所变动，但只要它在控制范围之中，就不应人为地区调整它。控制图可以用来监控各种类型的输出变量。控制图常被用于跟踪重复性的活动，如批量加工；它还可以用于监控成本和进度的变动、范围变化的幅度和频度、项目文件中的错误，或者其他管理成果，以便判断项目管理的过程是否在控制之中。

（4）帕累托图。帕累托图是按照发生频率大小顺序绘制的直方图，表示有多少结果是由以确认类型或范畴的原因造成的。

按等级排序的目的是指导如何采取纠正措施。项目团队应首先采取措施纠正造成最多数量缺陷的问题。从概念上说，帕累托图与帕累托法则一脉相承，该法则认为：相对来说，数量较小的原因往往造成绝大多数的问题或者缺陷。

（5）流程图。流程图用于帮助分析问题发生的缘由。它以图形的形式展示一个过程，可以使用多种格式，但所有过程流程图都具有几项基本要素，即活动、决策点和过程顺序。它表明一个系统的各种要素之间的交互关系。

（6）散点图。散点图显示两个变量之间的关系和规律。通过该工具，质量团队可以研究两个变量之间可能存在的潜在关系。将独立变量和非独立变量以圆点绘制成图形，两个点越接近对角线，两者的关系就越紧密。

（7）趋势分析。趋势分析可反映偏差的历史和规律。它是一种线性图，按照数据发生的先后顺序将数据以圆点形式绘制成图形。趋势图可反映一个过程在一定时间段的趋势，一定时间段的偏差情况，以及过程的改进和恶化。趋势分析是借助趋势图来进行的。趋势分析指根据过去的结果用数学工具预测未来的成果。趋势分析往往用来监测技术绩效、费用与进度绩效。

（8）抽样统计。抽样统计是抽取总体中的一个部分进行检验，如从一份包括80张设计图样中随机抽取10张。适当地抽样往往能降低质量控制成本。

质量控制的输出包括质量改进、验收决定、返工、完成后的检查表和过程调整。

6.5　ISO 9000 质量标准和 CMMI

6.5.1　ISO 9000 质量标准

ISO 9000 族标准，是指由国际标准化组织（International Organization for Standardization，ISO）中的质量管理和保证技术委员会发布的所有标准，该标准是适用于世界上各种行业对各种质量活动进行控制的国际通用准则。

ISO 负责除电工、电子以外的所有领域的标准化活动，而电工、电子领域的标准化活动由国际电工委员会（International Electrotechnical Commission，IEC）负责。ISO 与 IEC 有密切的联系,ISO 和 IEC 作为一个整体担负着制定全球协商一致的国际标准的任务。

ISO 9000 族标准是国际标准化组织于 1987 年制定,后经不断修改完善而形成的系列标准。现已有 90 多个国家和地区将此标准等同转化为国家标准,我国对应的是 GB/T 19000 族标准。1987 年制定的 ISO 9000 族标准已经经过三次演化:1994 版、2000 版到 2008 版。

2008 版 ISO 9000 族标准的核心标准有如下 4 个。

(1) ISO 9000:2005 质量管理体系——基础和术语,表述质量管理体系基础知识并规定质量管理体系术语。

(2) ISO 9001:2008 质量管理体系——要求,规定了质量管理体系要求,用于证实组织具有提供满足顾客要求和适用法规要求的产品的能力,目的在于增进顾客的满意度。

(3) ISO 9004:2009 质量管理体系——可持续性管理,该标准的目的是组织业绩改进和其他相关方满意。

(4) ISO 19011:2002 质量和(或)环境管理体系审核指南。

一般来说,组织活动由三方面组成:经营、管理和开发。在管理上又表现为行政管理、财务管理、质量管理等。ISO 9000 族标准主要针对质量管理,同时涵盖了部分行政管理和财务管理的范畴。

ISO 9000 族标准并不是产品的技术标准,而是针对企业的组织管理结构、人员和技术能力、各项规章制度和技术文件、内部监督机制等一系列体现企业保证产品及服务质量的管理措施的标准。具体来说,ISO 9000 族标准在如下 4 个方面规范质量管理。

(1) 机构:标准明确规定了为保证产品质量而必须建立的管理机构及其职责权限。

(2) 程序:企业组织产品生产必须制定规章制度、技术标准、质量手册、质量体系操作检查程序,并使之文件化、档案化。

(3) 过程:质量控制是对生产的全部过程加以控制,是面的控制,而不是点的控制。从根据市场调研确定产品、设计产品、采购原料、生产检验、包装、储运,其全过程按程序要求控制质量,并要求过程具有标识性、监督性、可追溯性。

(4) 总结:不断总结、评价质量体系,不断地改进质量体系,使质量管理呈螺旋式上升。

通俗地讲,ISO 9000 族标准旨在把企业的管理标准化,而标准化管理的产品及其服务的质量是可以信赖的。

ISO 9000 质量管理体系提出了 8 项质量管理原则。

(1) 以顾客为关注焦点。组织依赖于顾客,因此组织应该理解顾客当前的和未来的需求,从而满足顾客要求并超越其期望。

(2) 领导作用。领导者将本组织的宗旨、方向和内部环境统一起来,并创造使员工能够充分参与实现组织目标的环境。80% 的质量问题与管理有关,20% 的质量问题与员工有关。

(3) 全员参与。各级员工是组织的生存和发展之本,只有他们的充分参与,才能使其为组织利益发挥才干。

(4) 过程方法。将活动和相关的过程以及资源进行有效的积累,更有可能得到期望的结果。

(5) 管理的系统方法。针对设定的目标,识别、理解并管理一个由相互关联的过程所组成的体系,有助于提高组织的效率。

(6) 持续改进。持续改进是组织的一个永恒发展的目标,是一个 PDCA(Plan Do Check Action)循环。要增强满足要求的能力的循环活动。

(7) 基于事实的决策方法。针对数据和信息的逻辑分析或判断是有效的基础,应该用数据和事实说话。

(8) 互利的供方关系。通过互利的关系,增强组织及其供方创造价值的能力。

以上 8 项原则是一个组织在质量管理方面的总体原则,这些原则需要通过具体的活动得到体现,其应用可分为质量保证和质量管理。

6.5.2　能力成熟度集成模型 CMMI

能力成熟度模型(Capability Maturity Model,CMM)是美国卡耐基·梅隆大学的软件工程研究所(SEI)首先提出的,其基本思想是基于已有 60 多年历史的产品质量原理。是由 SEI 自主开发,用于评估软件供应商的能力。CMM 模型自 20 世纪 80 年代末推出,并于 20 世纪 90 年代广泛应用于软件过程改进以来,极大地促进了软件生产率的提高和软件质量的提高,为软件产业的发展和壮大做出了巨大的贡献。在软件领域,SEI 于 1991 年正式推出了软件能力成熟度模型(Capability Maturity Model for Software,SW-CMM),并发布了最早的 SW-CMM1.0 版。

为了适应软件过程改进的发展需要,美国国防部和美国国防工业协会联合发起了"能力成熟模型集成"项目,由 SEI 负责实施。来自政府、工业界、SEI 等不同组织、拥有不同背景的 100 多名专家一同致力于建立一个能够适应当前和未来过程改进的模型框架——能力成熟模型集成(Capability Maturity Model Integration,CMMI)。CMMI 是在 CMM 的基础上发展而来的,并在全世界推广实施的一种软件能力成熟度评估标准,主要用于指导软件开发过程和进行软件开发能力的评估。

CMMI 是以下 3 个基本成熟度模型为基础综合形成的。

(1) SW-CMM:软件工程的对象是软件系统的开发活动,要求实现软件开发、运行、维护活动系统化、制度化、量化。

(2) 系统工程能力成熟度模型(Systems Entineering Capability Maturity Model,SE-CMM):系统工程的对象是全套系统的开发活动,可能包括也可能不包括软件。系统工程的核心是将客户的需求、期望和约束条件转化为产品解决方案,并对解决方案的实现提供全程的支持。

(3) 整合产品能力成熟度模型(Integrated Product Development Capability Maturity Model,IPD-CMM):集成的产品和过程开发是指在产品生命周期中,通过所有相关人员的通力合作,采用系统化的进程来更好地满足客户的需求、期望和要求。如果项目或企业选择 IPD 进程,则需要选用模型中所有与 IPD 相关的实践。

6.5.3　CMMI 的表示

1. CMMI 的连续型表示

连续型表示没有对组织整体的能力分级定义,但是对任何一个过程定义了不同的能力水平。

软件过程能力水平显示了一个组织在实施和控制其过程以及改善其过程性能等方面所具备或设计的能力,其着眼点在于使组织走向成熟,以便增强实施和控制软件过程的能力并改善过程本身的性能。这些能力水平有助于软件开发组织在改进各个相关过程时跟踪、评价和验证各项改进过程。CMMI 模型中固定的 4 个能力水平依次为 0~3 编号,分别是:CL0 不完备级(Incomplete);过程域的一个或多个目标没有被满足;CL1 已执行级(Performed),过程通过转换可识别的输入工作产品,产生可识别的输出工作产品,能实现过程域的特定目标;CL2 管理级(Managed),过程作为已管理的过程被制度化;CL3 已定义级(Defind),过程作为已定义的过程被制度化。

2. CMMI 的阶段式表示

CMMI 的阶段式表示使用成熟度水平(Maturity Level,ML)来表征一个组织所有过程作为一个整体相对于模型的整体状态水平,从而便于进行软件开发组织的软件能力成熟度的评估,以便在软件开发组织之间进行能力成熟度的比较,为项目客户方选择项目承包商提供依据。

成熟度水平提供了组织整体过程改进之路,每个能力成熟度水平包含组织过程的一个重要子集,达到子集中相关的特殊和通用实践,则此能力成熟度水平达到,从而可以朝下一个成熟度水平前进。

CMMI 模型中规定的 5 个成熟度水平依次从 1~5 编号。分别为:ML1 初始级(Initial),遵循的规程是随意的。有些项目可能会成功,仅仅是因为某个人(包括项目经理在内)的技能。因为没有 0 级,所以组织默认都属于这个等级;ML2 已管理级(Managed),这个等级的组织有基本的项目管理规程。然而,单个任务的完成情况完全取决于做这项任务的人;ML3 已定义级(Defined),组织已经定义了软件开发生命周期中每个任务应该完成的方法;ML4 已量化管理级(Quantitatively Managed),软件开发中涉及的产品和过程都必须进行度量和控制;ML5 优化级(Optimizing),能使用从度量过程中获得的数据来设计和实现对规程的改进。

6.6　本章小结

质量是产品或服务满足明确或隐含需求能力的特性和特征的总和,软件质量是与软件产品满足规定的和隐含的需求能力有关的特征或特性的全体。保证软件质量非常重要,低质量的软件可以导致后期成本的增加。项目质量管理过程包括质量计划、实施质量保证和实施质量控制。质量计划的工具和技术包括成本效益分析、基准比较分析、流程图、实验设计和质量成本。质量计划的输出包括质量管理计划、操作性定义、检查单和过程改进计划。软件质量保证是一种有计划的、系统化的行动模式,它是为项目或产品符合已有技术需求提供充分信任所必需的,它的主要任务包括 SQA 审计与评审、SQA 报告和处理不符合问题。软件质量控制的过程包括技术评审、代码走查、代码评审、单元测试、集成测试、系统测试和缺陷追踪等。所有的质量标准和质量活动都需要质量计划来进行规划,它说明软件项目中的质量活动任务,采用的相应方法、对策,以及出现问题时的处理方式。

习题六

1. 选择题

(1) 增加有益的活动过程,减少没有价值的活动过程属于下列哪类质量活动?（   ）

  A. 质量控制   B. 持续的过程改进

  C. 质量改进   D. 质量保证

(2) "质量成本"是一个项目管理概念,它说明了（   ）。

  A. 固定成本   B. 确保符合需求的成本

  C. 需求变更的成本   D. 额外需求的成本

(3) 质量控制是（   ）。

  A. 对每个工作包增加工作时间   B. 只有大的项目才需要

  C. 项目生存期的各个阶段都需要实施   D. 仅做一次

(4) 项目质量管理的最终责任由（   ）承担。

  A. 质量经理   B. 项目开发人员

  C. 项目经理   D. 采购经理

(5) 项目质量管理的目标是必须满足（   ）的需要。

  A. 项目关系人   B. 项目   C. 组织机构   D. 老板

(6) 下列不是软件质量模型的是（   ）。

  A. Boehm 质量模型   B. McCall 质量模型

  C. ISO/IEC 9216 质量模型   D. 关键路径模型

2. 判断题

(1) 质量计划未必要在前期编写,可以在项目进行的任何过程编写。   （   ）

(2) 质量保证是确定项目结果与质量标准是否相符,同时确定消除不符的原因和方法的过程。   （   ）

(3) 质量是满足要求的程度,包括符合规定的要求和客户隐含的内容。   （   ）

(4) 软件质量是代码的正确程度。   （   ）

(5) 质量计划可以确定质量保证人员的特殊汇报渠道。   （   ）

3. 填空题

(1) _____是对过程或产品的一次独立质量评估。

(2) _____是软件满足明确说明或者隐含的需求的程度。

(3) 质量管理总是围绕着质量保证和_____过程两个方面进行。

(4) 软件质量保证的目的是验证在软件开发过程中是否遵循合适的_____和_____。

4. 简答题

(1) 简述判别软件缺陷的规则有哪些方法以及常见的缺陷分类。

(2) 简述质量计划中可以采用的方法。

(3) 简述软件质量保证的主要任务以及实施的步骤。

(4) 简述软件质量保证与质量控制的关系。

第 7 章

软件项目人力资源管理

软件开发活动是以人为本的智力活动的集合,人是软件项目中最为重要的因素,因为项目中所有活动都是由人来完成的。如何建设高效、团结的项目开发团队,充分发挥人的作用,对项目的成功实施起着至关重要的作用。

Standish Group 2013 年报告表明,80%以上的项目都是不成功的,其中 30%的软件项目执行得十分糟糕以至于在完成之前就被取消了。很多失败的项目主要原因是项目团队人力资源获取和建设等问题造成的:没能完整识别人力资源需求,项目的组织结构不合理,责任分工不明确,没有建立有效的项目团队,没能充分发挥项目干系人的能力等。人力资源可能会决定项目的成败。如何有效地进行项目人力资源管理是项目管理者面临的一项重大挑战。

本章首先简单介绍项目人力资源管理的定义及几种主要的项目组织结构类型,然后对项目人力资源计划编制、团队组建、团队建设及团队管理等进行介绍。

7.1 项目人力资源管理概述

7.1.1 项目人力资源管理的定义

软件项目人力资源管理是项目管理中根本的一项管理。人力资源管理是保证参加项目人员能够被最有效地使用所需要的过程,是对项目组织所储备的人力资源开展的一系列科学规划、开发培训、合理调配、适当激励等方面的管理工作,使项目组织各方面人员的主观能动性得到充分发挥。项目人力资源管理即根据项目的目标、项目活动进展情况和外部环境的变化,采取科学的方法,对项目团队成员的行为、思想和心理进行有效的管理,充分发挥他们的主观能动性,实现项目的最终目标;充分发挥项目团队成员的主观能动性,做到人尽其才、事得其人,同时又保证项目团队以高度的凝聚力和战斗力实现项目的既定目标。

项目中的人力资源一般是以团队的形式存在的,团队是由一定数量的个体组成的集合,这个团队包含企业内部的人、供应商、承包商、客户等。通过将具有不同潜质的人组合在一起,形成一个具有高效团队精神的队伍来进行软件项目的开发。团队开发是指发掘作为个体的个人能力,然后是发掘作为团队的集体能力。当一组人称为团队的时候,他们应该承诺为一个共同的目标合作,每个人的努力必须协调一致,而且能够愉快地在一起合作,从而开发出高质量的软件产品。项目人力资源管理过程主要包括项目人力资源计划编制、项目团队组建、项目团队建设及项目团队管理。

7.1.2
人力资源
管理-组织
结构类型

7.1.2 项目组织结构

编制项目人力资源计划前,首先应确定项目的组织结构。项目组织结构应当可以增强团队的工作效率,避免不必要的摩擦。组织结构表现了项目团队与整个公司及项目相关的所有涉众之间的关系,往往对项目能否获得所需资源以及以何种条件获取资源起着制约作用。项目组织结构主要有 3 种类型:职能型组织结构、项目型组织结构和矩阵型组织结构。

1. 职能型组织结构

传统的职能型(Functional Type)组织结构如图 7-1 所示,这种组织形式中的每个员工都有一个明确的上级,员工按照其专业职能分组,如设计、生产、检测部门等。项目以职能部门为主体来承担,每个职能部门内部仍然可以进一步划分职能组织,如:设计部可进一步划分为机械、电气部门等,并独立承担项目,但项目范围一般仍限定在所属部门内。职能型组织结构里一般没有项目经理,项目工作都是在本职能部门内部实现后再递交给下一个部门,如果在实施期间涉及了其他部门的问题,只能由部门经理间协调和沟通。如:当一个职能型组织进行产品开发时,生产阶段工作的完成常常被称为生产项目,仅仅包括制造人员,交由生产部门完成。当在生产过程中发现设计方面的问题时,这些问题只能逐级提交给本部门经理,由本部门经理与其他部门经理协调和沟通,问题得到答复后再由本部门职能经理逐级下传给制造人员。

图 7-1 职能型组织结构

这种组织结构适合传统产品的生产项目,项目规模小,部门间工作独立,工作专业面单一,以技术为重点的项目。

对于职能型项目组织结构而言,其优点如下。

(1)以职能部门作为承担项目任务的主体,可以充分发挥职能部门的资源集中优势,有利于保障项目需要资源的供给和项目可交付成果的质量。在人员的使用上具有较大的灵活性。

(2)职能部门内部的技术专家可以被该部门承担的不同项目共享,节约人力,减少资源的浪费。

(3)同一职能部门内部的专业人员便于相互交流、相互支援,对创造性地解决技术问题很有帮助。同部门的专业人员易于交流知识和经验,项目成员事业上具有连续性和保障性。

(4)当有项目成员调离项目或者离开公司,所属职能部门可以增派人员,保持项目的技术连续性。

(5)项目成员可以将完成项目和完成本部门的职能工作融为一体,可以减少因项目的临时性而给项目成员带来的不确定性。

职能型项目组织结构缺点如下。

(1)客户利益和职能部门的利益时常会发生冲突,职能部门会为本部门的利益而选择忽略客户的需求,只集中于本职能部门的活动,项目及客户的利益往往得不到优先考虑。

(2)当项目需要多个职能部门共同完成,或者一个职能部门的内部有多个项目需要完成时,资源的平衡就会出现问题。

(3)当项目需要由多个部门共同完成时,权利分割不利于各职能部门之间的沟通交流、团结协作。

(4)项目成员在行政执行上仍隶属于各职能部门的领导,项目经理对项目成员没有完全的权利,项目经理需要不断同职能部门经理进行有效沟通以消除项目成员的顾虑。当小组成员对部门经理和项目经理都要负责时,项目团队的管理常常是复杂的。对这种双重报告关系的有效管理常常是项目最重要的成功因素,而且这通常是项目经理的责任。

2. 项目型(组织结构)

项目型(Projectized Type)组织结构如图7-2所示,项目型组织结构中的部门完全是按照项目进行设置的。这种组织形式以项目为中心构造一个完整的项目组,项目经理拥有足够大的权力,可以根据项目需要调动项目组织的各种资源。项目团队的所有成员只需直接向唯一的领导——项目经理汇报,但是当项目完成之后,团队的人员就被解散,人员的去向就是一个问题了。在项目型组织中,每个项目就像一个独立自主的子公司那样运行,完成每个项目目标所需的资源直接配置到项目中(如人员:技术人员、财务人员、行政人员等;设备:软件设备、硬件设备等),专门为这个项目服务。

图 7-2 项目型组织结构

这种组织结构适合于开拓型等风险较大的,或者对项目的时间、成本、质量等各项指标要求比较严格的,或者一些大型、复杂、紧急的项目。

项目型组织结构的优点如下。

（1）项目经理对项目可以全权负责。可以根据项目需要随意调动项目组织的内部资源或者外部资源。

（2）项目型组织的目标单一，完全以项目为中心安排工作，决策的速度得以加快，能够对客户的要求及时做出响应，项目组团队精神得以充分发挥。有利于项目的顺利完成。

（3）项目经理对项目成员有全部权利，项目成员只对项目经理负责，避免了职能型项目组织下项目成员处于多重领导、无所适从的局面，项目经理是项目的真正的、唯一的领导者。

（4）组织结构简单，易于操作。项目成员直接属于同一个部门，彼此之间的沟通交流简介、快速，提高了沟通效率，同时也加快了决策速度。

项目型组织结构的缺点如下。

（1）每一个项目型组织，资源不能共享，即使某个项目的专用资源闲置，也无法应用于另外一个一同进行的类似项目，人员、设施、设备重复配置，会造成一定程度的资源浪费。

（2）公司里各个独立的项目型组织处于相对封闭的环境之中，公司的宏观政策、方针很难做到完全、真正的贯彻实施，可能会影响公司的长远发展。

（3）在项目完成以后，项目型组织中的项目成员或者被派到另一个项目去，或者被解雇，对项目成员来说，缺乏事业上的连续性和安全感。

（4）项目之间处于一种条块分割状态，项目之间缺乏信息交流，不同的项目组很难共享知识和经验，项目成员的工作会出现忙闲不均的现象。

3. 矩阵型组织结构

矩阵型（Matrix Type）组织结构如图 7-3 所示。矩阵型组织结构是职能型与项目型组织结构的结合体。既具有职能型组织的特征又具有项目型组织结构的特征。它根据项目需要，从不同职能部门选择合适的项目成员，组成临时的项目组，在项目结束之后，该项目组也就解散了，各个成员再回到原来的职能部门。由于项目内的团队成员来自不同的部门，所以受到职能经理和项目经理的双重领导，因此项目经理要具备良好的谈判和沟通技能，并与经理和职能经理建立良好的工作关系。

图 7-3　矩阵型组织结构

矩阵型组织结构中项目组织与职能部门同时存在,既发挥职能部门纵向优势,又发挥项目组织横向优势。专业职能部门是永久性的,项目组织是临时性的。职能部门负责人对参与项目组织的人员有组织调配和业务指导的责任,项目经理将参与项目组织的职能人员在横向上有效地组织在一起。职能经理负责为项目的成功提供所需资源,而项目经理对项目的结果负责。

这种组织结构适合于管理规范,分工、责任明确的公司,或者是需要跨职能部门协同工作的项目。

矩阵型组织结构的优点如下。

(1)专职的项目经理负责整个项目,以项目为中心,能迅速解决问题。在最短的时间内调配人才,组成一个团队,把不同职能的人才集中在一起。

(2)多个项目可以共享各个职能部门的资源。在矩阵管理中,人力资源得到了更有效的利用,减少了人员冗余。

(3)既有利于项目目标的实现,也有利于公司目标方针的贯彻。

(4)项目成员的顾虑减少了,因为项目在完成之后,他们仍然可以回到原来的职能部门,不应担心被解雇,而且他们能有更多的机会接触自己企业的不同部门。

矩阵型组织结构的缺点如下。

(1)容易引起职能经理和项目经理的权利冲突。

(2)资源共享也能引起项目之间的冲突。

(3)项目成员有多位领导,即员工必须要接受双重领导,因此经常能体会到焦虑和压力,当两个经理发生意见冲突时,他必须能够面对不同的指令形成一个综合决策来确定如何分配他的时间,同时员工必须和他的两个领导保持良好的关系,应该显示出对折两个主管的双重忠诚。

以上3种组织结构类型是最基本的类型,多数现代企业的组织结构都不同程度地具有以上各种组织类型的结构特点。例如,一个职能型的组织,可能会组建一个专门的项目团队来实施一个非常重要的项目,这样的项目团队可能会具有很多项目型组织的特点。无论什么情况,作为项目管理者应根据项目具体情况,制定一套合适的工作程序,以利于成员间的信息交流和各项任务的协调。现如今项目全球化推动了虚拟团队与分布式团队的需求的增长,这些成员虽分布在世界各地,但致力于同一个项目的开发。例如电子邮件、网络会议、视频会议等沟通技术的使用,令虚拟团队在现如今变得可行。虚拟团队的管理有独特的优势,例如,即使团队内相应的专家不在同一地理区域,但还是可以利用项目的团队专业技术解决问题,也可以将行动不便和居家办公的人员纳入团队。团队可能产生孤立感、团队成员间难以分享经验、难以跟进进度以及可能会存在时间差和文化差异等沟通方面的问题,是虚拟团队管理所面临的主要挑战。

7.2　项目人力资源计划编制

项目人力资源计划编制一方面决定了项目的角色、职责以及报告关系;另一方面也会创建一个项目人员配备管理计划。在软件项目开发中,开发人员是最大的资源,因此对人员的配置、调度安排贯穿于整个软件过程,人员的组织管理是否得当是影响软件项目质量的决定性因素。

在安排人力资源的时候一定要合理,要合理配置人员,根据项目的工作量、所需要的专业技能,再参考各个人员的能力、性格、经验,组织一个高效、和谐的开发小组。例如,某项目经理在一个项目中配置了如下人员:技术组长 1 名,负责技术难题攻关,组建沟通协调;需求人员 4 名,负责将用户需求转换成项目内的功能需求和非功能需求,编制项目需求规格说明书,针对每个集成版本与用户交流获取需求的细化;设计人员 2 名,负责根据需求规格说明书,进行系统设计;开发人员 6 名,实现设计,完成用户功能;集成人员 1 名,负责整套系统的编译集成,督促小组系统功能提交,及时发现各模块集成问题,是各小组之间的沟通纽带;测试人员 2 名,对于集成人员集成的版本进行测试,尽可能地发现程序的错误,以及未满足需求的设计;文档整理人员 1 名,负责对小组内产生文档进行整合、统一。

项目人力资源计划编制的依据主要有以下几个方面。

(1) 活动资源估计:项目经理将任务分解之后,可根据各项任务定义活动,而后根据活动估计所需人力资源,初步确定人力资源的类型、数量和质量要求等。

(2) 项目组织结构:通过组织结构,项目经理能了解该项目涉及哪些组织或部门、它们的工作安排、当前项目是否能从其他组织或部门获取所需的人力资源等。

(3) 人员关系:理顺项目"候选"团队中存在怎样的关系,能够帮助项目经理识别项目的职责及报告关系。例如,团队成员的工作职责是什么?团队中存在哪些上下级关系、哪些正式或非正式的汇报关系?是否存在某些不同的文化或语言会影响到团队成员间的工作关系等?

(4) 组织过程资产:已经存在的类似项目的资源数据、模板、工具等对资源估算会有很好的参考和辅助作用。

(5) 其他项目管理计划:项目的范围计划、质量计划、风险计划等,可以帮助项目经理识别项目必需的角色和职责。

编制项目人力资源管理计划主要完成以下工作:

1. 软件项目组织结构图

公司的组织结构图是设计软件项目组织结构的第一步,在此基础上还要清晰地设计出结构中各种资源间的报告关系,如图 7-4 所示。表 7-1 进一步描述了软件项目中的主要角色和职责。

图 7-4　软件项目组织结构图

表 7-1　软件项目主要角色和角色间的关系

角　色	角 色 描 述	主 要 职 责
项目总监	项目管理最高决策人，对项目总体方向进行决策和跟踪	任命项目经理。 对立项、撤销项目及项目中的重大事件决策。 审批项目计划及对项目实施宏观调控
项目经理	直接向项目总监汇报，是客户方和公司内部交流的纽带，对项目过程进行监控，对项目的进度、质量等负责	计划：对项目制定单项及整体计划。 组织：分配资源、确定优先级、协调与客户之间的沟通，鼓舞团队士气，为团队创造良好的开发环境，使项目团队一直集中于正确的目标，按预期的计划执行。 控制：保证项目在预算成本、进度、范围等要求下工作，定期跟踪、检查项目组员的工作质量，定期向上层领导汇报工作进展
业务组	负责完成团队的需求分析任务	收集需求、分析需求，对需求建模。 参与需求评审和需求变更控制。 协助验收测试的实施和完成（因为该小组成员最了解客户的需求）
架构组	负责建立和设计系统的总体架构、详细设计	负责在整个项目中对技术活动进行领导和协调。 为各架构视图确立整体结构：视图的详细组织结构、元素的分组以及这些主要元素组之间的接口，最终的部署等。 完成系统的总体设计、详细设计。 配合集成测试的实施和完成
开发组	负责完成系统的编码任务	编写代码，完成对应的单元测试。 提交完成的软件包供集成、验收测试。 修复代码中的错误
测试组	负责计划和实施对软件的测试，及时发现软件中错误	负责对测试进行计划、设计、实施和评估。 提交发现的软件错误并跟踪，直到错误解决。 提交测试结果和完整的测试报告
质量组	负责计划和实施项目质量保证活动，确保软件开发活动遵循相关标准	编写质量计划，实施并控制。 提交质量执行结果与计划的差异报告，找出原因和改进方法。 定期召开质量会议讨论质量提高方案
配置组	负责项目中的配置管理活动	负责版本控制、变更控制。 建立基线并维护。 对各种配置项定义。 对开发和测试环境的搭建和维护

以上所描述的都是软件项目中典型的角色，具体实施时可根据项目的实际情况来定义所需的角色，一个角色可由多个人来担任，一个人也可兼任多个角色。

2. RACI 矩阵

在项目团队内部，可能会经常出现类似的现象：项目经理为团队几个成员分配了一项重要的任务，大家都以为这是为其他人分配的，结果没有一个人去做；或者一项任务分配下来，团队里的成员都觉得是自己的工作，于是都着手去做，结果太多的人去做了同一项工作，造成了资源的浪费；或者团队成员经常对自己的工作感到困惑，不清楚自己该发挥什么作用，不清楚自己到底该做什么……这些现象都会造成项目组内部资源的损耗，影响项目的进度，项目经理应该让团队成员明确团队工作分配及团队中每个人的角色及职责。

RACI 矩阵就是一种明确角色与职责的有效工具。RACI 是负责(Responsible)、批准(Accountable)、咨询(Consulted)、告知(Informed)的首字母缩写。RACI 矩阵是一个二维的表格,横向为角色或人员,纵向为具体的活动或职责,纵向和横向交叉处表示角色或人员与各个活动或职责的关系,如表 7-2 所示。

表 7-2 项目 RACI 矩阵

RACI 矩阵		人　员			
		项目经理	设计人员	开发人员	项目总监
工作包	项目管理	R	I	I	A
	设计	A	R	C	C
	开发	C	C	R	I
	测试	C	C	R	I

R:负责(Responsible)　　　　A:批准(Accountable)
C:咨询(Consulted)　　　　　I:告知(Informed)

表格中具体的关系应通过解决以下问题来明确:

谁负责(R:Responsible),负责执行任务的角色,具体负责操控项目、解决问题。

谁批准(A:Accountable),对任务负全责的角色,只有经其同意或签署之后,项目才能得以进行。

咨询谁(C:Consulted),在最终形成决定或采取行动前需要咨询、征求意见/建议的人,这里包含双向的沟通、咨询和反馈。

告知谁(I:Informed),及时被通知结果的人员,这是一个单向的沟通,不必向其咨询、征求意见。

RACI 矩阵通常是由团队集体进行决定、认可的,具有高度的参与性,这有助于团队中每个人了解整个项目中的工作内容、由谁去做;明确每个人在团队中的角色和职责;同时也避免了由于对角色理解的偏差而带来沟通不畅等问题,减少了无谓的工作,团队协作得以加强。

3. 人员配备管理计划

项目中人力的投入、人员的配比不是固定的,而是随任务内容和时间的变化而变化的。项目初期人数比较少,为了确定项目的范围,投入的主要人力资源是业务分析人员;到了细化阶段,为了确定系统的体系结构,制订项目计划,投入的主要人力资源是系统架构师、用户界面设计师等设计人员;随着项目的推进,项目中的人数越来越多,到了构造阶段,为了完成客户需要的产品,投入的主要是开发人员、测试人员;当项目的产品提交给客户时,项目中的绝大部分工作都已完成,有些人员会离开项目去接受新的任务,当前项目的人数会逐渐减少。所以应明确什么人,什么时间,如何进入到项目中来。

人员配备管理计划描述的就是人力资源需求何时以及怎样被满足的,一般包括资源—时间表(见图 7-5)、人员的培训需求、认可和奖励以及撤出原则。

培训需求:为提高项目团队的工作技能和技术水平,同时增加团队凝聚力,增强团队成员对团队的归属感和责任感,需要为团队成员制定长期或短期的培训计划,例如:每个团队成员都会有一周岗前培训,在项目执行过程中,项目经理会对每个成员进行技能评测,来确定其是否有其他培训需求。

图 7-5　人力资源柱状图

认可和奖励：团队的士气也是项目成功与否的重要因素，项目经理可通过一定的物质奖励、精神奖励去激励项目成员，激发他们的工作积极性、主动性和创造性。如：如果项目按时完成，每个团队成员会有 1000 元的项目完成奖金，如果能满足所有的质量控制标准，每个成员还会再得到 500 元奖金。

撤出原则：在人员撤出团队前，应规定团队成员撤出项目的时间和方法，如：每个团队成员必须根据时间表从项目撤出，当团队成员的可交付成果经过检查并通过所有质量控制流程之后才能撤出。这对项目和团队成员都有好处，当已经完成任务的人员适时离开团队时，就不会再消耗项目的成本，该成员也会在新的项目中发挥技能，得到更多锻炼提升。

7.3　项目团队组建

虽然项目人力资源管理计划已经完成，但将合适的人员招募到项目中来，并为其分配合适的角色，仍然是件很复杂的事。组建项目团队，要考虑进度资源的平衡，项目的工作量及所需的技能，人员如何获取，人员的性格、经验及团队工作的能力等多种因素，进而选择合适的人员加入项目团队。

招募人力资源的方法很多，有谈判、事先分派、建立虚拟团队、采购等。某些项目会需要公司内部的一些资源(但是他们并不需要向项目经理做汇报)，此时项目经理需要就这些人员的使用时间与职能经理(或者其他项目经理)进行"谈判"获取。有些情况下，不需要谈判，项目成员可能会"事先分派"到项目上，如：项目启动时，公司就已经保证会将某些有经验的专家或有特殊技能的人员分配到项目中，这样的成员在人员配备管理计划中可直接进行具体任务分配。有些项目中可能会存在一些不在同一个地方工作、很少有时间或没有时间能面对面开会的成员，如项目依赖承包商和顾问完成外购工作，此时可构建"虚拟团队"，使用电话、E-mail、即时通信和在线协作工具来完成合作。当公司缺少足够的内部资源完成项目时，就必须从外部资源获得必要的服务，即"采购"，包括雇佣独立咨询人或向其他组织签订转包合同。

团队成员的选择关系到整个团队未来的业绩，在选拔人员前应明确项目需要的人员技能并验证需要的技能。必要时在选择人员前,就通过一些心理评测、专业考察、技能考试、档案查询等方式获取有关人员的可靠数据,作为选择的依据。当然,即使有些人员暂时不具备相应的岗位技能要求,但出于学习能力强、可经过岗前培训迅速提高技能达到要求等因素,也可能将其纳入到项目中来。

在选择团队成员时,除了要求具有基本的专业素质外,还要求具有较强的全局意识和团队合作精神。良好、轻松的工作氛围,能促进员工积极主动地投入到工作中并获得高效的工作成果,这样的氛围一方面需要项目经理积极营造,另一方面也要依赖团队每个成员的努力。"人"积极地塑造良好的环境,成就优秀的团队,反过来在良好氛围的熏陶下,"人"也会变得更加优秀,这是一种良性循环。

工作任务确定、人员招募齐全后,就要安排人员来完成,这就要求项目经理充分了解项目组每个成员的能力、适合做什么事、性格如何、适合和什么样的人配合,从而安排"合适的人,做合适的事"。在对项目成员配置工作时,可参考以下原则:人员的配备必须要为项目目标服务;要以岗定人,不能以人定岗;要根据不同实施阶段对人力资源的需求(如种类、数量、质量等),动态地调配人员。

项目经理在为人员分配工作时,一定要当心"光环效应"。即当一个人对某一项工作很擅长时,你会顺理成章地认为他也具备相应的技术能力来完成另一项难度相当的工作,但实际上新的工作他可能完全驾驭不了。

7.4　项目团队建设

项目建设是实现项目目标的前提,项目团队建设主要是管理整个项目团队,使整个项目团队协调一致,有一个共同的奋斗目标,使项目团队中的每一个成员都充分发挥他们在项目中的作用。

成功的项目团队具有一些共同的特点:团队目标明确,成员清楚自己工作对目标的贡献;团队的组织结构清晰,岗位明确;有规范的工作流程和方法;项目经理对团队成员有明确的考核和评价标准,考核结果公正公开、赏罚分明;有较强的组织纪律性;相互信任,善于总结和学习。

为了建设一个成功的项目团队,项目经理要做的一项最重要的事,就是在保证目标一致的前提下,保证团队得到激励并妥善管理。

7.4.1　制度的建立与执行

1. 目标一致

项目团队一个突出的特点就是团队成员有着共同的工作目标,无论团队规模大小、人员多少,必须有效设计目标体系,达成团队共识,合理目标的设定可以成为团队发展的动力。

目标体系包括两个方面:①设置团队短期和长期的目标;②设定团队成员的个人目标。

项目的短期目标会给整个团队带来真实的动力,长期目标会给团队带来无形的激励。团队目标通过合理的手段进行分解,制定详细的计划,执行、评估和反馈,可以尽快地把目标标准化、清晰化,加快目标的实现。

团队中存在不同角色、不同性格的个体,由于个体的差异,导致其分析问题、解决问题的视角不同,对项目目标的理解和期望值都会有很大的差别,这就要求项目经理要善于捕捉成员间不同的心态,理解他们的需求,帮助他们树立和项目同方向的不同阶段的目标,得到他们的反馈,在项目实施过程中监督、修正,直到项目完成,这样就能使大家劲儿往一处使,发挥出团队应有的战斗力。

2. 制度的建立与执行

正所谓"没有规矩,不成方圆",项目中如果缺乏明确的规章、制度、流程,工作中就非常容易产生混乱;如果有令不行、有章不循,按个人意愿行事造成无谓浪费,则更是非常糟糕的事。建立团队中每个人都能适应的工作制度并保证有效执行,可以避免团队人员之间的很多问题。

健全的项目开发规范和流程、考勤制度、会议制度和奖惩制度等是软件项目开发团队中必须建立的基础制度。

健全的项目开发规范和流程是项目成功实施的保障。如:建立统一格式的项目模板,有利于整体管理和后期分析;建立不同项目阶段的任务检查清单,可提高产品的质量;建立编码规范,能提高软件的可读性和可维护性等。项目团队成员在按照规范和流程实施的过程中,也能站在全局的角度理解项目,能学到更多的知识,建立对团队的认同感和信心。

考勤制度是约束员工时间观念的一种方法,如果没有考勤制度,员工的正常工作时间就没法保证,容易养成自由散漫的作风,这是团队建设中最不愿看到的,只是在制度建立上需要充分考虑软件行业的特殊性。

会议制度是加强团队整体沟通和控制的一种机制。会议制度规定了会议时间、会议内容、参加人、列席人员等,项目经理通过会议能了解员工的工作情况、项目的整体进展及当前存在的问题,团队成员通过会议交流,能够了解项目全局、避免重复工作,并获得团队对自身工作的认可,鼓舞士气。

奖惩制度是提高项目团队成员积极性和责任心的一个有效机制。但这也是一把双刃剑,用不好会起到相反的作用,所以项目经理要把握好使用的分寸。

制度建立时也要充分吸收骨干成员的意见,一方面使得制度更符合实际,另一方面通过参与的形式达成共识,增加团队成员的归属感和使命感,也降低了制度执行的难度。制度一旦建立,项目团队成员就必须按照规定严格执行。

7.4.2　团队成员的激励

一个项目团队成员能否充分发挥各自的积极性和创造性,很大程度上取决于项目经理如何对团队进行激励。作为项目经理,具备"软技能"十分重要,应真正了解什么能让团队成员努力工作,并帮助解决他们的问题,即通过激励调动员工的工作热情。管理学发展到现在,很多学者都对激励提出了自己的理论,对如何激励员工提出很好的指导思想。

1. 马斯洛需求层次理论(Maslow's Hierarchy of Needs)

不同的人激励措施不同,例如你破产了,那么金钱则是一种有力的促进因素;然而若是对金钱的基本需要得到了满足,则有可能出现其他的促进因素。

马斯洛需求层次理论指出,人们都有需求,在满足较低需求之前他们甚至不会考虑更高层次的需求。马斯洛需求层次理论认为人类的需求是以层次形式出现的,共分5层,自下而上依次由较低层次到较高层次排列,如图 7-6 所示。其中生理需求、安全需求、社会需求、自尊需求被认为是基本的需求,而自我实现需求是最高层次的需求,只有满足了人的基本需求之后,人们才能去追求更高层次的需求。

图 7-6 马斯洛需求层次

激励来自于为没有满足的需求而努力奋斗,某一层次的需求相对满足了,就会向高一层次发展,追求更高一层次的需求就成为驱使行为的动力。在团队建设过程中,项目经理需要理解项目团队每一个成员的生理、安全、社会、自尊和自我实现等需求,并实施相关的激励。生理需求和安全需求是人们生活的最低需求,一般的项目团队成员都已经满足,因此团队成员就会有更高层次的需求。

实际上,在人生的不同阶段,人们还可能因不同的事而受到刺激。例如,工资的增加尽管总是很受欢迎,但对于一些已经有很高工资的员工来说,工资的增加就没有像对收入较低的新人那样有那么大的影响力。年纪大的员工更加注重工作的品质,他们更欣赏能够给予他们自主权,以示对他们的判断力和责任感的尊重。但是我们也要知道,5 种需求虽然按层次逐级递升,但这种次序不是完全固定的,可以变化,也可能有种种例外情况;同一时期,一个人可能有几种需求,但每一时期总有一种需求占支配地位,对行为起决定作用。任何一种需求都不会因为更高层次需求的发展而消失。各层次的需求相互依赖和重叠,高层次的需求发展后,低层次的需求仍然存在,只是对行为影响的程度大大减小。

2. 赫茨伯格的双因素理论(Herzberg's Two-factor Theory)

与马斯洛需求层次理论对应的还有赫茨伯格(Hertzberg)的双因素理论如图 7-7 所示。赫茨伯格指出人的激励因素有两种:一种是保健因素,包括薪金福利、工作环境以及与老板和同事的关系,它们并不激励你,但是在得到激励之前首先需要有这些东西,类似于马斯洛的三个最低层次需求,即生理、安全和社会需求。当这些因素恶化到人们可接受的底线以下时,人们就会对工作产生不满。但当人们认为这些因素很好的时候,人们不会不满意,也不会形成一个积极的态度,便形成了一种模棱两可的中间状态。另一种是激励因素,类似于马斯洛的自尊和自我实现需求,是那些可以实现个人自我价值的因素,包括成就、赏识、提升以及发展等机会。这些因素能够对人们产生更大的激励。赫茨伯格认为如加薪、人际关系改善、提供良好的工作环境等传统的激励假设不会产生更大的激励;这能消除不满意,防止产生问题,但这些传统的激励因素即使达到最佳,也不会产生积极的激励。只有激励因素才可以使人们有更好的工作成绩。赫茨伯格告诉我们,物质需求是必要的,没有它会导致不满,但即便获得了满足,它的作用也是有限的、暂时的。要调动人的积极性,更重要的是要注意工作的安排,人尽其才,各得其所,注重对人员在精神上的鼓励和认可,注意给人以成长、发展、晋升的机会。

图 7-7　赫茨伯格的双因素理论

除了马斯洛和赫茨伯格的需求理论以外,还有一个重要的理论——McGregor 理论,即 X 理论和 Y 理论。

3. McGregor 的 X 理论(McGregor's X Theory)

McGregor 的 X 理论认为,通常来说,只要员工有机会在工作时间内不工作,那么他们就不工作,只要有可能他们就会逃避为公司付出努力去工作,所有的活动都是基于他们自己的意愿,宁愿懒散也不想为其他人作出一点付出。

X 理论认为员工是懒散、消极的,不愿意为公司付出劳动。我们必须要清晰地为每个员工分配好任务,并且需要更多的督促、更多的指导以及更多的控制来使他们投入更多的工作;为了使员工更加努力地工作,我们会给员工提供奖励,可还会有一些员工不愿为此努力,很多接受了奖励的员工还会抱怨他们需要更多的奖励,同时仍然不会全身心地工作,所以不得不采取更多的检查、指导和批评,有时甚至需要惩罚,否则管理者稍有松懈,就可能有情况发生。

持 X 理论的管理者,往往时刻监督着团队中的每个人,不信任团队,也让团队成员感觉自己不被信任。根据员工的特点,他们一般会对员工采取两种措施:一是软措施,即对员工给予奖励、激励和指导等;二是硬措施,即给员工予以惩罚和严格的管理,给员工强压迫使其努力工作。

4. McGregor 的 Y 理论(McGregor's Y Theory)

McGregor 的 Y 理论认为,员工是积极的、喜欢挑战的。要求工作是人的本能;人们愿意为集体的目标而努力,在适当的条件下,人们不仅愿意接受工作上的责任,还会寻求更大的责任,即使没有外界的压力和处罚的威胁,他们一样会努力工作。

Y 理论的思想认为,员工是积极、主动地在工作中发挥自己的特长、释放自己的能量,因此应该在项目过程中给予员工以宽松的工作环境,并提供促其发展的自主空间,展现自己的才华。

持 Y 理论的管理者主张用人性激发的管理,使个人目标和组织目标一致,会趋向于对员工授予更大的权力,以激发员工工作的积极性。

McGregor 的 X 理论和 Y 理论各有其长处和不足：X 理论虽然可以加强管理,但团队成员通常比较被动工作；Y 理论虽然可以激发主动性,但对团队成员工作把握又似乎欠缺原则。因此在一个项目团队中,应因人而异,因团队发展阶段而异,灵活使用这两种原则。例如,在团队刚刚组建阶段,大家对项目都不是很了解,这是需要项目经理应用 X 理论,建立必要的规范,尽快让团队进入正轨；当项目团队成员对项目的目标达成了一致,都有意愿为项目努力工作,这时可以应用 Y 理论,授权团队完成所负责的工作,并提供机会和环境。

5. 期望理论

期望理论又称为"效价—手段—期望理论",是心理学家和行为学家维克托·弗鲁姆(Victor H. Vroom)提出来的激励理论。弗鲁姆认为,人们在采取某一项行动的时候,其动力或激励力取决于其对行动结果的价值评价和预期达成该结果可能性的估计,这种需要与目标之间的关系公式为：

$$激励力＝期望值×效价$$

这种需要与目标之间的关系过程模式表示,即"个人努力→个人成绩(绩效)→组织奖励(报酬)→个人需要"。在这个公式中,机动力量是指调动个人的积极性,激发人内部潜力的强度；期望值是根据个人的经验判断达到目标的把握程度；效价则是所能达到的目标对满足个人需要的价值。这个公式说明,人的积极性调动的大小取决于期望值与效价的乘积。也可以说,一个人对目标的把握越大,估计达到目标的效率越高,激发起的动力越强烈,积极性也就越大,在领导与管理工作中,运用期望理论调动积极性是有一定意义的。

期望理论是以三个因素反映需要与目标之间的关系,要激励员工,就必须要让员工明确,工作能提供给他们真正需要的东西；他们欲求的东西是和绩效联系在一起的；只要努力工作就会提高他们的绩效。期望理论示意图如图 7-8 所示。

图 7-8　期望理论示意图

1) 期望值

期望值是人们判断自己达到某种目标或满足需要的可能性的主观概率。目标价值直接反映人的需要动机的强弱,期望概率反映人实现需要和动机的信息强弱。弗鲁姆认为,人总是渴求满足一定的需要并设法达到一定的目标。这个目标在尚未实现之时,表现为一种期望。期望的概念就是一个人根据以往的能力和经验,在一定的时间里希望达到目标或满足需要的一种心理活动。

弗鲁姆认为期望的东西不等于现实,期望与现实之间有三种可能性,即期望小于现实、期望等于现实以及期望大于现实。期望小于现实,即实际结果大于期望值,一般来说在正强化的情况下,如奖励、提职、提薪等等,当现实大于期望的时候,有助于提高人们的积极性,在这种情况下,能够增强信心,增加激发力量。而在负强化的情况下,如惩罚、灾害、祸患等,期望值大于现实,就会使人感到失望,产生消极情绪;期望大于现实,即实际结果小于期望值。一般来说,在正强化的情况下,便会产生挫折感,对激发力量产生削弱作用。如果在负强化的情况下,期望值大于现实,则会有利于调动人的积极性,因为这时候人们做了最坏的打算和准备,而结果却比预期要好很多,这自然对人的积极性是一个很大的激发;期望等于现实,即人们的期望变为现实,所谓期望的结果,使人们预料之中的事。在这种情况下,一般来说,也有助于提高人的积极性。如果从此以后,没有继续给予激励,积极性则只能维持在期望值的水平上。

2)效价

效价是指达到目标对于满足个人需要的价值。每个人所处的环境、需求的不同,其需要的目标价值也不相同。同一个目标对每一个人可能有 3 种结果,即正效价、零效价、负效价。如果个人喜欢其可得的结果,则为正效价;如果个人漠视其结果,则效价为零;若不喜欢其可得的结果,则为负效价。效价越高,那么它的激励力量就越大。例如,3000 元的奖金对于生活困难的人来说可能会很有价值,但对于百万富翁来说其意义不大。

3)效价与期望值之间的关系

在实际生活中,每个目标的效价与期望常呈现负相关。难度大、成功率低的目标往往既有重大的社会意义,又能满足个体的成就需要,具有高效价;而成功率很高的目标则会因为在实现起来容易而缺乏挑战性,做起来索然无味,导致总效价降低。因此,设计和选择适当的目标,让人感觉有希望成功,而且值得为此奋斗,便是激励过程中的关键问题。

在实际项目管理过程中,项目经理可以根据不同员工的需求,采取各种合适的措施,调动员工的积极性、主动性,提高工作效率,实现项目目标,可以适当参考以下技巧。

(1)薪酬激励:将薪酬与绩效挂钩,为员工提供物质鼓励。

(2)目标激励:给下属设定适合自己的目标,并为之创造实现条件。

(3)机会激励:为每一位员工提供平等的参与学习、培训和获得挑战性工作的机会。

(4)环境激励:为员工营造舒适的工作环境,对成绩突出的员工进行表彰,强调公司对其工作的认可。

(5)情感激励:对员工信任,发掘优点,适时的赞许、鼓励,合理的授权都是有效的情感激励手段。

(6)认可激励:上司认可是对员工工作成绩的最大肯定,但认可要及时,可以是公众面前口头的表扬,也可以是一封广播的邮件。

对于激励还有一点非常重要,就是自我激励,自我激励可以使自己以积极的心态,满怀信心地面对问题。

7.4.3　团队成员的培训

项目成员的培养和开发是项目团队建设的基础,项目组织必须重视员工的培训以及开发工作,培训是指为了提高项目成员能力的全部活动。培训可以提高项目成员的本领、工作满意度,也可以提高项目团队的综合素质和工作技能。对员工的培训包括针对提高员工技能的岗位培训,以及有利于员工职业生涯的个人发展培训。

针对员工的岗位培训主要有两种:一种是岗前培训,主要对项目成员进行一些常识性的岗位培训和项目管理方式等培训。另一种是岗上培训,主要根据开发人员的特点,针对开发中可能出现的实际问题而进行的特别培训,大多偏重于专门技术和特殊技能。

针对员工的个人发展培训,指在适应项目特点及目标的前提下,根据成员个人的条件和背景,由成员和项目经理共同协商,规划出一套切实可行的、符合自己特长及发展方向的个人职业生涯发展体系,为成员提供实现个人专长的契机。这样一来,团队成员在培训中既提高了个人技能,又促进了团队的发展;既增强成员对团队的归属感和责任感,又降低了团队成员的流动率和流动倾向。

培训可以是正式的或者非正式的,可以是线上的也可以是线下的,可以是集中时间的也可以是分散时间的。但计划好的培训一定要如期地开展起来。

如果经过培训项目团队成员仍缺乏必要的管理或者技术技能,那么就有必要采取一定措施重新安排项目的人员。

项目经理也可以安排其他一些活动,诸如团队野外拓展等,多方面地促进团队建设。

7.5 项目团队管理

在团队管理过程中,项目经理可行使5种权力来管理和要求项目团队成员完成工作。

(1) 合法的权力:指公司对项目经理正式授予的让员工工作的权力,如:公司赋予项目经理预算分配的权力,则项目经理就可以在指定的情况下,使用合法的权力对项目的预算进行分配。

(2) 强制力:指用惩罚、威胁等消极手段强迫员工工作。如一个项目经理可以用解雇员工的威胁来改变他们的行为方式。然而,一般情况下,强制力对项目团队的建设不是一个很好的方法,建议不要经常使用,如果必须使用,应尽量保证是一对一的,私下进行,否则会适得其反。

(3) 奖励权力:使用一些激励措施来引导员工去工作。奖励包括薪金、机会、情感等手段,当奖励与具体的目标或项目优先级挂钩时会最有效。一定要保证奖励是公平的,每个人都有得到奖励的机会。

(4) 专家权力:用个人知识和技能让员工改变他们的行为。如果项目经理是某个特定领域的专家,那么员工可能会因此遵照项目经理的意见工作,并信任项目经理。

(5) 潜示权力:暗示某项事务得到了高于自己级别(或权威)的重视、关注。如:每个人都会按照这个项目经理的安排去做,因为他深得高级经理的喜爱。

以上5种权力,建议项目经理最好常用奖励权力和专家权力来影响团队成员去做事,尽量避免强制力。管理中具体涉及的内容如下。

7.5.1 过程管理

团队的过程管理就是通过熟悉和了解团队在不同时期的特点来对团队进行管理。

团队的发展一般都要经过形成期(Forming)、震荡期(Storming)、规范期(Norming)和执行期(Performing)这 4 个阶段。

形成期：项目团队成员刚刚开始在一起工作,总体上有积极的愿望,急于开始工作,但各成员间都不是十分清晰各自的责任和目标,会有很多的疑问。虽然表面上都很礼貌,但彼此都缺乏信任。

震荡期：项目团队成员之间基本已经熟悉,对各自的任务也比较了解。但是随着工作的开展,各方面问题会逐渐暴露,互相之间也容易产生冲突。

规范期：项目团队成员之间已经认同团队的目标,在做法和意识上基本达成了共识,团队开始表现出凝聚力。彼此之间也有了相互的信任,开始表现出相互之间的理解、关爱,亲密的团队关系开始形成。

执行期：这是规范阶段的提升。团队成员一方面积极工作,为实现项目目标而努力;另一方面成员之间能够互相帮助,共同解决工作中遇到的困难和问题,创造出高质量的工作效率。

在团队形成期,要发挥"领"的作用,即项目经理应该引领团队成员尽快适应环境、融入团队氛围,让成员尽快进入状态;明确每个项目团队成员的角色、主要任务和要求,帮助他们更好地理解所承担的任务。在项目实施的过程中,团队主管项目经理要时刻走在前面,起到榜样和示范的作用。

在团队震荡期,要发挥"导"的作用。由于团队人际关系的不稳定、矛盾冲突的不断涌现,项目经理要做好导向工作,及时解决冲突、化解矛盾,允许成员表达不满或他们所关注的问题,利用这一时机,创造一个理解和支持的环境。

在团队规范期,项目经理尽量减少指导性工作,给予团队成员更多的支持和帮助,在确立团队规范的同时,要鼓励成员的个性发挥,注重培育团队文化,培养成员对团队的认同感、归属感,努力营造出相互协作、互相帮助、互相关爱、努力奉献的精神氛围。

在团队成熟期,项目经理要为团队设立更高的目标,授予团队成员更大的权力,尽可能地发挥成员的潜力,帮助团队执行项目计划,集中精力了解掌握有关成本、进度、工作范围的具体完成情况,以保证项目目标得以实现。

团队发展的不同阶段,其特点也各不相同,必须因时制宜,正确、及时地化解团队发展中的各类矛盾和问题,促进团队的不断发展。

7.5.2　冲突管理

没有人喜欢冲突,但有人的地方就有冲突,尤其是项目处在震荡期时。在正确的管理下,不同的意见是有益的,可以增加团队的创造力、做出更好的决策。当不同的意见变成负面的因素时,项目团队应解决这种冲突。

根据美国项目管理协会(PMI)的统计,项目中存在 7 种主要冲突：项目优先级、进度、成本、资源、技术、管理过程、个人冲突。按照项目的执行过程,各种冲突排序如下。

初始阶段：项目优先级、管理过程、进度。

计划阶段：项目优先级、进度、管理过程。

执行阶段：进度、技术、资源。

收尾阶段：进度、资源、个人冲突。

冲突产生的原因有很多,如:责任模糊,多个上级的存在,项目始终处于紧张、高压的环境,新技术的流行等。但无论是什么冲突、什么原因产生的,项目经理都有责任处理好它,避免或减少冲突对项目的不利影响,增强冲突对项目的积极影响。常用的处理冲突的方法有以下5种:

(1)面对问题,找到冲突的根本原因,并与所有人合力找出方案来解决冲突。它是冲突管理中最有效的一种方法,问题得到解决,大家都受益,所以这种方法的结果是"双赢"。

(2)妥协,寻找一种能够使大家一定程度上都较为满意的方法,这意味着每个人都有所取舍,没有任何一方完全满意,所以很多人把这种方法称为"双输"的解决方案。

(3)求同存异,是指与他人合作,大家都关注他们一致的观点,避免不同的观点。这种方法要求保持一种友好的气氛,先把工作做完,但是往往不能解决冲突的根源。

(4)强制,表示一人独断做出决定,一方全赢,则另一方全输,但这样一般会导致新的冲突产生。

(5)退出,退出对所有人都没好处,这表示人们将眼前的问题搁置起来,等待以后再解决,也就是大家以后再处理这个问题,这样问题不会消失,始终存在于项目中。当团队之间的冲突对组织目标的实现影响不大而又难以解决时,组织管理者不妨采取回避的方法。

7.5.3 团队绩效评估

当项目开始执行,一些培训、激励等措施被实施后,根据目前项目收集到的数据,正式或非正式的团队绩效评估就可以展开了。其结果可以用来帮助做出关于评价、奖励和纠正措施的决策,这也是促进团队发展所需的一部分工作。

团队绩效的评估影响包含以下3方面:

(1)提高个人技能,可以使专业人员更高效地完成所分配的活动。

(2)提高团队能力,可以帮助团队更好地共同工作。

(3)较低的员工流动效率。

正式和非正式的项目绩效评估依赖于项目的持续时间、复杂度、组织原则、员工的合约要求以及定期沟通的数量和质量等。绩效汇报中应包含来自任何和项目成员有接触的人员(如:上级领导、同级同事、下级同事、客户、外部评审员等)的相关信息(如:进度、成本、质量和过程审计的结果)。

关于绩效评估,详见8.4节"绩效报告"。

7.6 本章小结

7.6
人力资源
管理-练习题

项目人力资源管理是根据项目的目标、项目活动进展情况和外部环境的变化,采取科学的方法,主要包括项目人力资源计划编制、项目团队组建、项目团队建设及项目团队管理。项目组织结构主要包括职能型、项目型和矩阵型3种类型。编制项目人力资源管理计划主要完成软件项目组织结构图、RACI矩阵和人员配备管理计划这三项工作。在项目团队建设上,项目经理要在保证目标一致的前提下,使团队得到激励并妥善管理,在团队成员激励上,可以依据马斯洛需求层次理论、赫茨伯格的双因素理论、McGregor理论和不同员工的需求采取适当的措施调动员工的积极性和主动性,实现项目目标。项目团队的发展一般经历形成期、震荡期、规范期和执行期这四个阶段,在不同阶段特点各不相同,及时化解团队的冲突和矛盾,可以促进团队的发展。

习题七

1. 选择题

(1) 人员管理计划描述了(　　)。

  A. 如何解决冲突

  B. 项目经理的团队建设总结

  C. 项目团队成员什么时候加入到团队,什么时候离开团队

  D. 如何获取项目成员

(2) 在下列(　　)组织结构中,项目成员没有安全感。

  A. 项目型　　　　　　　　　　　　B. 职能型

  C. 矩阵型　　　　　　　　　　　　D. 弱矩阵型

(3) 假如某一项目会涉及很多领域,则适合选择(　　)组织结构。

  A. 项目型　　　　　　　　　　　　B. 职能型

  C. 矩阵型　　　　　　　　　　　　D. 组织型

(4) 在项目管理的组织机构中,适用于主要由一个部门完成的项目或技术比较成熟的项目的组织结构是(　　)。

  A. 项目型组织结构　　　　　　　　B. 职能型组织结构

  C. 矩阵型组织结构　　　　　　　　D. 组织型组织结构

(5) 项目经理为一个新的项目正在选择合适的组织机构,这个项目涉及很多的领域和特性,那么他应该选择(　　)组织结构。

  A. 项目型　　　B. 职能型　　　C. 矩阵型　　　D. 组织型

(6) 以下说法错误的是(　　)。

  A. 团队是一定数量的个体成员的集合

  B. 团队包括自己组织的人、供应商、分包商、客户

  C. 团队应注重个人发挥,应该将某项任务分工给擅长该技术的职员

  D. 团队的目的是开发出高质量的产品

(7) 在3种组织结构中,(　　)组织结构是目前最普遍的项目组织形式,它是一个标准的金字塔型组织形式。

  A. 矩阵型　　　B. 项目型　　　C. 职能型　　　D. 都一样

2. 判断题

(1) 职能型组织结构中项目经理的权利最大。　　　　　　　　　　　(　　)

(2) 组织分解结构是一种特殊的 WBS。　　　　　　　　　　　　　(　　)

(3) 创建组织结构图时,项目管理者需要首先明确项目人员类型。　　(　　)

(4) 项目型组织结构的优点是可以资源共享。　　　　　　　　　　　(　　)

(5) 一个项目团队成员能否充分发挥各自的积极性和创造性,很大程度上取决于项目经理如何对团队进行激励。　　　　　　　　　　　　　　　　　　(　　)

3. 简答题

（1）职能型组织结构的优点是什么？它适用于什么样的项目？

（2）简述常用的处理冲突的方法。

（3）在团队管理过程中，项目经理可以行使哪些权利来管理和要求项目团队成员来完成工作？

第8章

CHAPTER 8

软件项目沟通管理

软件项目不同于传统的项目,软件开发的原料是信息,中间过程传递的是信息,提交的产品也是信息,所以信息的产生、收集、分发、存储和处理,即沟通管理显得尤为重要。为了完成软件项目任务,既要有统一的项目计划,还要有一套合适的监控执行方法,但同时又不能扼杀整个项目开发过程中的创造性和自主性。因此,必须要有一个灵活且容易使用的沟通方法,从而使一些重要的项目信息实时、最新,做到实时同步,为此项目管理过程中需要沟通计划。若在制定计划以及实施的过程中缺乏有效且充分的沟通,不但会影响软件项目的进度,还会降低项目团队的积极性,使供需双方产生不信任感,阻碍软件项目的开发进度。

8.1 沟通的重要性

8.1
沟通管理

2001年Standish Group研究表明,软件项目成功的4个主要因素分别为:管理层的大力支持,用户的积极参与,有经验的项目管理者,明确的需求表达。而这4个要素全部依赖于良好的沟通技巧。软件开发中需要大量的沟通,项目经理大约80%以上的工作是沟通,畅通、有效的沟通是获取足够信息、发现潜在问题、控制好项目的基础。

所谓沟通(Communication)是人们分享信息、思想和情感,建立共同看法的过程。沟通主要使互动的双方建立彼此相互了解的关系,相互回应,并且期待能通过沟通相互接纳和达成共识。沟通是一个过程,在这个过程中,信息通过一定的符号、标志或者行为系统在人员之间交换,人们之间可以通过身体的直接接触、口头或者符号的描述等方式沟通。在软件项目开发中,对于涉及项目进度和人力资源调度等一些问题而言,充分的沟通是一个非常重要的管理手段。尽管项目评估能够在一定程度上解决一些问题,但需要注意的是,如果在计划制定及实行过程中缺乏沟通,不但会从进度上影响项目的进行,也会对项目团队人员的积极性产生不良影响,令供需双方产生彼此的不信任感,从而严重干扰项目开发进度。

在软件项目中,沟通贯穿项目始终:开发团队成员和各级领导间(项目汇报,项目评审,规范发布)、开发团队内部(技术交流,计划沟通,方案制定)、开发商和供应商间(采购沟通,供货,验货)……

许多专家认为,对于成功,威胁最大的就是沟通的失败。项目中的成员有不同的背景和性格,沟通能力也不尽相同,在沟通中特别容易出现问题。图8-1描述了一个项目在不同阶段,项目中不同角色成员对软件实现功能的理解和描述,在需求的传递过程中,在各个阶段误差被不断放大,最后结果让人啼笑皆非。

图 8-1　讽刺沟通的幽默画

（1）客户没能清晰、准确地描述自己的需求，导致沟通的一开始就有问题。

（2）项目经理没有对客户的需求确认反馈，与客户的需求产生了不一致。

（3）分析人员进一步误解了客户的需求，设计的内容发生了更大的偏差。

（4）程序员实现的软件功能更是与最初的需求大相径庭。

（5）业务咨询师又将需求描述成了另一番模样。

（6）项目各阶段的内容完全没有记录，文档几乎一片空白，沟通无据可依。

沟通管理可以确保按时和准确的产生项目信息、收集项目信息、发布项目信息、传递项目信息、存储项目信息、部署项目信息、处理项目信息所需的过程。项目沟通管理为成功所必须的因素——人（people）、想法（idea）和信息（information）之间提供了一个关键连接。涉及项目的任何人都应该准备以项目"语言"（the project language）发送和接收信息，并且必须理解他们以个人身份参与的沟通怎样影响整个项目。沟通管理就是确保及时、正确地产生、收集、分发、存储和最终处理项目信息，规避或减少类似错误的发生。做好沟通管理的第一步就是创建一个项目沟通管理计划。

8.2　沟通管理计划编制

沟通管理计划包括确定项目关系人的信息和沟通需求：谁、需要什么样的信息，什么时候需要，以什么形式，依靠什么工具获得信息，信息又是如何被定义的。具体来说应包括沟通内容及结果的处理、收集、分发、保存的程序和方式，以及报告、数据、技术资料等信息的流向。

项目沟通计划在项目初始阶段完成，但计划过程的结果却在整个项目周期中被实践、审查和调整。

8.2.1　干系人的识别和分析

一个软件项目想要成功，必须要有好的项目管理。虽然每一个项目、项目的每一个阶段都需要进行项目信息沟通,但需要的信息和发布的方法相差甚远,识别项目关系人的信息需求并确定合适的需求分发手段,保证他们成功地获取信息,这对于项目成功相当重要。

所谓干系人(Stakeholder)指那些积极参与项目的个人和组织,或者是那些由于项目的实施或完成其利益受到消极或积极影响的个人或组织(当然他们也会对项目的目标和结果施加影响),如出资人、客户、项目团队成员、供应商等。一个软件项目的干系人很多,他们参与项目时的责任、权限、对项目的影响以及沟通需求也随着项目生命周期的不同阶段而发生变化。

例如,项目经理可以依据项目章程、项目的合同、采购文档、已有的历史项目经验等,找到所有可能的关系人会谈,了解他们的职责、目标、期望和担心,并得出这个项目对于他们的价值,形成关系人登记表,如表 8-1 所示。与关系人会谈过程中,可能会识别更多干系人。

表 8-1　项目关系人登记表

关系人登记表
姓名:宁涛　　　　　　　　　　　分组:出资人
职责:
1. 负责提高项目实施的资金;
2. 确定项目的主题目标;
3. 确定项目完成时间。
目标:
1. 在 100 万元内完成本项目;
2. 提升目前工作效率的40%。
期望:
改变整个组织的管理机制,盘活整个企业的活力。
担心:
目前员工素质是否能适应这个系统。

识别以上信息的同时,可以根据关系人的参与程度和对沟通的需求将关系人分组,同一组的关系人往往有类似的需求和项目利益,理解所有关系人的意图后,可以提出一个策略,确保已经告知他们认为重要的信息,而且还要确保他们不会因多余的细节而感到厌烦,而后形成关系人管理策略表,如表 8-2 所示。

表 8-2　项目关系人管理策略表

关系人	关系人分组	当前投入级别	投入动机	期望投入级别
宁涛	出资人	理解	获取更大利润	接受
聂宇晨	项目组成员	全力以赴	获得更高技能	全力以赴
苟涛	客户代表	理解	解决当前系统问题	接受
王子	主管副总裁	理解	解决更多成本	接受

在和关系人沟通过程中,可采用创建权力/兴趣表格来了解不同人的沟通风格,这有助于找出与他人和谐相处的方式,如图 8-2 所示。要关注权力和兴趣都很高的关系人,他们往往是决策者,对项目成功的影响最大,一定要精心管理他们的期望。

SWOT 分析法就是把所有掌握的因素根据轻重缓急进行排序并构成矩阵,从而进行对比分析。由于该矩阵有 4 种因素,S 代表优势(Strength),W 代表劣势(Weakness),O 代表

图 8-2 影响力/利益关系表格

机会(Opportunity),T 代表威胁(Threat),因此该矩阵被称为 SWOT 矩阵,如下所示。在该矩阵中,共有 4 种策略,分别是最小最小对策(WT 对策),重点考虑劣势因素和威胁因素,竭力使这两种因素的影响降到最小;最小最大对策(WO 对策),重点考虑劣势因素和机会因素,竭力使劣势因素的影响降低到最小,使机会因素提高至最大;最大最小对策(ST 对策),重点考虑优势因素和威胁因素,竭力使优势因素的影响升至最大,使威胁因素降至最小;最大最大对策(SO 对策),重点考虑优势因素和机会因素,竭力使优势因素和机会因素的影响升至最大。

S(优势)	W(劣势)
例如:	例如:
项目建设资金充足;	缺乏风险管理计划;
项目开发周期短;	系统体系结构设计不充分;
客户要求较容易实现;	研发落后;
团队开发经验丰富	经营不善
O(机会)	T(威胁)
例如:	例如:
相关政府企业大力支持;	客户可能不会接受产品;
消费者购买力增强;	新的工作流程需要项目组人员进行适应;
一些新兴技术可以融合进当前系统中	新的工作流程可能会影响软件产品质量

8.2.2 沟通需求分析和计划

沟通需求分析是项目关系人信息需求的汇总。这一步应明确界定谁、将在什么时间、需要什么信息,怎么能更有效地获得及提供信息。

一个项目组中如果只有 2 个人,则沟通的渠道是 1 条;有 3 个人,沟通的渠道是 3 条;有 5 个人,沟通的渠道就有 10 条,如图 8-3 所示。沟通的渠道不是成线性增长的,而是非线性的(其计算公式为 $N(N-1)/2$,其中 N 为团队成员总数)。如此复杂的沟通渠道,如果信息发错了人,沟通就没有意义;如果所有的沟通渠道都是双向,管理成本又会增加。所以必须界定沟通的双方谁发送信息,谁接收信息。项目中角色、沟通渠道众多,项目本身会产生大量的信息,但谁也不希望将精力耗在无用的信息上(例如:高层项目经理肯定关心合同项目的成本,但他不需要与软件供货商、硬件供货商以及其他合作公司来讨论这个问题),因此也要明确沟通的双方需要沟通什么。

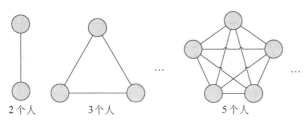

图 8-3　关系人人数和沟通渠道的关系

　　沟通的内容包括沟通的具体信息、信息的格式、详细程度等,应当尽量统一项目文件格式及各种文件模板,并提供编写指南。

　　沟通方式主要有书面沟通和口头沟通、语言沟通和非语言沟通、正式沟通和非正式沟通、单向沟通和双向沟通以及网络沟通等。将项目管理的信息正确传达给相应的人员,是相当重要并且具有一定困难的,经常发生信息发送者认为自己传达的是正确的信息,可是事实却是信息并没有被传达到或者是被错误地理解了。许多人并不习惯成堆的文件或者是通篇的 E-mail,相比之下,利用非正式的方式或者双方会谈的方式来听取一些重要的信息,更容易让人接受。价值取向不同,沟通的方式也就在使用效果上全然不同。德鲁克提出了 4 个基本法则:沟通是一种感知;沟通是一种期望;沟通产生要求;信息不是沟通。

　　对于紧急的信息,可以通过口头方式进行沟通;对于重要的信息,可以采用书面的方式进行沟通。项目人员应该熟悉以下内容:

　　(1)许多非技术专业人员更愿意以非正式的形式和双向的会谈来听取重要的项目信息。

　　(2)有效地发送信息依赖于项目经理和项目组成员良好的沟通技能。口头沟通还有助于在项目人员和项目干系人之间建立较强的联系。

　　(3)人们有不愿报告坏消息的倾向,报喜不报忧的状况应当引起足够的重视。

　　(4)对于重大的事件、与项目变更有关的事件、有关项目和项目成员利益的承诺等要采用正式方式发送和接收。

　　(5)与合同有关的信息以正式的方式发送和接收。

　　项目沟通计划的编制过程是根据收集的信息,先确定项目沟通需要实现的目标,然后根据项目沟通目标和沟通需求确定沟通任务,进一步根据项目沟通的时间要求安排这些项目沟通任务,并确定保障目标沟通计划实施的资源和预算。

　　最终形成的沟通计划中一般包含以下内容:沟通项目(分发给项目干系人的信息)、沟通目的(信息分配的动机)、沟通频率(信息分发的频度)、沟通开始/结束日期(信息分发的日程表,日程表需要项目干系人了解什么时候创建、接受或传送项目信息)、格式/媒介(信息编排与传输方法)、职责(团队成员掌控着信息分发的任务,结合项目管理计划,规定谁负责创建、手机和发送关键项目信息)。项目沟通计划可繁可简,表 8-3 是一个简单的沟通计划。

表 8-3　沟通计划

沟通信息	频率	接收人	格式/媒介	交付时间	发送人	反　　馈	
进度报告	每月	主管副总裁	电子邮件	每月3日前	项目经理	邮件回执	
		项目组成员	内部服务器共享	每月3日前	项目组长	备忘录	
		客户代表	书面	每月3日前	客户	问题反馈	
例会	每周	项目组成员	会议	每周	主持：项目经理	会议签到	
		客户代表		每周		会议纪要签收	
		主管副总裁		每周			

8.3　信息分发

　　沟通计划编制好后,项目管理人员按计划组织相关人员,及时、准确地向项目关系人提供所需信息;当项目中出现计划外的沟通问题时,项目经理也要灵活应对,并在管理过程中逐步积累相应的组织过程资产。

　　信息分发方法,也就是沟通方法在7.2节中已经介绍过,在此不做赘述。

　　信息分发工具,是向团队转达完成工作所需信息所使用的工具,包括:纸质文档,如项目会议、技术文档的复印件,手工文档系统;电子沟通,如电子邮件、传真、语音邮件、电话、录像带、网络会议和网上消息发布;电子工具,如项目管理软件、网络会议和虚拟办公支持软件、协作的工作管理工具等。所有这些都是信息收集和获取系统,因为它们产生的信息将用来做出有关项目的决策。

　　在执行沟通计划过程中,项目管理者可以将项目积累下来的沟通过程、经验、教训加以记录,使其他人也可以从当前的项目中受益,如下所述。

　　(1)保留所有发出的关系人通知及关系人反馈,因为以后它们可能很重要。

　　(2)保留所有项目档案,如备忘录、重要的E-mail、公告或其他文档,并做相应的维护,便于信息追溯。

　　(3)记录对项目采取的所有纠正和预防措施,以及在项目中学到的东西,并加入到组织资产库合理利用,为其他项目的项目经理积累可利用的经验教训。

　　通过分发信息,使项目干系人及时了解到所需要的信息。信息发布者应当满足沟通计划的要求,并对于未列入沟通计划的信息作出相应的应对方式。项目经理必须确定哪些人应当在何时需要何种信息,确定信息传递的最佳方式,保证信息分发的正确性和有效性。

8.4　绩效报告

　　绩效报告指收集并分发有关项目绩效的信息给项目关系人。项目经理采用多种方法获取项目团队各项工作的进展情况,结合项目的范围、进度、成本和质量计划等信息,分析执行与计划的差异,发布绩效报告让所有人都了解项目的进展,并根据项目当前的情况预测未来可能的结果,如有问题,则给出相应的解决方案。

　　项目中存在着大量信息,要由项目经理来掌握所有这些信息。这需要与人们交谈,进行测量,检查可交付成果,通常要对每一个细微之处都不放过,才能真正明确项目的实际状况。得到的所有这些信息都需要进行整理以进行差异分析。

差异分析包括两方面,一方面要分析项目在某一时间点上的状态,即状态报告,状态报告中将计划作为基准,衡量已经完成多少工作,花费了多少时间,是否有延迟,花费了多少成本。可以用净值分析法来衡量。另一方面要分析项目在一定时间内的状态,即进展报告。进展报告一般是定期进行的,如每月一次,报告中除了需要列出基本的绩效指标,还要分析进度滞后(或提前)和成本超出(或结余)的原因,找出根源并提出解决建议。差异分析结果帮助项目经理确定项目是否在预算和进度控制内执行,如"团队超出预算 5%,且进度滞后1 天",遇到这种情况要尽快建立变更请求,如果不需变更,则尽快向团队建议纠正措施。

最终发布的绩效报告应按预期的沟通计划发布给相关的项目关系人,报告中体现了计划中规定的所有必须了解的细节,如表 8-4 所示。

表 8-4　绩效报告示例

工作分解结构要素	预算 PV/元	净值 EV/元	实际成本 AC/元	成本偏差 EV-AC/元	成本偏差 CV/AC/%	进度偏差 EV-PV/元	进度偏差 SV/PV/%	绩效指数 成本 CPI EV/AC	绩效指数 进度 SPI EV/PV
1 计划编制	63 000	58 000	62 500	−4500	−7.8	−5000	−7.9	0.93	0.92
2 分析	64 000	48 000	46 800	1200	2.5	−16 000	−25.0	1.03	0.75
3 设计	23 000	20 000	23 500	−3500	−17.5	−3000	−13.0	0.85	0.87
4 中期评估	68 000	68 000	72 500	−4500	−6.6	0	0.0	0.94	1.00
5 编码	12 000	10 000	10 000	0	0.0	−2000	−16.7	1.00	0.83
6 测试	7000	6200	6000	200	3.2	−800	−11.4	1.03	0.89
7 实施	20 000	13 500	18 100	−4600	−34.1	−65 000	−32.5	0.75	0.68
总计	257 000	223 700	239 400	−15 700	−7.0	−33 300	−13.0	0.93	0.87

注意:绩效报告不只是告诉人们项目的进展情况,还要查找问题,即与项目干系人共同查看绩效报告,预测可能会发生的问题,并给出合理的纠正措施。

8.5　沟通建议

8.5.1　沟通技巧

沟通必须是双向的才有效。在沟通的同时,如果能时刻保持着双赢的理念,双方相互信任,积极配合,协作完成工作,更有利于双方快速达成共识,并向着共同的愿景而努力。沟通中一些实用的技巧都有助于双方减少误会、愉快合作。

1. 学会倾听

最有价值的人未必是最能说的人,善于倾听是每一个成年人的基本素质,是有效沟通的前提。"大自然给了人类一张嘴,两个耳朵,就是想让人们多听少说",可见听的重要性。听懂别人所说并不容易,有时不仅要听别人说什么,还要听出别人没说什么。只有善于倾听,才能使对方的意思表达清楚;只有善于倾听,才能理解对方的思维模式和感受。善于倾听是有效沟通的前提。

2．表达准确

信息的表达要准确无歧义,不能让信息接收方产生误解或者误导。这就要求沟通者使用各种沟通手段,清楚地表达信息,有时还要借助说话的手势,语气和共享的图形、文件等手段来辅助说明。例如,项目经理在和客户确认需求时提前准备了简单的界面设计模型来进行辅助说明需求,这会让需求表述更清晰、准确。因此要综合使用各类交流方式,克服单一沟通方式的缺点。

3．双向沟通

双向沟通比单向沟通更有效。有效的沟通一方面取决于信息被有效地传递出去,另一方面取决于信息被有效地接收到,发送方只有得到了接收方的反馈,才能确认消息是否被有效地接收到,否则发送方就可能会重复发送。所以在沟通时,即使接收方没有问题或更好的建议,也应及时给对方反馈,以示收到信息,避免麻烦。

4．换位思考

换位思考是保证沟通无障碍的一种方法。人们往往喜欢从自身的角度去考虑问题,但是当尝试着站在别人、与自身位置不同的人的角度来考虑问题时,得出的答案总是会不同。在软件开发过程可以尝试着让团队成员交换角色,明白别人的工作、自己所做的工作在整个系统中处于什么地位。这样,很有利于团队协作精神的培养,形成良性的团队开发氛围,发挥团队每个成员的特点和长处,更能使得项目顺利进行。

5．扫除障碍

目标不明确、职责定义不清晰、文档制度不健全等,都是沟通的障碍,要进行良好的沟通,必须扫除这些障碍。

6．因人而异

不同的人沟通风格不一样,有的是理想型,有的是理性型,有的是实践型,有的是表现性。了解不同人的行事风格,有益于找出与他人和谐相处的方式,达到更好的沟通效果。

8.5.2　知识传递及共享

萧伯纳说过:"你有一个苹果,我有一个苹果,我们彼此交换,每人还是一个苹果;你有一种思想,我有一种思想,我们彼此交换,每人可拥有两种思想。"知识也是一样,知识的彼此传递,就是知识的共享,思想的共鸣,通过不断的沟通,会使不同的知识得到融合,实现个人的成长、项目的成功。

1．知识传递

知识传递,也是沟通的一种体现。在软件开发过程中,信息和知识传递有两种方式,一种是贯穿项目发展不同阶段的纵向传递,另一种是在不同角色和不同团队之间的横向传递。

纵向传递是一个具有很强时间顺序性的接力过程,是任何一个开发团队都必须面对的过程问题。软件开发都要经过从需求分析阶段到设计阶段、从设计阶段到编程阶段、从开发阶段到维护阶段、从产品上一个版本到当前版本的知识传递过程。

软件开发过程每经历一个阶段,就会发生一次知识转换,知识在传递过程中,失真越早,在后续的过程中知识的失真会放大得越严重,所以从一开始就要确保知识传递的完整性,这就是为什么大家一直强调"需求分析和获取"是最重要的。

横向传递是一个实时性的过程,是指软件产品和技术知识在不同角色和团队之间的传递过程,既包括系统分析人员、产品设计人员、编程人员、测试人员、技术支持人员之间的知识传递,也包括不同产品线的开发团队之间的知识传递,不同领域之间的知识传递等。一个项目的成功需要团队的协作,需要相互之间的理解和支持,这也必然要求有横向的知识传递。

无论是哪种传递都应保证知识传递的有效性、及时性、正确性和完整性。可以通过一些简单易行的方法来帮助实现这些目标:

(1) 创造轻松、愉快团队氛围,可以促进充分、有效的知识传递。

(2) 对团队进行适时、定期的培训,可以促进及时、正确的知识传递。

(3) 定期评审、复审,可以保证正确、完整的知识传递。

2. 知识共享

软件行业发展到今天,其实是一个漫长的知识和经验分享、积累、发展的过程。员工可以通过查询组织知识获得解决问题的方法和工具;反之,员工好的方法和工具通过共享,扩散到组织知识里,让更多的员工来使用,可以避免资源浪费,提高组织工作效率。

作为公司应该创立知识共享的文化,为员工营造良好的知识共享氛围,提倡和激励员工将知识和经验共享。例如,惠普公司建立了专家网络,让遍布全球、拥有个别特殊专业知识的员工能在需要的时候迅速地被找到;IBM通过建立知识分享和信任的文化,鼓励员工贡献经验和思想;西门子公司通过独立的质量保证和奖励计划,来激励员工共享有价值的知识等。

作为员工个人,对知识应该采取开放的态度,让知识快速流动形成知识共享的链接和互动,积极参与知识的分享和讨论,在讨论中不断学习、提高,真正实现从知识到能力的跨越。

公司和个人的共同成长依赖于知识共享,高水平的知识创新以知识共享为前提,只有做好知识共享,公司和与员工才能共同进步。

8.6 本章小结

沟通是人们分享信息、思想和情感,建立共同看法的过程。沟通管理计划包括确定项目关系人的信息和沟通需求,项目沟通计划在项目初始阶段完成,但计划过程的结果却在整个项目周期中被实践、审查和调整。项目沟通计划编制一般要完成识别关系人、沟通需求分析和形成沟通计划等工作。沟通计划编制好后,项目管理人员根据计划组织相关人员,通过信息分发工具,将信息及时、准确地向项目干系人提供。项目经理必须确定哪些人应当在何时需要何种信息,保证信息分发的正确性和有效性。在信息传递以及知识共享时,时刻保持双方互相信任,积极配合,运用沟通技巧减少双方可能会存在的误会。通过不断的沟通,使不同的知识得到共享和融合,提高工作效率,避免浪费资源。

8.6
沟通管理-
练习题

习题八

(1) 项目中比较重要的通知应该采用( )沟通方式。

    A. 口头   B. 书面   C. 电话   D. 网络

(2) 项目经理花费在沟通上的时间应该占(　　　)。

　　A. 30%~60%　　　　　　　　　　B. 75%~90%

　　C. 20%~40%　　　　　　　　　　D. 60%

(3) 董事长突然有紧急通知告知项目经理,并要求其将通知转告项目团队,则项目经理应该采取(　　　)沟通方式。

　　A. 正式　　　　　B. 检索　　　　　C. 书面　　　　　D. 口头

(4) 如果项目团队原来有4个成员,又增加了5个成员,则沟通渠道增加了(　　　)。

　　A. 5倍　　　　　B. 6倍　　　　　C. 5.5倍　　　　　D. 24条

(5) 编制沟通计划的基础是(　　　)。

　　A. 沟通需求分析　　　　　　　　　B. 项目规范说明书

　　C. 项目管理计划　　　　　　　　　D. 历史资料

2. 判断题

(1) 在软件项目中,对成功最大的威胁是沟通的失败。　　　　　　　　　(　　　)

(2) 口头沟通不是项目沟通的方式之一。　　　　　　　　　　　　　　　(　　　)

(3) 对于重要的信息,应采用书面的方式进行沟通;对于紧急的信息,应通过口头的方式沟通。　　　　　　　　　　　　　　　　　　　　　　　　　　　　　(　　　)

(4) 沟通计划包含确定谁需要信息,何时需要何种信息,以及如何接收信息等。(　　　)

(5) 应该多建立一些沟通的渠道。　　　　　　　　　　　　　　　　　　(　　　)

(6) 人员管理计划没有明确的具体体现形式,作为项目计划的一部分,其详细程度因项目而异。　　　　　　　　　　　　　　　　　　　　　　　　　　　　　(　　　)

3. 简答题

(1) 写出5种以上项目沟通方式。

(2) 简述沟通技巧有哪些。

(3) 写出干系人对项目可能的几种态度。

(4) 写出最终形成的沟通计划中所包含的内容。

第9章

CHAPTER 9

软件项目风险管理

任何项目的开发都存在一定的不确定性,即任何项目的开发都存在风险,没有风险的项目是不存在的。项目风险会影响项目计划的实现,在项目执行过程中需要对风险进行管理,合理的风险管理可以有效降低项目开发的损失。可以最大限度地减少风险的发生,没有完善的风险管理机制,项目可能会遇到意想不到的困难。

9.1 风险的概念

9.1
风险的概念

2008 年秋季,全球金融风暴使世界上许多人遭受了损失。尽管美国国会通过了 7000 亿美元的援助方案,但仍没能幸免。根据 2008 年 7 月做的一项针对全球 316 家金融服务机构管理人员的调查,70% 的调查对象认为,信贷危机造成的损失很大程度上是因为风险管理的失败。他们指出一些实施风险管理方面的挑战,包括数据和公司文化等。例如,在很多组织中,获取相关、及时且连贯的信息仍然非常困难。很多受访者还表示,培养有利于风险管理的文化也是一个主要难点。管理者和立法者终于开始关注风险管理。59% 的受访者说,信贷危机促使他们更加深入细致地审查风险管理工作。一些研究机构也重新编写了风险管理条例。目前,金融稳定论坛(Financial Stability Forum,FSF)和国际金融协会(Institute for International Finance,IIF)呼吁对风险管理过程进行更加严格细致的审查。TowerGroup 公司的分析员 Rodney Nelsestuen 认为:“企业风险管理成为一个新的关键问题。因为利益相关者、董事会董事以及监管机构都需要更充分、更及时的风险分析。此外,他们还需要更深入地了解全球金融界不断变化的风险环境是如何影响风险管理制度的。”因此,忽略风险管理的重要性,或缩减这方面的投入,将导致虚假经济。应该把风险管理看成解决方案的主要内容,而不是问题的一部分。

9.1.1 风险定义

风险有不同的定义:①现代汉语字典:“可能发生的危险”;②韦氏字典:“遭受损失或伤害的可能性”;③软件工程研究所(Software Engineering Institute,SEI):“损失的可能性”;④美国项目管理协会(Project Management Institute,PMI):“与项目相关的若干不确定性事件或条件,一旦发生,将会对项目目标的实现产生正面或负面的影响。”风险是介于确定和不确定之间的状态,它涉及思想、观念、行为和地点等因素的改变。所谓风险是指损失发生的不确定性,是对潜在的、未来可能发生损害的一种度量,风险的发生会对项目产生有害的或负面的影响。例如自然现象下雨不是风险,因为下雨不是可能发生的危险也不会产生较大的负面影响。投资理财是风险,因为投资理财具有不确定性,可能收益也可能亏损,一旦风险发生,很可能导致本利全无的结果。项目风险是指可能导致项目损失的不确定性,美国项目管理大师马克思·怀德曼将其定义为某一事件发生给项目目标带来不利影响的可能性。软件项目风险是一种特殊形式的风险,是指软件开发过程中以及软件产品本身可能造成的伤害或损失,例如软件质量的下降、成本费用的超支以及项目进度的推迟等。当对软件项目有较高的期望值时,一般要进行风险分析。

风险管理就是为了管理项目中的风险而应用过程、方法和工具的一种实践,它提供了一种良好的环境来做出以下决策。

(1) 连续地评估项目中存在什么样的风险。

(2) 确定哪些风险是需要重点考虑的。

(3) 对重点考虑的风险采取积极的措施来应对。

风险发生的过程中,首先需要有风险因素的存在,风险因素导致风险事件的发生,从而造成损失,而损失又引起了实际和计划之间的差异,从而得到风险的结果,风险发生的过程如图 9-1 所示。

图 9-1　风险发生过程

项目风险的三要素包括风险事件的存在、风险事件发生的概率、风险事件可能带来损失,风险发生的概率越高,造成的影响越大,就越是高风险,否则就是中等风险或低风险。

1. 风险因素

风险因素是指能够引起风险事件发生或影响损失程度的因素,这是造成损失的直接原因。风险因素应包括所有已识别的条目,而不论频率、发生的可能性、盈利或损失的数量等。在软件项目中,一般风险因素包括:需求的变化;设计错误、疏漏和理解错误;狭义定义或理解角色和责任;不充分估计的工作量和不胜任的技术人员、供应商因素、硬件/软件因素、环境因素等。例如在工程中负责人员起草错误的招标文件、合同条件,下达错误的指令,这是由项目的行为主体(如项目管理者)产生的风险。

对风险因素的描述应包括由一个因素产生的风险事件发生的可能性、可能的结果范围、预期发生的时间、一个风险因素所产生的风险事件的发生频率。

2. 风险事件

风险事件是指特殊的、不确定的、没有规划或带来损失的事件。潜在的风险事件是指自然灾害或团队特殊人员出走等能影响项目的不连续事件。在发生这种事件或重大损失的可能相对巨大时,除风险因素外还应将潜在风险事件考虑在内。例如世界毁灭。由于环境因素,人为因素的影响,世界毁灭具有不确定性,一旦发生其损失是无法想象的,但是世界毁灭不是风险,因为这个事件发生的概率微乎其微。

3. 风险损失

风险损失是指非故意的,非预期的和非计划的经济价值的减少和灭失,包括直接损失和间接损失。风险损失是由意外事件引起的企业内外多种损失的综合。这实际上是强调风险损失构成的复杂性及与非企业风险损失的区别。诸如正常的停工损失、废品损失等,这些不是这里侧重研究的内容,所谓风险损失是特指出乎意料之外的有关损失。例如获得生日礼物,对于生日礼物的获得者,无论将要获得的生日礼物有多大的不确定性,也不管生日礼物会有多大的期望值偏离度,生日礼物的获得者是不具有任何风险的,因为不会有任何潜在的损失发生。

9.1.2　风险性质

对于风险普遍的观点有：风险是结果的不确定性；风险是损失发生的可能性或可能发生损失；风险是结果与实际期望的偏离；风险是受伤害或损失的危险等。上述对风险的解释从不同的角度揭示了风险的某些性质,因此风险可总结为如下基本性质。

1. 客观性

风险的客观性主要表现在风险的存在不以人的意志为转移,决定风险的各因素对风险主体也是独立存在的,即无论风险主体是否意识到风险的存在,风险都可能转变为现实。风险总是潜伏于各种活动中,项目进行的任何时候、任何地点都可能存在风险。

2. 损害性

风险的损害性是指一旦风险发生,则风险主体将会产生挫败和损失,这对风险主体是有损害的。因此,在项目进行的过程中应该尽量做好计划,尽量避免和降低风险,将其损害性降到最低。

3. 不确定性

风险的不确定性是指风险发生的程度是不确定的,风险发生的时间、地点也是不确定的。由于风险主体对客观世界的认知可能受到各种条件的限制,因此不可能准确地预测出不确定性的风险。

4. 转换性

风险的转换性是指风险不是一成不变的,在一定条件下是可以转换的。风险可能转换为非风险,非风险也可能转换为风险。

5. 相对性

风险的相对性是指相同的风险对于不同的风险主体的影响是不同的。例如,50万元的风险损失对于资产上亿的企业和新成立资产仅百万的公司带来的影响是不同的。

6. 对称性

风险的对称性是相对风险事件可能带来的利益而言的。高利益隐藏着高风险,高风险可能带来高利益。风险是利益的代价,利益是风险的回报,要实现利益必须要承担与之相应的风险。例如,股市有风险,投资需谨慎。

9.2 风险管理

风险管理是在项目进行过程中不断对风险进行识别、评估、制定策略和监控风险的过程，它被认为是控制大型软件项目风险的最佳实践。风险管理是在风险尚未产生或形成之前，对风险进行识别，并且评估风险出现的概率以及可能产生的影响，按风险从高到低排序，有计划地进行管理，旨在识别出风险，然后采取措施使它们对项目的影响最小。风险管理的目标在于提高项目积极事件的概率和影响，降低项目消极事件的概率和影响。

风险管理意味着在风险损失还没有发生之前先对其进行处理。通常来说，在风险管理实施前需要进行风险规划，即决定采用什么方式方法、如何计划项目风险的活动，指导对于特定项目如何进行风险管理。

只有进行较好的风险管理，才能有效地控制项目的准备实施与落地，如项目的成本、进度和产品需求等，同时可以防止意外问题的出现，即使出现，也可以降低风险的程度，风险管理的重要性包括如下内容。

(1) 对潜在风险的预测会最大限度地降低其对期望结果的影响。

(2) 实现提早做好相应的计划，从而降低风险发生时造成的压力。如果没有事先制定好相应的应急方案，那么风险发生时就会手足无措。宝贵的时间会浪费在寻找替换方案上，而这又会减少最终实施替换方案的时间，从而危及产品的质量。此外，在高度压力下做出的决定通常来说都不如事先制定好的有效。

(3) 尽早识别出风险，以便选择具有最低风险的方案。如果存在多种选择，那么就可以仔细分析各种方案潜在的风险大小，最终选出风险最小的一个。

简单归纳软件项目风险管理工作就是在风险成为影响软件项目成功的问题之前，识别并着手处理风险的过程。

风险管理，实际上就是贯穿在项目开发过程中的一系列管理步骤，使得风险管理不再只是纸上谈兵，而有其具体的量化评估体系。风险管理包括 6 个基本过程：风险规划、风险识别、风险定性评估、风险定量评估、风险应对规划、风险监控。

1. 风险规划

风险规划是风险管理的一整套计划，主要包括定义项目组及成员风险管理的行动方案及方式、选择适合的风险管理方法、确定风险判断的依据等，也包括对风险管理活动的计划和实践进行决策，是项目生命周期内风险管理的战略性行动纲领。

2. 风险识别

风险识别包括确定风险的来源，风险产生的条件，描述其风险特征和确定哪些风险事件有可能影响本项目。风险识别在项目的开始时就要进行，并在项目执行中不断进行。也就是说，在项目的整个生命周期内，风险识别是一个连续的过程。风险识别的结果是"项目风险列表"，是项目在整个运行过程中记录风险的总表。在风险识别结束后，需要填入项目风险描述、项目风险产生原因、项目风险分类信息三部分内容。

3. 风险定性评估

风险定性评估是评估已识别风险的影响和可能性的过程。这一过程是利用已识别风险的发生概率、风险发生对项目目标的相应影响，以及其他因素，例如时间框架和项目费用、进度、范围和质量等制约条件的承受度,对已识别风险的优先级别进行评价。它在明确特定风险和指导风险应对方面十分重要。如表 9-1 所示将分线发生的概率分为五个等级,风险概率必须大于 0,且小于 100%。如表 9-2 所示,将风险后果的影响程度分为五个等级。

表 9-1 风险概率等级

等 级	概 率 范 围	等 级 说 明	描 述
5	大于 80%	极高	非常可能,或几乎一定发生
4	61%～80%	高	很有可能发生
3	41%～60%	中等	有可能发生,但不能确定
2	21%～40%	低	发生的可能性很小
1	1%～20%	极低	几乎不可能发生

表 9-2 风险影响程度

等 级	影 响 程 度	描 述
5	致命	导致项目失败
4	严重	对项目造成危害
3	中等	对项目造成一些麻烦
2	较小	对项目有一定的影响
1	轻微	对项目几乎没有什么影响

4. 风险定量评估

风险定量评估是对通过风险定性评估排出优先顺序的风险进行量化分析。风险定量评估一般应当在确定风险应对规划时再次进行,以确定项目总风险是否已经减少到满意程度。重复进行风险定量评估反映出来的趋势可以指出需要增加还是减少风险管理措施,它是风险应对规划的一项依据,并作为风险监测和控制的组成部分。

5. 风险应对规划

风险应对规划是针对风险分析的结果,为提高实现项目目标的机会,降低风险的负面影响而定制风险应对策略和应对措施的过程,即通过制定一系列的行动和策略来对付、减少以至于消灭风险事件。

6. 风险监控

风险监控实际上是监视项目的进展和环境等方面的变化,核对风险管理策略和措施的实际效果是否达到了预期目标,寻找机会改善和细化风险规避计划并获取反馈信息,以便使未来的决策更符合实际。

表 9-3 说明风险管理示例。

表 9-3 以某高校学生课堂风险举例

风险事件	风险识别	风险发生的概率	风险造成的后果	风险控制
上课迟到	平时分减少	中	低	早点起床
点名 3 次不到	取消考试资格	中	高	提交假条
考试作弊	没有毕业证	高	高	坚决不要作弊

9.3
风险识别

9.3 风险识别

风险识别就是弄清哪些潜在事件会对项目有害或有益的过程。尽早识别出潜在风险是至关重要的。风险识别包括确定风险的来源,确定风险产生的条件,描述风险特征和确定哪些风险事件有可能影响本项目。例如从项目管理角度讲,风险识别可从合同、项目计划、工作任务分解 WBS(Work Breakdown Structure)、各种历史参考资料(类似项目的资料)、项目的各种假设前提条件和约束条件方面进行风险识别。从软件开发的生命周期看,每个阶段的输出(各种文档)都是下一阶段进行风险识别的依据。

风险识别相当于确定风险事件。每类风险都可分为一般性风险和特定性风险。一般性风险对每一个软件项目来说都是潜在的威胁。特定性风险是指只能被非常熟练和了解当前项目的人识别出的风险。风险识别不应该是一次性的行为,而应该有规律地贯穿整个项目。

风险识别的输入分为 3 种类型:项目的控制属性、项目不确定性和已知事件。风险识别的方法包括风险检查列表、信息收集技术、核对表分析、假设分析、图解技术等。

1. 风险检查列表

风险检查列表是风险识别的重要工具之一,它能为识别风险提供系统的方法。检查表主要是根据风险的分类和每类包含的要素来进行编写的。各个公司可以根据自己公司和项目的实际情况来编写自身的风险检查列表,或者参考一些有名的风险检查表进行裁剪以适应项目的需要。

常见的软件风险如下:

(1) 技术风险。技术风险主要体现在影响软件生产率的各种要素上。

① 需求识别不完备;

② 客户对需求缺乏认同;

③ 客户不断变化的需求;

④ 缺少有效的需求变更管理过程;

⑤ 需求没有优先级;

⑥ 识别需求中客户参与不够;

⑦ 设计质量较低,重复性返工;

⑧ 过高估计了新技术对生产效率的影响;

⑨ 重用模块的测试工作估计不够;

⑩ 采用的开发平台不符合企业实际情况。

(2) 管理风险。

① 项目目标不明确;

② 项目计划和任务识别不完善;

③ 项目组织结构降低生产效率;

④ 缺乏项目管理规范;

⑤ 团队沟通不协调;

⑥ 相关关系人对项目期望过高;

⑦ 项目团队和相关组织关系处理不妥当。

（3）过程风险。

① 项目开发环境准备工作不充分；

② 项目模块划分依赖性过高；

③ 项目规模估计有误；

④ 项目过程管理不够。

（4）人员风险。

① 人员素质低下；

② 缺乏足够的培训；

③ 开发人员和管理人员关系不佳；

④ 缺乏有效的激励措施；

⑤ 缺乏项目急需技能的人员；

⑥ 团队成员因为沟通不畅导致重复返工。

2. 信息收集技术

信息搜集技术包括头脑风暴法，德尔菲方法，访谈，优势、弱点、机会与威胁分析（SWOT 分析、态势分析）等。

3. 核对表分析

核对表一般根据风险要素编写，包括项目的环境、其他过程的输出、项目产品或技术资料，以及内部因素（如团队成员的技能）。

4. 假设分析

每个项目都是根据一套假定、设想或者假设进行构思与制定的。假设分析是检验假设有效性的一种技术。它辨认不精确、不一致、不完整的假设对项目所造成的风险。

5. 图解技术

图解技术包括因果图、系统流程图和影响图。

表 9-4 描述了风险识别输出——风险管理表示例。

表 9-4　风险管理表示例

风险类别	风险根源	条　件	结　　果	后　　果
技术	技术更新	开发人员使用新技术	由于开发人员要学习新技术，所以开发时间延期	产品投入市场晚，损失市场份额
人员	组织结构	按北京和上海划分团队	团队成员之间沟通困难	额外的返工拖延了产品交付时间

9.4　风险分析

风险分析则是一种识别和测算风险，开发、选择和管理方案来解决这些风险的有组织的手段，是对潜在问题可能导致的风险及其后果实行量化，并确定其严重程度。所谓的风险分析是对识别出的风险做进一步分析，对风险发生的概率、风险后果的严重程度、风险影响范围，以及风险发生时间进行估计和评价。

风险评估的方法包括定性风险分析和定量风险分析。

9.4.1 定性风险分析

定性风险分析是对风险概率和影响进行评估和汇总,进而对风险进行排序,以便随后进一步分析或行动。

因为风险的概率介于 0~1,所以采用定性的方法可以把风险概率归纳为"非常低""低""中等""高"和"非常高"5 类,或者更简单地归纳为"高""中""低"3 类。

对于风险的影响,也就是风险对项目造成的后果,按照严重性,也可以归纳为"非常低""低""中等""高"和"非常高"5 类,或"高""中""低"3 类,或者"可忽略的""轻微的""严重的""灾难性的"4 类。

确定了风险的概率和影响后,风险分析的最后一步就是确定风险的综合影响结果,它是根据对风险概率和影响的评估得出的,可以将上述两个因素按照等级编制成为矩阵,以形成风险概率影响矩阵。表 9-5 是把风险概率按照 5 个等级来划分,风险影响按照 4 个等级来划分而形成的,从而把风险的综合结果分成了 4 类。表 9-6 是把风险概率按照 3 个等级来划分,风险影响也按照 3 个等级来划分,从而把风险的综合结果也分成了 5 类,分别定性定义为"很高""高""中""低和很低",用字母 A、B、C、D、E 表示。

表 9-5 风险概率影响矩阵 1

概率 / 影响	非常高	高	中等	低	非常低
灾难性的	高	高	中等	中等	低
严重的	高	高	中等	低	无
轻微的	中等	中等	低	无	无
可忽略的	中等	低	低	无	无

表 9-6 风险概率影响矩阵 2

概率 / 影响	高	中等	低
高	A	B	C
中	B	C	D
低	C	D	E

根据风险概率影响矩阵可以进行风险优先级排序。表 9-7 是定性分析风险优先级示例表。

表 9-7 定性分析风险优先级示例表

优先级	风险描述	概率	损失	综合结果
1	购买的硬件不能够及时到位	高	高	很高
2	调研的性能需求不完善	高	高	很高
3	团队成员来自不同区域,沟通不畅	高	中	高
4	关键技术人员的流失	中	中	中

例如：有两种方案，A 方案是直接获得 100 美元；B 方案是投掷一次硬币，如果是正面，你会获得 250 美元，如果是背面，你必须支付 50 美元。

表 9-8 所示为以高校学生软件设计为例的定性风险分析示例。

表 9-8　定性风险分析

风险事件	概率	影响	说　　明
课程设计	低	C	首次课程设计不达标，可进行重修补考，综合成绩受影响不大
本科毕业设计	中等	B	首次毕业设计不达标，需要进行二次答辩，综合成绩受到一定影响
研究生学位答辩	高	A	首次学位答辩不达标，将面临延期毕业的风险

9.4.2　定量风险分析

定量风险分析是就识别的风险对项目总体目标的影响进行定量分析。定量分析也是考虑 3 个因素：概率、影响和综合结果。定量分析中最常用的方法是计算风险暴露量：

风险暴露量＝风险的概率×风险的损失

该指标是进行风险优先级排序的重要依据。

风险概率就是给出介于 0～1 准确的概率值。对于风险的影响，可以根据项目的目标采用不同的单位，例如把风险影响折算成对项目时间的影响，给出确定的对时间影响的数值；也可以把风险折算成对成本的影响，给出确定的损失金额等。表 9-6 为风险分析示例表。如果一个项目中就包含表 9-9 中这 4 个风险，从而可以看出项目总体的风险概率是 5%～50%，对项目时间影响最大值可能是推迟 5.95 周。

表 9-9　风险分析示例表

风　险	发生的概率/%	损失的大小/周	风险暴露量/周
计划过于乐观	50	5	2.5
增加自动更新的需求	5	20	1.0
设计欠佳，返工	15	15	2.25
设备不能及时到位	10	2	0.2
区间范围、总计	5～50		5.95

定量分析方法中，最常用的是决策树分析法。决策树分析法是一种形象化的图表分析方法，它提供项目所有可供选择的行动方案以及行动方案之间的关系、行动方案的后果及其发生的概率，为项目经理提供选择最佳方案的依据。决策树分析采用损益期望值（Expected Monetary Value，EMV）作为决策树的一种计算值，它是根据风险发生的概率计算出的一种期望的损益。

图 9-2 描述了对实施某计划风险分析的典型决策树示例图。从图中可知，实施计划后有 70% 的概率取得成功和 30% 的概率遭到失败。成功后有 30% 的概率是项目有高性能的回报 outcome＝550 000，同时有 70% 的概率是项目亏本的回报 outcome＝－100 000，这样项目成功的 EMV＝（550 000×30%－100 000×70%）×70%＝66 500，项目失败的 EMV＝－60 000，则实施项目后的 EMV＝66 500－60 000＝6500，而不实施该计划的 EMV＝0。得到的结论是：可以实施该项目计划。

图 9-2　典型决策树示例图

9.5　风险应对规划

风险应对规划是指为项目目标增加实现机会,减少失败危险而制定方案,决定应采取对策的过程。风险应对规划过程在定性风险分析和定量风险分析之后进行,包括确认与指派相关个人或多人,对已得到认可并有资金支持的风险应对措施担负起职责。风险应对规划过程根据风险的优先级水平处理风险,在需要时,将在预算、进度计划和项目管理计划中加入资源和活动。

风险规划的内容主要包含以下内容:

(1) 确定风险管理目标。

(2) 制定风险管理策略。

(3) 定义风险管理过程。

(4) 建立风险管理机制。

- 风险核对清单。
- 风险管理表格。
- 风险数据库模式。

(5) 定义风险管理验证。

风险管理规划的工作成果是《项目风险管理实施说明书》(以下简称《说明书》),由以下几部分构成:

(1) 项目名称、编写人、审核人、批准人、批准时间。

(2) 修订历史。

(3) 项目介绍。

(4) 风险管理组织。

(5) 风险管理中涉及的文档。

(6) 风险管理约定。

(7) 风险管理的工具和方法。

(8) 风险管理裁减说明。

9.6 风险控制与对策

总会有些事情是不能控制的,风险总是存在的。风险控制是指风险管理者采取各种措施和方法,消灭或减少风险事件发生的各种可能性,或风险控制者减少风险事件发生时造成的损失。图 9-3 所示为软件项目全过程风险控制模型。

图 9-3　软件项目全过程风险控制模型

针对不同类型的风险需要采取相应对策来避免或降低风险造成的损失。通过一定的风险对策,采取必要的风险控制策略可以消除特定的风险事件。风险对策包括主动策略和被动策略。主动策略以预防为主,识别主要风险项,制订风险管理计划,对风险进行化解和监控;被动策略是指当风险不利结果发生后,被迫采取的处理问题的措施。消极风险或威胁的风险对策主要包括风险规避、风险转移和损失控制。

9.6.1 风险规避

风险规避意味着将风险最小化或者尽量避免风险带来的影响。风险规避通常是与寻找风险发生时可能的替代方案联系在一起的。表 9-10 中对风险进行了分类,并且列出了与每一种风险相对应的表现特征以及规避方案。

表 9-10　通常的风险分类、风险、特征以及规避方案

风险分类	风险	特征	规避方案
与人员相关的	人员流失;能否获得特定的技能	1. 超过平均水平的人员流失率; 2. 特定项目组中的人员流失; 3. 对于广告宣传缺乏相应的技术人员进行讲解; 4. 需要很长时间才能找到合适的人来填补空缺	1. 对员工采用更友好的人力资源政策; 2. 采取主动的措施以便留住人员; 3. 让更多的人都掌握有关的技术,以便降低对特定人员的依赖程度; 4. 文档化有关过程; 5. 使个人的目标与公司目标保持一致; 6. 更好的待遇; 7. 在签订项目之前就确定所需的技能; 8. 加大培训方面的投入; 9. 用股票留住有关方面的专才

续表

风险分类	风 险	特 征	规 避 方 案
与需求稳定性相关的	需求频繁变动	1. 工作计划经常变动; 2. 最终工作的结果与计划中所预期的相差甚远	1. 进行专门的合同评审; 2. 定义出良好的变更控制机制; 3. 严格执行配置管理; 4. 使用原型不断获得反馈; 5. 建立良好的客户关系
与进度压力相关的	项目的变化	1. 过度的压力使得员工不得不长时间超时工作; 2. 项目开发过程中以及在里程碑处发生了变化; 3. 产品中的缺陷不断增加	1. 在进行变化之前先看一下以往的有关记录; 2. 在进行变化之前听听专家的意见; 3. 通过软件重用降低返工的代价; 4. 事先对有关细节加以试验
设备的老化与故障	硬件设备无法为项目提供足够的支持	1. 反应时间过长; 2. 特定组建的启动时间变长	提供预算以便购买比最初计划中所要求的设备功能更强大的设备

9.6.2 风险转移

风险转移是指为了避免或降低风险损失,而有意识地将损失转嫁给另外的组织或个人承担。例如,将软件项目分包给多个分包商、购买交通保险或人身意外险。

风险转移也可称为采购转移风险,采购行为通常将一种风险置换为另一种风险。风险转移策略几乎总需要向风险承担者支付风险费用。转移工具丰富多样,包括但不限于利用保险、履约保证书、担保书和保证书。将自己不擅长的或自己开展风险较大的一部分业务以出售或外包的方式委托他人帮助开展,集中力量在自己的核心业务上,从而有效地转移了风险。同时,可以利用合同将具体风险的责任转移给另一方。例如,如果经销商不能顺利销售,那么用制定固定价格的合同来减缓成本风险会造成项目时间进程受延误的风险;将技术风险转嫁给销售商又可能造成一定的成本风险。

9.6.3 损失控制

损失控制是指风险发生前消除风险可能发生的根源,减少风险事件的概率,在风险事件发生后减少损失的程度。损失控制的关键在于消除风险因素和减少风险损失。

根据目的的不同,损失控制分为损失预防和风险减缓两种类型。

1. 损失预防

损失预防是指风险发生前为了消除或减少可能引起风险的各种因素而采取的各种具体措施,制订预防性计划以降低风险发生的概率。例如,为了避免客户满意度下降的风险,可以采取需求阶段让客户参与、目标系统的模型向客户演示并收集反馈意见、验收方案和验收标准必须双方共同认可和签署确认等方法来对风险损失进行预防。

2. 风险减缓

风险减缓是指风险发生时或风险发生后为了缩小损失幅度所采用的各种措施,通过降低风险事件发生的概率或损失来减轻对项目的影响。例如,为了避免自然灾害造成的后果,在一个大型软件项目中考虑了异地备份来减缓风险。

9.7 风险监控

风险监控是在整个项目生命周期中,跟踪已识别的风险、检测残余风险、识别新风险和实施风险应对计划,并对其有效性进行评估。

风险监控实际上是监视项目的进展和环境等方面的变化,核对风险管理策略和措施的实际效果是否达到了预期目标,寻找机会改善和细化风险规避计划并获取反馈信息,以使未来的决策更符合实际。风险监控这一步主要完成以下工作:不断地跟踪风险发展变化;不断地识别新的风险;不断地分析风险的产生概率;不断地整理风险表;不断地规避优先级别最高的风险。在进行风险监控的过程中需要注意系统性的监控方法、风险预警系统、风险应急计划、风险监控时机等问题,以保证监控的有效性。图 9-4 所示为风险监控过程。

图 9-4 风险监控过程

风险监控技术主要有审核检查法、监视单、项目风险报告和挣值分析。

审核检查法从项目建议书开始直至项目结束。目的是查找错误、疏漏、不准确、前后矛盾、不一致之处,发现以前或他人未注意或未考虑到的问题等。

监视单是在项目实施过程中管理工作需要关注的关键区域的清单。清单内容通常用于在各种正式或非正式的项目审查会议中进行审查和评估。

项目风险报告是用来向决策者和项目组织成员传达风险信息、通报风险状况和风险处理活动效果的重要文件。

挣值分析是通过挣值曲线,使管理人员直观迅速地了解项目的实施情况。如果有严重的成本和进度风险存在,高层管理者就应及时终止项目或采取其他风险应对策略。表 9-11 所示为挣值分析的指标和计算公式,图 9-5 所示为挣值分析示例。

表 9-11　挣值分析的指标和计算公式

指　　　标	公　　　式
挣值	EV＝到当前的计划值×完成百分比
成本偏差	CV＝挣值(EV)－实际成本(AC)
进度偏差	SV＝挣值(EV)－计划成本(PV)
成本执行指数	CPI＝挣值(EV)/实际成本(AC)
进度执行指数	SPI＝挣值(EV)/计划成本(PV)

图 9-5　挣值分析示例

9.8
风险管理-
练习题

9.8　本章小结

　　风险是指损失发生的不确定性,是对潜在的、未来可能发生损害的一种度量。项目风险是某一事件发生给项目目标带来不利影响的可能性。软件风险是指软件开发过程中以及软件产品本身可能造成的伤害或损失。风险的三要素是风险事件的存在、风险事件发生的概率、风险事件可能带来的损失。风险的性质包括客观性、损害性、不确定性、转换性、相对性和对称性。风险是伴随软件项目过程而产生的,在软件项目中必须进行风险管理。风险管理是在项目进行过程中不断对风险进行识别、评估、制定策略和监控风险的过程。风险管理包括 6 个基本过程:风险规划、风险识别、风险定性评估、风险定量评估、风险应对规划、风险监控。

习题九

1. 选择题

(1) 某建筑项目正在施工,突然发生地震毁坏了建筑,这是属于哪一类风险?(　　　)

　　A. 不可预测风险　　　　　　　　　　B. 可预测风险

　　C. 已知风险　　　　　　　　　　　　D. 其他类风险

(2) 风险的 3 个属性是(　　　)。

　　A. 风险事件、时间、影响　　　　　　B. 风险事件、概率、影响

　　C. 风险数量、影响程度、概率　　　　D. 风险发生的时间、地点、负责人

（3）购买人身意外保险属于下列哪种类型风险对策？（　　　）

    A. 风险规避　　　　　B. 风险减缓　　　　　C. 风险自留　　　　　D. 风险转移

（4）下列哪项不是风险管理的过程？（　　　）

    A. 风险规划　　　　　B. 风险评估　　　　　C. 风险收集　　　　　D. 风险识别

（5）关于风险规避的描述，下列哪项是错误的？（　　　）

    A. 风险一旦发生，就要接受其引发的后果

    B. 消除引起风险的因素

    C. 决定取消采用具有高风险的新技术，而采用熟悉成熟的技术

    D. 决定不投标风险过高的项目

（6）如果某项目存在一旦发生可能导致项目失败的关键风险事件，项目经理应该采取如下哪项措施？（　　　）

    A. 委派风险评估小组持续分析风险，直到降低预期影响

    B. 忽略风险评估，因为不管赋予什么值，这都是一个不准确的估算

    C. 降低风险的级别，项目团队将找到一个克服故障的方法

    D. 加强关注和管理该风险事件以及与其相关的因素

（7）风险可以被定义成（　　　）可能发生的事件。

    A. 在项目经理身上　　　　　　　　　　B. 在项目负责人身上

    C. 项目损害　　　　　　　　　　　　　D. 在项目工期上

（8）以下（　　　）风险通常被认为是无法预测的。

    A. 商务风险　　　　　B. 金融风险　　　　　C. 通货膨胀　　　　　D. 自然灾害

（9）一个承包者预计一个项目有 0.5 的概率获利 200 000 美元，0.3 的概率损失 50 000 美元，以及 0.2 的概率获利和损失平衡。该项目的期望货币价值是（　　　）

    A. 200 000　　　　　B. 150 000　　　　　C. 85 000　　　　　D. 50 000

（10）下面（　　　）在影响分析中是最有用的。

    A. 箭线图　　　　　B. 次序图　　　　　C. 决策树　　　　　D. 直方图

（11）在确定风险事件概率及其发生后果进行分析的过程是（　　　）。

    A. 风险识别　　　　　　　　　　　　　B. 风险反应

    C. 总结教训和风险控制　　　　　　　　D. 风险分析

（12）项目的（　　　）阶段不确定性最大。

    A. 设计　　　　　B. 规划实施　　　　　C. 概念　　　　　D. 各阶段结束时

（13）风险管理的最终目的是（　　　）。

    A. 分析　　　　　B. 缓和　　　　　C. 评估　　　　　D. 以上皆是

（14）风险识别不包括（　　　）。

    A. 制定风险对策　　　　　　　　　　　B. 确定风险条件

    C. 描述风险特征　　　　　　　　　　　D. 确定风险来源

（15）在整个项目管理过程中，按既定的衡量标准对风险处理互动进行系统跟踪和评价的过程为（　　　）。

    A. 风险评价　　　　　B. 风险估计　　　　　C. 风险监控　　　　　D. 风险处理

2. 判断题

(1) 项目风险管理的第一步是风险评估。 （   ）

(2) 实施风险管理是有成本的,风险管理体系并不是越复杂越好。 （   ）

(3) 项目实施阶段的风险对策研究可为投资项目实施过程的风险监督与管理提供依据。 （   ）

(4) 投资项目涉及的风险因素很难进行定量分析,一般是能采用定性分析。 （   ）

(5) 风险是随条件的变化而变化的,风险量化的一个重要作用就是考虑各种不同风险在什么样的条件下才可以相互转化。 （   ）

3. 简答题

(1) 项目风险管理是什么?

(2) 试利用决策树风险分析技术分析如下 A、B 两种情况哪种方案更优。

方案 A:随机投掷硬币两次,如果两次投掷的结果都是硬币正面向上,将获得 10 元;投掷的结果背面每向上一次,需要付出 1.5 元。

方案 B:随机投掷硬币两次,需要付出 2 元;如果两次投掷的结果都是硬币正面向上,将获得 10 元。

第 10 章

软件项目采购管理

采购,就是从外界获得产品和服务的完整的采办过程。采购的目的是从外部得到技术和技能,降低组织的固定和经营性成本,把组织的注意力放在核心领域,提高经营的灵活性,降低和转移风险等。

组织和项目团队不可能完成项目所需要的所有产品和服务。一般软件项目采购可以分为市场流通的软件产品进行采购和外包采购两大类。例如,软件项目组在一个综合系统建设中,需要采购主机、网络等硬件设备,需要操作系统、数据库、中间件等第三方厂家产品的支持,可能还需要购买这些厂家的安装、调试、技术支持和培训服务等。对这类产品和服务的外购,称为设备/服务采购,其提供者称为供应商。即使是应用系统软件,也并不一定全部是自己开发的,有些平台、工具、构件甚至包括一些子系统,可能委托另一家子承包商进行开发。子承包商提供产品或服务,也可能子承包商的开发人员完全与项目团队一起工作。这类采购称为软件分包,相应产品和服务的提供方为软件分包商。

项目采购管理是指在整个项目过程中从外部寻求和采购各种项目所需资源的管理过程。项目采购管理是为了达到项目范围而从执行组织外部获得以完成工作所需的产品、服务或成果的过程,包括采购计划、编制询价计划、询价、卖方选择、合同管理、合同收尾。软件项目具有规模较大、技术复杂、风险高等特点,并且涉及高科技信息领域,故业主、承包人都必须重视软件项目的采购管理。

10.1 采购规划

采购规划是确定哪些项目需求可以通过从项目组织之外采购产品、服务或者成果,从而最好地满足某些项目需求,是项目团队在项目实施过程中可以自行满足的过程。它涉及是否需要采购、如何采购、采购什么、采购多少,以及何时采购。所谓"自制-外购决策"就是组织决定是自己内部生产产品或者提供服务,还是从外界购买产品或者服务更为有利。

当项目团队从实施组织之外取得项目履行所需的产品、服务和成果时,每项产品或者服务都必须经历从采购规划到合同收尾的过程。

采购规划过程同时包括考虑潜在卖方的过程,特别是买方希望对发包决策施加一定的影响或控制的情况下。同时,也应考虑由谁负责获得或持有法律、法规或组织政策要求的任何相关许可证或专业执照。采购规划过程还要包括对每项自制或外购决策涉及的风险,以及就风险缓解或风险转移给卖方而计划使用的合同类型进行审核。

在制定设备采购规划时必须掌握一定的有关采购物的各种信息,作为制定规划的依据,主要包括所需设备名称和数量的清单、最终能得到设备需要的时间、设备必需的设计、制造和验收等时间。

如果合理地把上述应当注意的事项与组织的采购经验相结合,就可制定出一个最优的包括选货、订货、运货、验收检验等过程在内的程序与日程安排。

这种规划要由采购部门的负责人来制定。项目经理要检查计划是否能保证项目管理总目标的实现,特别是工期目标能否按时实现。项目中常常会因设备等资源供应周期不准而拖延项目完成的工期,如果过早储存,则可能会增加项目的风险,也会增加项目成本。

10.2 编制询价计划

询价计划是询价中所需的单证文件,包括采购管理计划、工作明细表和其他计划等。询价计划是以文件记录所需要的产品以及确认潜在的渠道。询价是取得报价单、标书、要约或订约提议的过程。渠道的选择是从潜在的供应商(或卖主)中做出选择的过程。合同管理是管理与协调利益相关者契约关系的过程。合同收尾是合同的完成和解决。编制询价计划涉及编写支持询价所需要的各种文件,这种文件被统称为"采购文件"。这些文件主要用于一些潜在的承包商或者是向潜在的卖方征求建议书,征求报价。询价计划编制程序的三项输出是采购文件、估价标准和工作说明更新。编制询价计划涉及几个问题:合同的发生过程、询价过程的评价标准以及询价的过程。

1. 合同的发生过程

合同的发生过程实际上是要确定所要编制的采购文件类型,签订合同的专家要通过调查去查找一些可能的卖主,寻找供应商来提供所需要的物品和服务。在一开始的时候,可能采用一个单边合同或双边合同。

单边合同即以采购单的形式,列出(例如目录价格)物品清单的标准价格。在这种情况下,卖主通常是自动地接受这种采购单。这样产生的单边合同通常不涉及任何谈判,并且相对来说涉及费用较低。双边合同是通过请求报价(Request for Quotation,RFQ)、请求提出建议(Request for Proposal,RFP),或招标方式(Bid)启动。选用哪种双边方法,视下述因素而定:

- 请求报价(RFQ),用于大宗商品(物品)的相对较低的金额的采购。
- 请求建议(RFP),用于货币价值相对来说较高的、复杂的或非标准的物品的采购。

2. 询价过程的评价标准

评价标准可以是客观的,也可以是主观的。这些标准用于给建议评定等级或分数,并且常常作为采购文件的一部分。当价格不是签署合同的主要决定因素时,卖方可根据需求的理解、寿命周期成本、技术能力、管理方法以及财务能力等评价标准进行评价,评价标准是询价过程的一个必要环节。

3. 询价

询价就是从可能的承包商那里确定谁有资格完成工作,谁有资格提供所需要的商品,相当于供方资格的确认。这个阶段涉及从可能的承包商那里获取有助于买方确定谁有资格完成所需工作的信息。

（七）法律规定或者当事人约定终止的其他情形。

合同终止需要的两种方法是采购审计和一个记录管理系统。采购审计指对从采购规划到合同管理的整个采购过程进行系统地审查。采购审计在合同终止时经常被用来识别整个采购过程中学到的经验教训。组织应当努力改进所有的业务过程，包括采购管理。在理想的情况下，所有的采购工作都可以通过买方和卖方的协商终止。如果协商不能解决，还可使用其他可供选择的争议解决方式，如调解和仲裁。如果所有的方法都不起作用，可向法庭起诉解决争议。记录管理系统能让组织寻找以及保护采购相关文件变得容易简单。它经常是一个自动化系统，或者至少是部分自动化的，因此能包含大量与项目采购相关的信息。

合同终止的输入包括项目管理计划和采购文档，合同终止的两种方法（即工具和技术）。合同终止的输出包括终结的合同和组织过程资产的更新。买方组织经常为卖方提供合同完成的正式书面通知。合同本身应当包括正式接受和终止的要求。

10.7　本章小结

采购是从外界获得产品和服务，其目的是从外部得到技术和技能，降低组织的固定和经营性成本，把组织的注意力放在核心领域，提高经营的灵活性，降低和转移风险等。项目采购管理是为了达到项目范围而从执行组织外部获得为完成工作所需的产品、服务或成果的过程。项目采购管理包括采购计划、编制询价计划、询价、卖方选择、合同管理、合同收尾。采购规划是确定哪些项目需求可以通过从项目组织之外采购产品、服务或者成果，从而最好地满足某些项目需求，是项目团队在项目实施过程中可以自行满足的过程。询价计划是询价中所需的单证文件，编制询价计划涉及编写支持询价所需要的各种文件。询价可看成招标的过程，指的是从应征的卖方那里取得就如何满足项目需求的应答，如招标书和建议书。卖方选择包括从潜在的卖方中进行选择，包括评价潜在的卖方、合同谈判和支付合同费用。合同管理是确保卖方的绩效符合合同要求和买方按照合同条款履约的过程。合同标志一个项目的真正开始，是甲乙双方在合同执行过程中履行义务和享受权利的唯一依据，是具有严格的法律效力的文件。合同分为成本加成本百分比类、成本加奖金类、成本加固定费用类、单价合同类、固定价格类、固定价格加奖励金类等多种类型。合同收尾是指合同效力消灭，合同中的权利义务对双方当事人不再具有法律拘束力。合同终止包括合同的完成和安排，以及任何遗留问题的处置。

习题十

1. 选择题

（1）甲乙双方之间存在的法律合同关系称为（　　）。

　　A. 合同条款　　　　　　　　　　B. 合同当事人

　　C. 合约　　　　　　　　　　　　D. 其他协议

（2）下列哪种合同类型中，乙方承担的风险最大？（　　）

　　A. 成本加奖金　　　　　　　　　B. 成本加成本百分比

　　C. 成本加固定费　　　　　　　　D. 固定价格

(3) 询价的结果是取得(　　)。

　　A. 工作说明书　　　　　　　　　B. 评价标准

　　C. 建议书(或投标书)　　　　　　D. 采购文档

(4) (　　)是项目采购管理的实现阶段,是项目采购管理乃至项目管理的核心。

　　A. 询价　　　　　B. 采购规划　　　　C. 合同管理　　　　D. 合同收尾

(5) "请求卖方应答"是就如何满足项目要求从潜在的卖方中获得应答(投标和建议书)。这个过程的大部分费用通常是由谁付出的?(　　)

　　A. 项目　　　　　B. 实施组织　　　　C. 买方　　　　　D. 潜在的卖方

2. 判断题

(1) 成本加奖金类合同具有激励机制。　　　　　　　　　　　　　　(　　)

(2) 采购是为了执行项目而从项目团队外部采购或获取产品、服务或结果的过程。

　　　　　　　　　　　　　　　　　　　　　　　　　　　　　　(　　)

(3) 若一个项目的合同类型是固定价格,合同价格是 150 万元,实际花费 200 万元,则项目结算金额为 200 万元。　　　　　　　　　　　　　　　　　　　(　　)

参 考 文 献

［1］　Frederick P. Brooks. 人月神话［M］. 北京：清华大学出版社，2015.

［2］　Jennifer Greene. Head First PMP［M］. 林琪，译. 2 版. 北京：中国电力出版社，2012.

［3］　柳纯录，等. 信息系统项目管理师教程［M］. 北京：清华大学出版社，2015.

［4］　朱少民，韩莹. 软件项目管理［M］. 北京：人民邮电出版社，2009.

［5］　韩万江，姜立新. 软件项目管理案例教程［M］. 北京：机械工业出版社，2012.

［6］　PMP 学习网. http://www.daodongxi.com/SitesDoc/pmp.

图书资源支持

感谢您一直以来对清华大学出版社图书的支持和爱护。为了配合本书的使用，本书提供配套的资源，有需求的读者请扫描下方的"书圈"微信公众号二维码，在图书专区下载，也可以拨打电话或发送电子邮件咨询。

如果您在使用本书的过程中遇到了什么问题，或者有相关图书出版计划，也请您发邮件告诉我们，以便我们更好地为您服务。

我们的联系方式：

地　　址：北京市海淀区双清路学研大厦 A 座 701

邮　　编：100084

电　　话：010-83470236　　010-83470237

资源下载：http://www.tup.com.cn

客服邮箱：tupjsj@vip.163.com

QQ：2301891038（请写明您的单位和姓名）

教学资源·教学样书·新书信息

人工智能科学与技术
人工智能|电子通信|自动控制

资料下载·样书申请

书圈

用微信扫一扫右边的二维码，即可关注清华大学出版社公众号。

前　言

■ 写作驱动

在人工智能的浪潮中，AI 虚拟数字人技术正逐步成为现实世界与数字世界的交汇点，它不仅改变了我们的沟通方式，也重塑了信息传递的模式。然而，尽管这一技术充满了无限可能，但广大技术爱好者和专业人士在探索这一新兴领域时，仍然面临着诸多挑战和痛点。

1. 技术入门难度高：对于初学者来说，AI 虚拟数字人涉及的技术领域广泛，入门难度较高。

2. 实践操作经验缺乏：理论知识与实际操作之间存在差距，缺乏足够的实践机会。

3. 创新设计能力不足：在形象设计上，如何将创意转化为具有吸引力的虚拟形象是一个挑战。

4. 行业应用知识有限：不同行业对 AI 虚拟数字人的应用需求差异较大，缺乏针对性的行业应用知识。

5. 高质量资源获取困难：难以找到高质量的学习资源和实践素材。

本书的撰写，正是为了帮助读者克服以上难题，提升 AI 虚拟数字人制作技能，实现从新手到高手的转变。

本书精选了 11 个领域的应用案例，用教学视频的方式帮助大家全面了解这些软件的功能，做到学用结合。希望大家能够举一反三，轻松掌握这些功能，从而制作出属于自己的 AI 虚拟数字人视频。

■ 本书特色

1. 系统性教程：从基础概念到高级应用，本书提供了一条清晰的学习路径，帮助读者逐步掌握制作 AI 虚拟数字人的关键技术。

2. 行业案例分析：深入探讨了 AI 虚拟数字人在电商、新闻、教育、医疗等多个行业的应用案例，提供了丰富的实践视角。

3. 形象设计指导：详细介绍了虚拟数字人形象设计的方法和技巧，包括模板选择、形象改变、背景和文字编辑等。

4. 技术与艺术的融合：本书不仅关注技术实现，还重视创意和艺术性在虚拟数字人设计中的作用，强调技术与艺术的融合。

5. 配套教学资源丰富：本书附赠了 40 多个素材与效果源文件、510 多张图片、220 多分钟的同步教学视频。

■ 特别提醒

1. 版本更新：本书在编写时，是基于当前各种工具的功能页面截取的实际操作图片。但本书从编辑到出版需要一段时间，这些工具的功能和页面可能会有所变动，请在阅读时，根据书中的思路举一反三进行学习。其中，剪映为 5.9.5 版，文心一言 App 为 1.11、0.11 版。

2. 会员功能：腾讯智影的"数字人直播"功能，需要开通"直播体验版"或"真人接管直播专业版"会员才能使用。另外，腾讯智影的部分数字人模板也需要开通"高级版会员"或"专业版会员"才能使用。

■ 资源获取

如果读者需要获取书中案例的素材、效果、软件等资源，请使用微信的"扫一扫"功能扫描下列对应的二维码。

素材文件
效果文件
其他资源

■ 编写售后

本书由谷建阳编著，提供视频素材和拍摄帮助的人员还有向小红等人，在此表示感谢。由于编者水平有限，书中难免有疏漏和不足之处，恳请广大读者批评、指正。

编　者

目　录

　　AI 数字人是通过 AI 技术创造的数字化形象，能够模拟人类的外貌、行为和情感，广泛应用于娱乐、教育、医疗等领域。本章将介绍 AI 数字人的相关知识，并带领大家了解 AI 数字人这一新兴产物。

第 1 章

AI 虚拟数字人概述

新手重点指引

▶ 虚拟数字人的定义
▶ 虚拟数字人的优势
▶ 虚拟数字人的应用领域

效果图片欣赏

1.1 虚拟数字人的定义

AI（artificial intelligence，人工智能）虚拟数字人，也被称为数字人或虚拟助手，是由人工智能技术构建的数字化形象。它们拥有类似人类的外观、行为和情感等特征，能够与人类交流和互动，并在娱乐、教育、医疗、客户服务等多个领域提供服务。

1.1.1 技术背景与发展历程

数字人技术是随着人工智能、计算机图形学、动作捕捉、图像渲染等技术的发展而逐步成熟的。下面我们简要介绍一下数字人的技术背景与发展历程。

1. 技术背景

随着技术的不断进步,虚拟数字人技术已经达到了一个新的高度。以下是这些关键技术的作用。

（1）人工智能（AI）：AI技术的持续进步，特别是自然语言处理和机器学习能力的提升，赋予了虚拟数字人智能化的交互能力。这使得它们能够理解人类语言，并根据指令或问题做出相应的回应。

（2）计算机图形学：该领域的技术发展使得创建逼真、高质量的三维模型和动画成为可能。这为虚拟数字人的视觉效果提供了坚实的基础，使其外观更加接近真实人类。

（3）动作捕捉技术：通过捕捉真人的动作和表情，该技术能够生成自然流畅的数字人动作，从而增强了虚拟数字人的真实感和互动性。

（4）图像渲染技术：图像渲染技术的提升进一步提高了虚拟数字人的视觉质量和真实感，使其外观更加栩栩如生。

2. 发展历程

随着技术的不断演进，虚拟数字人已经从简单的虚拟形象发展成为具有高度交互性的智能实体。以下是其发展历程的概述。

（1）概念起源：虚拟数字人的概念最早可以追溯到20世纪80年代，最初以虚拟歌姬的形式在日本出现，这标志着数字人技术的初步探索。

（2）技术探索与初步应用：2010年至2015年间，随着技术的不断发展，虚拟数字人技术开始被广泛探索并逐渐应用于影视、游戏、娱乐等领域。在这一时期，CG技术和动作面部捕捉技术逐渐取代了传统的手绘方法，为虚拟数字人的创建和动画制作提供了更加高效、便捷的工具。

（3）产业融合与创新：近年来,随着技术的进一步成熟,虚拟数字人开始与更多产业融合，如教育、医疗、客户服务等。同时，数字人技术也进入了多模态发展阶段，集成了语音识别、语义理解、对话控制等多项技术，提供了更加丰富多样的交互体验。

（4）AI驱动的未来：在AI技术的加持下，虚拟数字人不仅在自然语言播报方面更接近真实人类，还具备了强大的交互能力和个性化服务能力。未来，随着技术的不断演进，虚拟数字人有望在更多领域发挥重要作用，满足市场日益增长的需求。

1.1.2 虚拟数字人的特征与分类

虚拟数字人主要是指具有数字化外形的虚拟人物。其特征与分类如下。

1. 特征

虚拟数字人具有以下特征。

(1) 拥有人的外观。虚拟数字人具有特定的相貌、性别和性格等人物特征，可以通过精细的建模和纹理处理，来达到逼真的外貌效果。

(2) 拥有人的行为。虚拟数字人具有用语言、面部表情和肢体动作表达的能力，可以模拟真实人类的行为。

(3) 拥有人的思想。虚拟数字人具有识别外界环境和与人交流互动的能力。例如，通过语音识别和自然语言理解技术，与用户进行智能交互，理解其意图，并做出相应的反应。

具体来说，虚拟数字人应具备以下四方面的能力，如图 1-1 所示。

图 1-1　虚拟数字人的能力

2. 分类

从外形来看，虚拟数字人可分为卡通、二次元、写实与超写实四个类别。

1) 卡通类虚拟数字人

卡通类虚拟数字人以其鲜明的色彩、夸张的造型和活泼的形象深受大众喜爱。这类虚拟数字人的设计灵感多来源于经典卡通形象，如海尔兄弟、京东狗、苏格拉宁等。它们通常以可爱的形象和亲和力强的特点，成为儿童与年轻人群体的宠儿，广泛应用于娱乐以及教育等领域。

2) 二次元类虚拟数字人

二次元类虚拟数字人深受二次元文化的熏陶，其形象设计充满了动漫元素。这类虚拟数字人注重细节和表情的刻画，如洛天依、初音未来、星瞳等，都是二次元粉丝心中的偶像。它们不仅在音乐、动漫等领域大放异彩，还逐渐渗透到更多年轻人的生活中，成为他们追求个性与时尚的一部分。

3）写实类虚拟数字人

写实类虚拟数字人追求逼真的形象设计，力求还原真实人类的外貌和动作。柳夜熙、翎 LING、AYAYI 等是这类虚拟数字人的代表。它们在外观上与真实人类极为相似，甚至可以达到以假乱真的效果。这类虚拟数字人常用于影视制作、广告代言等领域，为观众带来更加真实的视觉体验。

4）超写实类虚拟数字人

超写实类虚拟数字人在写实的基础上更进一步，追求细节和真实感的极致表现。这类虚拟数字人不仅在外貌上与真实人类无异，甚至在动作、表情等方面也能达到极高的真实度。它们通常用于高端影视制作、虚拟现实等领域，为用户提供更加沉浸式的体验，让人仿佛置身于一个真实的世界中。

根据驱动方式的不同，虚拟数字人可以分为真人驱动型虚拟数字人和智能驱动型虚拟数字人。真人驱动型虚拟数字人采用"CG 建模＋真人动作捕捉"方式构建，可以看作是传统影视制作 CG 技术的延续；智能驱动型虚拟数字人则可以让虚拟数字人通过学习数据，拥有真实人类的动作、表情，甚至是"记忆"、思想等，形成独特的"人设"，并可自主完成对外互动与输出。

根据应用场景和功能的不同，虚拟数字人可以分为演艺型数字人和服务型数字人。

（1）演艺型数字人包括虚拟主播、虚拟偶像以及数字孪生的虚拟品牌代言人。

（2）服务型数字人包括数字员工、虚拟员工和虚拟业务员等，它们能够为各行业提供基于数字人的新一代客户服务能力。这些服务型数字人有助于解决排队长、回应慢、人力成本高等问题，并能提供更加亲切和更具科技感的客户体验。

1.2 虚拟数字人的优势

虚拟数字人作为一种新兴技术产物，具有多方面的优势，这些优势使得它们在多个领域具有广泛的应用潜力。以下是虚拟数字人的主要优势。

（1）成本效益高。与传统的真人服务相比，虚拟数字人可以减少人力成本，尤其是在需要 24 小时服务的场景中。

（2）可定制性。虚拟数字人的外观、性格、行为等都可以根据需求进行定制，以满足不同用户群体的喜好。

（3）无疲劳。与真人不同，虚拟数字人不需要休息，可以持续不断地提供服务。

（4）多语言支持。数字人可以轻松实现多语言交互，跨越语言障碍，服务全球用户。

（5）风控优势。虚拟数字人可以降低与真人相关的法律和道德风险，特别是在涉及敏感信息处理的场景中。

（6）易于维护。虚拟数字人的更新和维护通常很容易，可以通过软件更新快速迭代。

（7）带来创新体验。虚拟数字人可以提供新颖的互动体验，吸引用户的兴趣，提高用户参与度。

（8）品牌形象。企业可以利用虚拟数字人塑造独特的品牌形象，增强品牌识别度。

（9）教育和培训。虚拟数字人可以担任教师或培训师，提供个性化的学习体验，尤其在远程教育中非常有用。

（10）娱乐和媒体。在娱乐和媒体行业，虚拟数字人可以担任主持人、演员或偶像，提供多样化的娱乐内容。

（11）客户服务。虚拟数字人可以担任客服代表，提供快速响应和个性化服务，从而提高客户满意度。

（12）虚拟助手。在个人助理领域，虚拟数字人可以帮助用户管理日程、提醒事项，甚至进行简单的对话交流。

（13）数据隐私。虚拟数字人在处理用户数据时，可以更好地保护用户隐私，因为它们可以被设计为不存储敏感信息。

（14）可扩展性。虚拟数字人的服务能力可以很容易地扩展，以满足不断增长的用户需求和期望。

（15）创意表达。艺术家和创作者可以利用虚拟数字人作为新的创意表达工具，探索艺术和设计的边界。

虚拟数字人的优势在于它们结合了技术进步和人类需求，提供了一种全新的交互和服务方式。随着技术的不断发展，这些优势将更加明显，应用场景也将更加广泛。

1.2.1 可定制化与可扩展性

可定制化和可扩展性是虚拟数字人的两大重要优势，使得虚拟数字人能够适应不同场景和需求。

1. 可定制化

虚拟数字人的可定制化主要体现在图 1-2 所示的几个方面。

2. 可扩展性

虚拟数字人的可扩展性主要体现在以下几个方面。

（1）功能扩展。随着技术的进步和用户需求的变化，虚拟数字人的功能可以不断扩展和更新。例如，通过添加新的算法和模型，虚拟数字人可以拥有更加智能的交互能力和更丰富的应用场景。

（2）跨平台兼容性。虚拟数字人通常可以在不同的平台和设备上运行，具有良好的跨平台兼容性。这使得虚拟数字人能够灵活地适应不同的使用场景和用户需求，提高应用的灵活性和便捷性。

（3）多语言支持。虚拟数字人可以支持多种语言，这使得它们能够跨越地域和文化的限制，为更广泛的用户提供服务。随着全球化的发展，多语言支持成为虚拟数字人可扩展性的重要体现之一。

（4）数据驱动。虚拟数字人可以通过收集和分析用户数据来不断优化自身的表现和服务质量。这种数据驱动的优化方式使得虚拟数字人能够持续学习和进化，不断适应新的环境和需求。

| 外观设计 | 虚拟数字人的外貌、发型、服装等外观特征可以根据具体需求进行定制。这种定制可以根据品牌形象、目标用户群体或特定场景的需求来实现，从而使虚拟数字人具有独特的视觉风格和较高的识别度 |

| 性格与行为 | 虚拟数字人的性格和行为模式也可以进行定制。通过设定不同的性格参数和行为逻辑，虚拟数字人可以展现出不同的性格特征和行为表现，从而更好地与用户进行互动和交流 |

| 技能与知识 | 虚拟数字人还可以被赋予特定的技能和知识。例如，在教育领域的虚拟数字人可以被编程为能够教授特定学科知识或技能，而在医疗领域的虚拟数字人则可以被编程为可以提供医疗咨询和健康教育等服务 |

| 语言定制 | 虚拟数字人可以被设计成能够使用多种语言进行交流，以满足不同国家和地区用户的需求 |

| 行为定制 | 虚拟数字人的行为模式和反应可以根据特定的应用场景进行定制，以适应不同的交互需求 |

| 交互方式定制 | 可以定制虚拟数字人的交互方式，包括语音、文字、手势等，以提供更自然的用户体验 |

图 1-2　虚拟数字人可定制化的方面

1.2.2　提供多样化的服务

虚拟数字人提供多样化的服务，主要得益于其先进的技术特性和独特的运行方式。下面是虚拟数字人可以提供的多样化服务，如图 1-3 所示。

总之，虚拟数字人利用先进的技术和灵活的运行方式，能够提供无时无刻的服务。这种服务方式不仅提高了服务的及时性和效率，还为用户带来了更加便捷和个性化的体验。随着技术的不断发展和应用场景的不断扩展，虚拟数字人将在未来发挥更重要的作用。

图 1-3　虚拟数字人提供多样化的服务

1.3 虚拟数字人的应用领域

虚拟数字人的应用领域非常广泛，可融入多种行业和场景，提供服务和交互体验。这些应用领域包括教育与培训、娱乐与游戏以及客户服务与零售等。

1.3.1 教育与培训

虚拟数字人在教育与培训领域的应用越来越广泛，为学习者带来了许多新的机会和体验。虚拟数字人在教育与培训领域的主要应用如图 1-4 所示。

随着技术的不断进步和应用场景的不断拓展，虚拟数字人在教育与培训领域的应用还将继续扩大，为学习者带来更多的机会和体验。

虚拟导师和助教 → 虚拟数字人技术可以轻松复制教师形象、声音和动作，为教学视频增添生动元素。此外，虚拟数字人还可以作为虚拟导师或助教，为学生提供实时互动指导，帮助学生更好地理解

在线教学和互动 → 借助虚拟现实技术，学生可以在家中或网络环境下进入虚拟课堂，与虚拟教师进行互动。这种形式不仅提供了更加灵活的学习方式，还增加了学习的趣味性和互动性

个性化教学 → 虚拟数字人可以根据学生的学习情况和需求，进行个性化教学。通过分析学生的学习数据和行为模式，它们可以自动调整教学内容和难度，为学生提供最合适的学习方案

智能辅导系统 → 智能教育助手AI数字人能够个性化提供学习体验，分析学生数据并自动调整教学内容，满足学习需求。它还能与学生互动，解释概念，提供实例，帮助学生更好地理解和掌握知识

虚拟实验室 → 对于某些学科，虚拟实验室是不可或缺的部分。然而，由于各种设备和场地限制，一些学校无法为学生提供充足的实验和实践机会。此时，虚拟数字人技术能够提供便捷的解决方案，让学生在虚拟环境中进行实验和操作

跨文化交流 → 虚拟数字人可以通过语音识别、自然语言处理等技术，实现多语种的交流和沟通。这为跨文化交流提供了便利，帮助学生更好地学习和掌握外语技能

降低教育成本 → 虚拟数字人可以代替传统的教学资源，如教师、教材等，从而降低教育成本。同时，它们能够随时随地进行教学，不受时间和空间的限制，为学生提供了更加灵活的学习方式

提高学习效果 → 虚拟数字人可以通过模拟真实场景和交互方式，提供更加生动、直观的学习体验。这种交互式的学习方式能够提高学生的学习兴趣和参与度，从而提高学习效果

图 1-4　虚拟数字人在教育与培训领域的主要应用

1.3.2 娱乐与游戏

　　虚拟数字人在娱乐和游戏领域的应用已经变得日益广泛和深入，为玩家和观众带来了全新的体验。下面是虚拟数字人在这一领域的主要应用。

（1）虚拟偶像。创建具有吸引力的虚拟偶像，参与音乐、舞蹈、直播等娱乐活动，吸引粉丝和观众。

（2）游戏角色。在电子游戏中，虚拟数字人可以作为玩家可扮演的角色或非玩家角色（non-player character，NPC），提供更加丰富和真实的游戏体验。

（3）互动式故事。在互动电影或游戏中，虚拟数字人可以作为故事中的角色，与玩家互动，影响故事走向。

（4）虚拟现实技术的应用。结合虚拟现实（virtual reality，VR）技术，虚拟数字人可以提供沉浸式的故事体验或模拟真实的社交互动。

（5）增强现实技术的应用。借助增强现实（augmented reality，AR）技术，虚拟数字人可以出现在现实世界中，与用户进行互动，如 AR 游戏等。

（6）直播与流媒体。虚拟主播或 VTuber（虚拟 YouTuber）可以进行直播、发布视频内容，以及与粉丝互动。

（7）社交媒体。虚拟数字人可以作为社交媒体上的 KOL（key opinion leader，关键意见领袖），发布内容、参与话题讨论。

（8）音乐与表演艺术。虚拟数字人可以进行多样化的音乐表演、舞蹈表演或其他艺术形式的展示。

（9）电子竞技。虚拟数字人可以作为电子竞技的解说员或参与者，提供专业比赛解说和互动。

（10）游戏角色。虚拟数字人可以被设计成游戏中的动态角色。它们不仅能够推进故事的发展，还能通过交互式剧情增加玩家的沉浸感。

（11）动画与漫画。虚拟数字人可以化身为动画或漫画中的主要角色或辅助角色，通过生动的表演和视觉设计，丰富故事内容和艺术表现力。

（12）互动广告体验。虚拟数字人可以参与互动广告的制作，提供更加个性化且吸引人的广告体验。

（13）粉丝互动应用。明星或名人的虚拟形象可以与粉丝进行互动，提供签名、合影等互动体验。

（14）虚拟演出。虚拟数字人可以举办或参与虚拟音乐会、戏剧、展览等活动。

（15）模拟体验。在模拟游戏中，虚拟数字人可以模拟真实人物的行为和反应，提供更加真实的模拟体验。

（16）教育娱乐。虚拟数字人可以用于教育娱乐内容的制作，结合教育与娱乐，提供寓教于乐的体验。

随着技术的不断进步，虚拟数字人在娱乐与游戏领域的应用前景越来越广阔。它们不仅丰富了我们的娱乐生活，提供了更加沉浸式和互动性的体验，而且也开辟了艺术创作和教育的新途径。虚拟数字人正逐渐成为连接现实与虚拟世界的桥梁，它们的发展和应用将继续推动娱乐产业的革新，为用户带来更加多元和创新的体验。让我们期待虚拟数字人在未来带给我们的无限惊喜和可能。

1.3.3 客户服务与零售

虚拟数字人在客户服务与零售领域的应用正在快速增长，它们通过提供个性化、高效率的服务，改善客户体验，并为企业带来运营上的便利。下面是虚拟数字人在客户服务与零售领域的主要应用。

（1）虚拟客服。虚拟数字人可以作为企业的 24 小时在线客服代表，通过语音识别和自然语言处理技术，自动回答客户咨询、提供产品信息讲解和个性化服务等。这样可以为企业节省人力成本，提高客户服务效率和质量。

（2）个性化推荐。利用数据分析，虚拟数字人可以为客户提供更加精准的个性化产品推荐和服务。

（3）品牌大使。作为品牌形象的代表，虚拟数字人参与品牌推广活动，旨在提升品牌知名度和形象。

（4）虚拟销售助手。在零售环境中，虚拟数字人可以协助销售，提供产品信息，帮助客户做出购买决策。

（5）在线导购。在电子商务平台上，虚拟数字人可以作为在线导购，帮助用户浏览商品并提供购买建议。

（6）客户互动。通过聊天机器人或虚拟助手的形式，虚拟数字人与客户进行互动、收集反馈，以提升客户满意度。

（7）售后服务。虚拟数字人可以提供售后服务支持，包括退换货咨询、产品使用指导等。

（8）多语言服务。虚拟数字人可以支持多种语言，为全球客户提供服务。

（9）社交媒体管理。虚拟数字人可以管理品牌的社交媒体账户，与用户积极互动，定期发布更新，维护并提升品牌形象。

（10）虚拟展厅。虚拟数字人可以在虚拟展厅中展示产品，提供虚拟的购物体验。

（11）产品演示。虚拟数字人可以进行产品演示，帮助客户了解产品特性和使用方法。

（12）市场调研。虚拟数字人可以通过与客户的互动，收集市场信息和消费者需求，为产品开发和市场策略提供数据支持。

（13）客户教育。虚拟数字人可以提供产品使用教程、FAQ（frequently-asked questions，常见问题解答）等客户教育内容。

（14）忠诚度计划。虚拟数字人可以管理客户的忠诚度计划，提供积分查询、积分兑换等服务。

（15）事件响应。在产品召回或服务中断等事件发生时，虚拟数字人可以提供及时的客户沟通和支持。

（16）自助服务。通过自助服务界面，客户可以自行解决一些简单的问题，如查询订单状态、更新个人信息等。

（17）客户数据分析。虚拟数字人可以收集和分析客户互动数据，帮助企业更好地了解客户需求和行为模式。

（18）节日促销。在特定节日或促销期间，虚拟数字人可以提供定制化特别服务，增强用户的购物体验。

（19）客户关系维护。虚拟数字人可以通过定期互动和个性化沟通，维护和深化与客户的关系。

（20）虚拟试衣间。在时尚零售中，虚拟数字人可以提供虚拟试衣体验，帮助客户预览服装搭配效果。

随着 AI 和机器学习技术的发展，虚拟数字人在客户服务与零售领域的应用将变得更加智能化和个性化，从而为用户带来更加丰富和便捷的服务体验。

随着科技的飞速发展和数字化转型的加速,虚拟数字人作为新兴领域,其发展前景备受瞩目。本章将深入探讨虚拟数字人的未来趋势、面临的挑战以及推动其发展的关键因素。

第 2 章

虚拟数字人的发展前景与挑战

新手重点指引

- ▶ 虚拟数字人的未来趋势
- ▶ 虚拟数字人面临的挑战
- ▶ 推动虚拟数字人发展的因素

效果图片欣赏

2.1 虚拟数字人的未来趋势

虚拟数字人的未来趋势体现在多个方面，包括技术创新与突破、人工智能的深度融合，以及用户接受度和市场渗透率的提升等。本节将详细介绍虚拟数字人的未来趋势，让大家对虚拟数字人有更深的了解。

2.1.1 技术创新与突破

虚拟数字人的技术创新与突破，主要表现在高度逼真与个性化以及智能交互与情感识别等方面，具体分析如下。

1. 高度逼真与个性化

在虚拟数字人技术的持续进化中，一个显著且引人注目的趋势便是其外观与行为的高度逼真与个性化，这一趋势不仅标志着计算机图形学、深度学习等前沿技术的飞跃，更预示着虚拟世界与现实世界界限的日益模糊，为用户带来了前所未有的沉浸式体验。

（1）图形渲染技术的提升。随着计算机图形学技术的不断进步，虚拟数字人的外观将越来越逼真。更高分辨率的渲染、更精细的光影处理以及更真实的材质模拟，将使得虚拟数字人的皮肤、毛发、衣物等细节都达到以假乱真的效果。

（2）动作捕捉与驱动技术的革新。动作捕捉技术将实现更高的精度和实时性，能够更准确地捕捉和还原人类的各种动作和表情。这将使得虚拟数字人的动作和表情更加流畅自然，增强用户的沉浸感。同时，基于深度学习的动作生成技术也在不断发展，使虚拟数字人能够自主生成符合特定情境和语境的动作和表情，提高交互的真实性和自然度。

（3）个性化定制技术的发展。未来的虚拟数字人将支持高度个性化定制，用户可以根据自己的喜好和需求，对虚拟数字人的外观、性格、技能等方面进行个性化设置，创造出独一无二的虚拟形象。这将极大地扩展虚拟数字人的应用场景和使用价值，满足不同用户在不同场景下的需求。

2. 智能交互与情感识别

智能交互与情感识别将作为虚拟数字人技术发展的重要里程碑，不仅可以极大地提升用户体验的沉浸感和互动性，还可以为虚拟数字人在更多领域的应用开辟广阔的空间，具体分析如下。

（1）自然语言处理技术的进步。自然语言处理技术的不断发展将使虚拟数字人能够更好地理解和生成自然语言，实现更加流畅和自然的对话交流。

（2）情感识别与智能响应。未来的虚拟数字人将具备更强的情感识别能力，通过面部表情分析、语音语调识别等技术，虚拟数字人能够感知用户的情绪变化，并据此调整自己的交互方式和内容。

（3）多模态交互的发展。未来的虚拟数字人还将支持多模态交互方式。例如，通过手势识别、眼动追踪等技术实现更加直观和自然的交互体验。这种多模态交互方式将使得用户与虚拟数字人之间的交互更加自然和便捷，从而提高用户的满意度和忠诚度。

2.1.2 人工智能的深度融合

在探讨虚拟数字人的发展前景与挑战时，人工智能（AI）的深度融合是一个不可忽视的关键问题。虚拟数字人与人工智能的深度融合将体现在图 2-1 所示的几个方面。

发展前景 → 虚拟数字人与 AI 的深度融合预示着这一领域更加智能化和个性化的服务前景。随着 AI 技术的发展，虚拟数字人将能够实现更加精准的个性化推荐、更自然的交流体验以及更丰富的情感表达，从而为用户带来前所未有的互动体验

推动技术进步 → 深度学习、自然语言处理和计算机视觉等技术的进步，为虚拟数字人提供了更高级的认知和感知能力，使它们能够更好地理解和响应用户需求

增强交互体验 → 通过与 AI 的深度融合，虚拟数字人能够提供更加自然和人性化的交互体验，增强用户的信任感和满意度

应用场景拓展 → 随着与 AI 的深度融合，虚拟数字人的应用场景将从传统的客户服务和娱乐扩展到教育、健康咨询以及智能家居控制等多个领域

创新商业模式 → AI 的融合为虚拟数字人带来了新的商业模式，如基于用户行为分析的精准营销和虚拟助手服务等

图 2-1 人工智能的深度融合

在与人工智能深度融合的过程中，虚拟数字人技术的发展可能还会面临技术、伦理和隐私问题、用户接受度、成本问题以及技术标准化等方面的挑战，具体如图 2-2 所示。

技术挑战 → 尽管 AI 技术发展迅速，但虚拟数字人要实现与人类无差别的智能交互仍面临技术挑战，包括语言理解的深度、情感识别的准确性等

伦理和隐私问题 → AI 的深度融合可能引发伦理和隐私问题，如数据收集、用户隐私保护等，需要制定相应的法律法规和伦理标准

用户接受度 → 虚拟数字人的普及需要用户接受并信任这些技术，这可能需要时间和持续的市场教育

成本问题 → 高级 AI 技术的集成和开发可能涉及高昂的成本，这可能会限制虚拟数字人在某些领域的应用

技术标准化 → 缺乏统一的技术标准可能影响虚拟数字人技术的兼容性和互操作性，需要行业共同努力制定标准

图 2-2 在与人工智能深度融合的过程中会面临的挑战

总之，虚拟数字人与 AI 的深度融合为电商和更广泛的领域带来了巨大的发展潜力，同时也带来了一系列挑战。通过不断的技术创新、政策支持和行业合作，我们可以克服这些挑战，推动虚拟数字人技术的健康发展。

2.1.3 用户接受度与市场渗透率的提升

用户接受度的高低往往直接影响着虚拟数字人在市场上的表现。随着用户对虚拟数字人技术的认知和喜爱程度不断提高，其在市场上的渗透率也将随之增长。

在虚拟数字人的未来趋势中，用户接受度与市场渗透率的提升是两个重要的方面。以下是对这两个方面的详细分析。

1. 用户接受度

随着科技的进步和人们对新技术的逐渐熟悉，虚拟数字人的用户接受度正在逐步提升。这种提升主要得益于图 2-3 所示的几个方面。

图 2-3　用户接受度提升的原因

2. 市场渗透率

市场渗透率是衡量虚拟数字人在市场中普及程度的重要指标。随着技术的成熟和应用的普及，虚拟数字人的市场渗透率将逐步提高。这主要得益于以下几个方面。

（1）技术的普及和成本的降低。随着技术的不断进步和成本的降低，虚拟数字人的制作和运营成本将逐渐降低。这将使得更多的企业和个人能够承担得起虚拟数字人的制作和运营成本，从而推动虚拟数字人的普及和应用。

（2）需求的增长。随着数字化时代的到来，人们对数字化、智能化、个性化的需求不断增长。虚拟数字人作为一种新型的数字化形态，能够满足人们对数字化、智能化、个性化的需求，因此市场需求将持续增长，这将推动虚拟数字人的市场渗透率不断提高。

（3）跨行业合作和生态系统的构建。虚拟数字人的发展离不开跨行业的合作和生态系统的构建。通过与游戏、影视、教育、医疗等行业的合作，可以推动虚拟数字人在更多领域的应用和发展。同时，构建一个完善的生态系统，包括技术提供商、内容创作者、用户等各方的参与，将为虚拟数字人的发展提供更加坚实的基础

总之，随着技术的不断进步和应用的普及，虚拟数字人的用户接受度和市场渗透率将逐步提高，这将为虚拟数字人的发展提供更加广阔的市场空间和更多机遇。

2.2 虚拟数字人面临的挑战

虚拟数字人作为一种新兴技术，虽然展现出了巨大的潜力和广泛的应用前景，但在发展过程中也面临着不少挑战。这些挑战主要包括技术实现的难点和伦理与隐私问题。

2.2.1 技术实现的难点

虚拟数字人技术在发展过程中面临的技术实现的难点主要体现在，图 2-4 所示的几个方面。

| 高度智能的计算机视觉技术 | 实现虚拟数字人需要高度智能的计算机视觉技术来捕捉和处理人类的行为、面部表情和手势等。这需要技术能够精确地识别和理解各种复杂的视觉信息，并在实时交互中快速响应 |

| 高效的图形渲染技术 | 为了创建逼真的虚拟环境，需要高效的图形渲染技术来处理大量的数据，包括 3D 模型、纹理、光照等。同时，这种技术还需要在实时交互的同时保证渲染的流畅性和逼真度，对硬件和软件的要求都非常高 |

| 先进的语音识别和自然语言处理技术 | 虚拟数字人需要与人类进行自然交互，因此语音识别和自然语言处理技术至关重要。这包括对语音的准确识别、转换和合成，以及对自然语言的理解和分析。同时，还需要处理不同的口音、语速和噪音干扰等复杂情况 |

| 复杂的动作捕捉和驱动技术 | 虚拟数字人的动作需要与人类行为保持一致，这需要通过复杂的动作捕捉和驱动技术来实现。这包括对人体骨骼和肌肉运动的精确捕捉，并将这些运动数据实时驱动到虚拟数字人模型上 |

图 2-4　虚拟数字人面临的技术实现的难点

情感表达和微表情生成技术	为了使虚拟数字人更加逼真和生动，需要实现情感表达和微表情生成技术。这需要对人类情感进行深入研究，并将这些研究成果应用到虚拟数字人的设计和实现中
实时交互和响应能力	虚拟数字人需要在实时交互中快速响应人类的指令和请求。这需要技术具备高效的数据处理能力、快速的决策能力和准确的响应能力
多模态交互技术	随着技术的发展，虚拟数字人需要支持多模态交互，包括语音、文本、图像、手势等多种交互方式。这需要对多种传感器和交互设备进行集成和优化，以实现高效的多模态交互

图 2-4　虚拟数字人面临的技术实现的难点（续）

综上所述，虚拟数字人技术在发展过程中面临的技术实现的难点主要体现在计算机视觉、图形渲染、语音识别和自然语言处理、动作捕捉和驱动、情感表达和微表情生成、实时交互和响应能力以及多模态交互技术等方面，这些难点需要不断的技术创新和突破才能得到有效解决。

2.2.2　伦理与隐私问题

虚拟数字人作为数字化时代的重要产物，面临着多重挑战，特别是在伦理和隐私方面，具体分析如下。

1. 伦理挑战

随着虚拟数字人技术的飞速发展，它们在为我们带来便利和创新体验的同时，也引发了一系列伦理问题，具体如下。

（1）身份与权利的界定。虚拟数字人作为数字化的存在，其身份和权利界定尚不明晰。例如，当虚拟数字人在元宇宙或其他虚拟环境中触犯法律或伦理时，其身份所有者将作为主要责任人受到虚拟与现实社会的分别裁判。然而，如何界定虚拟数字人的身份和权利，以及如何在虚拟世界中实施有效的法律监管，仍是一个亟待解决的问题。

（2）公平与公正。虚拟数字人的发展可能加剧社会不平等现象，如虚拟数字人资源的分配不公和数字鸿沟。因此，我们需要制定政策和措施，推动虚拟数字人的公平利用和资源合理分配，避免进一步加剧社会不平等。

（3）道德责任。虚拟数字人的行为可能引发道德争议。例如，当虚拟数字人参与广告代言或娱乐表演时，其背后的商业利益可能引发道德质疑。此外，虚拟数字人的行为也可能对他人造成不良影响，如侵犯他人隐私或传播虚假信息等。因此，我们需要建立严格的伦理审查机制，对虚拟数字人的行为进行监管和评估。

2. 隐私挑战

在虚拟数字人为我们带来便利和创新体验的同时，其背后的数据收集和处理机制也引发了人们对隐私保护的深切关注。我们需要认真考虑如何在技术进步与个人隐私之间找到平衡点。虚拟数字人的发展面临的隐私保护方面的挑战具体如下。

（1）数据安全与隐私泄露。虚拟数字人的设计和运行依赖于大量的个人数据。这些数据包括用户的生物特征、行为模式、兴趣爱好等敏感信息。一旦这些数据存储不当或被恶意利用，就容易导致隐私泄露和身份盗用等严重问题。此外，随着元宇宙和虚拟数字人的普及，用户将产生更多的数字踪迹，这些数据也可能被科技公司用于商业目的或滥用。

（2）隐私保护与权益维护。在元宇宙和虚拟数字人的世界中，用户的隐私保护面临更大的挑战。由于虚拟数字人的行为和互动都发生在数字空间中，用户的隐私更容易受到侵犯。因此，我们需要建立更加完善的隐私保护机制，包括数据加密、匿名化处理、访问控制等措施，以保护用户的隐私权益。

（3）隐私与自由的平衡。在保护用户隐私的同时，我们也需要尊重用户的自由和权利。例如，在虚拟世界中，用户可能希望自由地表达自己的观点和想法，与他人进行交流和互动。

总之，虚拟数字人技术面临的伦理挑战和隐私挑战是多方面的，需要我们从多个角度进行思考和解决。首先，随着虚拟数字人技术的普及，它们在模仿人类行为和情感方面越来越逼真，这可能会引发关于身份认同和真实性的伦理问题。我们需要确保虚拟数字人的设计和应用不会误导用户，也不会侵犯到人类的基本权利和尊严。

其次，虚拟数字人技术在收集和处理用户数据时，必须遵守严格的隐私保护标准。这包括但不限于用户同意的获取、数据的最小化收集，以及数据的安全存储和传输。此外，虚拟数字人的行为和决策过程应该是透明的，用户有权了解其工作原理和可能的影响。

此外，我们也需要加强隐私保护和数据安全，确保用户的隐私权益得到充分保障。这不仅涉及技术层面的安全措施，如加密和匿名化处理，还包括对用户进行隐私保护教育，提高他们对个人数据保护的意识。

最后，随着虚拟数字人技术的发展，我们还需要考虑其对就业市场和社会结构的长远影响。虚拟数字人可能会替代某些工作岗位，因此需要制定相应的政策和措施，帮助劳动力进行技能转换和职业转型。

2.3　推动虚拟数字人技术发展的因素

推动虚拟数字人技术发展的因素涵盖了多个方面，其中市场需求与商业模式创新、跨行业合作与生态系统构建、政策支持与人才培养是尤为重要的几个因素，本节将主要介绍这几个因素的内容。

2.3.1　市场需求与商业模式创新

市场需求与商业模式创新对虚拟数字人技术的发展产生了显著的双重推动作用。

市场需求作为直接动力，激发了企业对虚拟数字人技术的持续投入与研发。随着消费者对虚拟数字人兴趣的增长，对其实用性和互动性的要求也日益提升。这促使企业不断优化虚拟数字人的技术性能，如增强面部表情的逼真度、动作的流畅性以及交互的智能性。同时，市场需求的多样化促使虚拟数字人技术从娱乐、游戏领域向教育、医疗、商业等多个领域拓展。

商业模式创新则为虚拟数字人技术的发展提供了更为广阔的舞台和资金支持。传统的商业模式可能限制了技术的创新步伐，而新型商业模式的出现则激发了企业的创造力，推动了技术的进一步发展。例如，通过虚拟数字人进行品牌推广、虚拟商品销售等商业模式创新，不仅为企业带来了可观的收益，也为虚拟数字人技术的研发与应用提供了更多的资金支持和市场机遇。

综上所述，市场需求与商业模式创新共同促进了虚拟数字人技术的不断升级与拓展，使其更好地满足用户需求，为人们的生活带来更多便利与乐趣。

市场需求与商业模式创新之间的关系主要体现在以下几个方面，如图 2-5 所示。

图 2-5　市场需求与商业模式创新的关系

2.3.2 跨行业合作与生态系统构建

跨行业合作与生态系统构建在虚拟数字人技术的发展中扮演着至关重要的角色。下面是对这两个方面的详细讨论。

1. 跨行业合作

随着科技的进步和市场的变化，虚拟数字人技术已经逐渐渗透到各个行业中，如娱乐、教育、医疗、金融等。跨行业合作能够充分利用不同行业的资源和优势，共同推动虚拟数字人技术的发展。这种合作模式有助于整合各行业的创新力量，共同解决技术难题，推动虚拟数字人技术的突破。

跨行业合作的形式多种多样，例如企业可以与高校、研究机构进行产学研合作，共同研发新技术、新产品；也可以与其他行业的企业进行战略合作，共同开拓市场、推广产品。通过跨行业合作，企业可以获取更多的创新资源，提高研发效率，降低研发成本，从而加速虚拟数字人技术的商业化进程。

2. 生态系统构建

生态系统构建是虚拟数字人技术发展的重要保障。一个完整的生态系统包括技术研发、内容生产、平台运营等多个环节，需要各个环节的参与者共同努力，形成合力。构建一个完整的生态系统可以为虚拟数字人技术的发展提供稳定的环境和有力的支持。

在生态系统的构建中，技术研发是核心环节。企业需要不断投入研发资源，推动虚拟数字人技术的创新和发展。同时，内容生产也是不可或缺的环节。高质量的内容能够吸引更多的用户关注和参与，提高虚拟数字人技术的知名度和影响力。平台运营则是连接技术研发和内容生产的桥梁，通过平台运营可以将虚拟数字人技术应用到实际场景中，为用户提供更好的服务体验。

为了构建一个完整的生态系统，企业需要与各方参与者建立良好的合作关系，共同制定行业标准和规范，推动产业链的协同发展。同时，政府也需要提供支持和引导，加强政策协调和资源整合，为虚拟数字人技术的发展创造良好的环境和条件。

总之，跨行业合作与生态系统构建是虚拟数字人技术发展的重要保障。通过跨行业合作和生态系统构建，企业可以充分利用各方资源和优势，共同推动虚拟数字人技术的发展和应用，为各行业的数字化转型和升级提供有力的支持。

2.3.3 政策支持与人才培养

政策支持与人才培养是推动虚拟数字人产业发展的两个关键支柱。以下是对这两个方面的更深入讨论。

1. 政策支持

随着虚拟数字人技术的不断进步，政府的角色变得尤为关键。下面，我们将探讨政策如何为这一创新领域提供必要的支持和引导。

（1）研发激励。政府通过税收优惠、资金补贴等措施激励企业投入研发，加速虚拟数字人技术的创新。

（2）法规制定。制定相关法规，明确虚拟数字人技术的应用范围、伦理标准和隐私保护，为产业提供规范的运营环境。

（3）知识产权保护。加强对虚拟数字人技术相关知识产权的保护，鼓励原创技术的发展，保障企业的合法权益。

（4）市场准入。通过政策引导，降低市场准入门槛，吸引更多的企业参与到虚拟数字人产业中来。

（5）国际合作。鼓励国际交流与合作，引进国外先进技术和管理经验，提升本国虚拟数字人产业的国际竞争力。

（6）公共平台建设。政府支持建立公共技术平台和创新中心，为企业提供技术研发和市场测试的共享资源。

（7）示范项目。通过示范项目推动虚拟数字人技术在各行各业的应用，展示技术潜力，增强市场信心。

2. 人才培养

随着虚拟数字人技术应用的不断扩展，市场对专业人才的需求日益增长。下面，我们将探索跨学科培养、创新能力提升以及终身学习等的重要性，这些都是构建强大人才队伍的关键要素。

（1）开设教育课程。在高等教育机构中设置相关课程和专业，培养学生在人工智能、计算机图形学、人机交互等领域的专业能力。

（2）提供实践机会。与企业合作，为学生提供实习和实践机会，以加强学生的职业技能和积累实际工作经验。

（3）跨学科培养。鼓励跨学科教育，使学生能够掌握虚拟数字人技术所需的多领域知识，如艺术设计、心理学、商业管理等。

（4）创新能力提升。通过创新竞赛、项目研究等方式，激发学生的创新思维和提高解决问题的能力。

（5）终身学习。建立继续教育和职业培训体系，鼓励在职人员更新知识，以适应技术发展的需要。

（6）人才引进。制定人才引进政策，吸引海外优秀人才回国发展，为虚拟数字人产业注入新鲜血液。

（7）产学研合作。加强产学研合作，形成教育与产业的良性互动，使人才培养更加贴近市场需求。

（8）明确职业发展路径。明确虚拟数字人产业的职业发展路径，为从业者提供清晰的职业规划和晋升机会。

（9）加强伦理教育。在人才培养中加入伦理教育，确保从业者在使用技术时能够遵循伦理规范，对社会负责。

通过这些具体的措施，可以确保虚拟数字人产业在政策和人才两方面得到充分的支持，从而推动产业的持续健康发展，为社会经济的进步做出更大的贡献。

如今，直播带货已成为人们进行娱乐、社交和购物等活动的重要渠道。随着人工智能技术的飞速发展，AI数字人直播带货逐渐崭露头角，并开始引领行业新趋势。腾讯智影作为一款专业的智能创作工具，可以轻松生成AI数字人主播，为观众带来全新的直播体验。本章主要通过一个综合实例介绍数字人在电商领域应用的实战技巧。

第 3 章

《电商带货达人》：数字人在电商领域的应用

新手重点指引

▶ 基础知识：认识电商领域中的数字人的应用
▶ 制作工具：腾讯智影平台
▶ 制作流程：打造吸引用户的数字人形象

效果图片欣赏

3.1 基础知识：数字人在电商领域的应用

随着科技的飞速发展，数字人（也称为虚拟形象、数字代言人或 AI 模型）的运用正在逐渐崭露头角，为各个行业带来革命性的变革。这些数字人不仅以其独特的魅力与功能吸引了消费者的目光，更为电商平台带来了前所未有的机遇和挑战。

本节将详细探讨数字人在电商领域的运用，希望大家对其有更深入的理解和认识。

3.1.1 电商直播带货

电商直播带货作为一种新型的电商营销方式，近年来随着互联网技术的发展和普及而迅速崛起。以下是对电商直播带货的详细解析。

1. 定义与特点

电商直播带货是指通过互联网直播平台，主播在直播过程中对商品进行展示、讲解和推荐，以吸引观众购买的一种新型电商营销方式。电商直播带货具有以下特点。

（1）直观性。消费者可以直接观看产品的展示和使用效果。

（2）互动性。观众可以通过弹幕、评论等方式与主播实时互动，提出问题和反馈。

（3）个性化。主播可以根据消费者的需求和喜好进行精准推荐。

（4）高效性。直播带货可以迅速提高商品的曝光度和销售量。

2. 发展趋势

（1）内容专业化与精细化。随着用户对直播内容的品质要求越来越高，主播需要不断提升自己的专业知识和技能，以满足用户的需求。未来，电商直播的内容将更加专业化和精细化，主播需要具备某一领域的知识和技能，如美妆、服装、家居等，并且需要深入了解用户的需求和心理，以提供更加精准的推荐和服务。

（2）场景多元化与体验化。电商直播的场景将更加多元化和体验化。主播需要打造更加真实、生动、有趣的直播场景，以吸引用户的注意力。例如，可以利用 VR、AR 等技术打造虚拟现实场景，让用户仿佛身临其境地感受产品的特点和优势；或者通过实景直播的方式，将用户带入真实的生活场景中，从而增强产品的实用性和可信度。

（3）社交属性强化。电商直播带货本身就是一种社交媒体形式，未来随着社交属性的不断强化，主播需要更加注重与用户的互动和沟通。例如，可以通过弹幕、评论等方式及时回应用户的疑问和反馈；或者通过抽奖、答题等方式提高用户的参与度，进而提升用户的满意度和忠诚度。

（4）跨界合作与品牌联动。电商直播带货需要加强与品牌合作和跨界营销。通过与其他领域的品牌进行合作，打造更加丰富和有创意的直播内容，吸引更多用户。例如，美妆主播可以与服装品牌合作，展示搭配服装的妆容；家居主播可以与家具品牌合作，提供整体家居装修方案等。这种跨界营销的方式可以让消费者更加全面地了解产品的特点和优势，提升品牌知名度和美誉度。

电商直播带货作为一种新型的电商营销方式，具有直观性、互动性、个性化和高效性等特点。随着市场的不断发展和竞争的加剧，电商直播带货需要不断提升内容质量、拓展场景、强化社交属性、注重数据驱动和跨界合作等方面的发展。同时，也需要面对流量成本上升、产品质量与售后问题以及监管政策收紧等挑战。只有不断适应市场变化、创新营销方式、提升服务质量，才能在激烈的市场竞争中立于不败之地。

3. 数字人在电商直播带货中的应用

数字人在电商直播带货中的应用正日益成为电商行业的一大创新亮点，为品牌与消费者之间搭建起一座新颖且

高效的互动平台。以下是数字人在电商直播带货中的具体应用与优化分析：

（1）增强直播的互动性和趣味性。数字人凭借其独特的形象设计和高度可定制性，为电商直播带来了更多的互动性和趣味性。它们不仅能够进行详尽的商品展示和讲解，还能与观众进行实时的互动，如回答问题、参与游戏等，从而显著提升直播的参与度和观众的留存率。

（2）打破时间与空间的限制。数字人不受真实人类的生理限制，能够全天候、不间断地提供直播服务。这对于需要跨时区销售的品牌来说至关重要，能够确保全球消费者在任何时间都能观看到直播内容，从而有效拓宽销售范围。

（3）个性化定制与品牌形象的传达。数字人的形象、声音、性格等均可根据品牌需求进行个性化定制，以更好地传达品牌形象和价值观。通过数字人的直播，品牌能够更直观地展示其特色和理念，进而增强消费者对品牌的认知度和忠诚度。

（4）降低运营成本与规避风险。相较于真人主播，数字人的运营成本更低，且无需担忧疲劳、情绪管理等问题。同时，数字人还能有效避免真人主播可能面临的舆论风险，为品牌提供更加稳定、可靠的直播服务。

（5）提升购物体验与转化率。数字人直播能够结合 AR/VR 等先进技术，为消费者带来更加沉浸式的购物体验。在数字人的引导下，观众能够直观地了解商品的特点和使用方法，从而显著提高购买意愿和转化率。

（6）数据驱动与智能营销优化。数字人直播还能结合大数据和人工智能技术，对观众的行为和偏好进行深入分析，从而精准推送个性化商品推荐和优惠信息。这种智能化的营销方式能够进一步提升直播的转化率和用户满意度。

（7）应用场景的多样化拓展。除了传统的电商直播外，数字人还能应用于虚拟试衣间、虚拟导购等场景，为消费者提供更加便捷、高效的购物体验。此外，数字人还能与其他数字营销手段相结合，如社交媒体推广、短视频营销等，形成全方位的数字营销体系，助力品牌实现多渠道、多平台的精准营销。

3.1.2 个性化推荐与虚拟试穿

1. 个性化推荐的定义

个性化推荐是指电商平台利用大数据和 AI 技术，根据用户的购物历史、浏览行为、搜索关键词等信息，为用户推荐其可能感兴趣的商品或服务。这种推荐方式不仅能大大提升用户的购物体验和满意度，还能增加电商平台的转化率和销售额。

2. 数字人技术个性化推荐的应用

在电商领域，数字人技术与大数据分析和人工智能技术相结合，能够精准实现个性化商

品推荐。这种创新应用不仅显著提升了用户体验，还有效提高了销售转化率。

（1）智能商品匹配与推荐。基于用户画像，数字人技术能够智能匹配最适合用户的商品，并在直播或电商平台中实时推送。这种推荐不仅涵盖了商品本身，还包含相关优惠信息及搭配建议，为用户提供了一站式的购物体验。

（2）动态策略调整与优化。数字人技术能够根据用户的实时反馈和互动行为，灵活调整推荐策略。这一特性使得推荐系统能够持续学习和优化，确保始终精准满足用户的个性化需求。

3. 虚拟试穿的定义

虚拟试穿是指利用数字人、增强现实（AR）和虚拟现实（VR）等技术，让消费者在虚拟环境中试穿衣物、鞋子等商品，以便更好地了解商品的款式、尺码和效果。这种技术解决了传统电商中无法试穿商品的痛点，提升了消费者的购物体验。

4. 数字人技术在虚拟试穿中的应用

虚拟试穿是数字人技术在电商领域的又一突破性应用，它极大地提升了用户的购物体验和满意度。

（1）高度仿真虚拟形象。数字人技术能够创建出高度仿真的虚拟形象，这些形象精准模拟了用户的体型、肤色及发型等特征。用户只需上传个人照片或进行简单体型测量，即可轻松生成专属的虚拟形象。

（2）实时试穿效果展示。借助数字人技术，用户可以在虚拟环境中实时试穿各类商品，如服装、配饰等。系统能够实时渲染出试穿效果，使用户直观感受商品的款式、颜色及尺码是否合适。

（3）多维度商品比较。虚拟试穿不仅限于单一商品，用户还可以在同一虚拟形象上试穿多件商品，进行多维度比较和选择。这一功能不仅提升了用户的购物效率，还有效降低了因尺码不合适导致的退换货率。

（4）增强购物互动与趣味性。虚拟试穿功能还显著增强了购物的互动性和趣味性。用户可以与虚拟形象进行互动，如调整姿势、表情等，以更全面地展示商品效果。此外，虚拟试穿还可以结合社交功能，让用户分享试穿体验，与好友共同享受购物的乐趣。

3.1.3 品牌形象代言

品牌形象代言是企业在市场推广中非常重要的一环，它直接关系到品牌形象的塑造和传播效果。在当前的数字化时代，品牌形象代言的形式不断演进，数字人技术作为一股新兴力量，正逐渐成为企业品牌形象代言的新选择。

1. 数字人技术概述

数字人技术融合了先进的数字技术、人工智能与创意内容，能够创造出高度逼真的虚拟形象。这些虚拟形象不仅拥有生动的外貌、声音和动作，还能够与用户进行实时互动，提供个性化的服务和体验。

2. 数字人作为品牌形象代言人的优势

在当今这个数字化时代，品牌形象的塑造与传播方式正经历着前所未有的变革。数字人作为一种新兴的品牌代言形式，凭借其独特的魅力与优势，正逐渐成为众多企业的首选。接下来，我们将深入探讨数字人作为品牌形象代言人的几大核心优势。

（1）高度可定制性。企业可以根据自身品牌形象和市场需求，定制符合品牌调性的数字人代言人。这种高度定制化的能力使得数字人能够完美契合品牌形象，传达出独特的品牌理念和价值观。

（2）持续性和可扩展性。数字人代言人不受时间和空间的限制，可以随时随地进行更新和扩展。企业可以根据市场变化和消费者需求，对数字人代言人的形象、声音和动作进行调整和优化，以保持其新鲜感和吸引力。

（3）风险较低。与传统明星代言人相比，数字人代言人不存在个人行为波动对品牌形象造成负面影响的情况。其形象和价值始终稳定可控，确保了品牌信息传递的稳定性和持续性。

（4）高效互动与参与。数字人代言人能够与用户进行实时互动，提供个性化的服务和体验。这种互动性不仅增强了用户对品牌的信任感和忠诚度，还提高了用户的参与度和黏性。

（5）成本效益。从长期来看，数字人代言人的制作和维护成本相对较低。一旦数字人模型和技术设施建立起来，后续的更新和调整成本将会大大降低。此外，数字人可以在多个平台上进行广告宣传，节省了人力和场地等方面的开支。

综上所述，数字人作为品牌形象代言人的新选择，具有高度的可定制性、持续性和可扩展性、较低的风险、高效的互动与参与以及成本效益等优势。这些优势使得数字人成为企业在数字化时代塑造和传播品牌形象的重要工具。

3.2 制作工具：登录腾讯智影平台

腾讯智影凭借其强大的 AI 技术，不仅简化了视频制作的复杂流程，还为用户提供了一系列智能化的编辑工具。这使得无论是视频制作的新手还是资深用户，都能够快速上手，制作出具有专业水准的视频内容。下面介绍具体的操作方法。

STEP 01 在浏览器中输入并搜索"腾讯智影"，在搜索结果中单击官网链接，如图 3-1 所示。

图 3-1　单击官网链接

STEP 02 进入腾讯智影官网，单击页面右上角的"登录"按钮，如图 3-2 所示。

图 3-2　单击"登录"按钮

STEP 03　弹出登录对话框，如图 3-3 所示，选择喜欢的登录方式，然后根据系统提示进行操作。

温馨提示

以微信登录为例，用户需要打开手机微信，单击"微信"界面右上角的⊕按钮，在弹出的列表中选择"扫一扫"选项，然后扫描登录对话框中的二维码，即可完成登录，进入腾讯智影的"创作空间"页面。

STEP 04　登录完成后，即可进入腾讯智影的"创作空间"页面，如图 3-4 所示。

图 3-3　弹出登录对话框

图 3-4　进入"创作空间"页面

3.3 形象设计：打造吸引用户的数字人形象

数字人形象不仅仅是一个视觉上的呈现，它还涉及与消费者之间的互动、品牌信息的传达以及产品特性的展示。本节将介绍如何打造能够吸引用户的数字人形象。

3.3.1 效果赏析

通过腾讯智影平台，可以轻松制作《电商带货达人》视频。首先，熟悉"数字人播报"功能页面至关重要，这确保我们能够充分利用其中的功能。接着，选择一个合适的数字人模板，并根据电商带货的风格和需求调整数字人的形象。利用文本驱动功能，让数字人自动介绍商品。随后，根据视频内容替换背景，以增强视觉效果。最后，更改字幕，确保它们与视频内容和风格相匹配。最终的电商带货视频效果如图3-5所示。

图 3-5 效果展示

3.3.2 熟悉"数字人播报"功能页面

"数字人播报"功能页面整合了轨道剪辑和数字人内容编辑窗口，可以一站式完成"数字人播报+视频创作"的整个流程。这不仅让用户能够方便、快捷地制作各种数字人视频作品，还能激发更大的视频创意空间，拓宽使用场景。

"数字人播报"功能页面分为七个板块，如图3-6所示，用户可以借助各板块中的功能，完成数字人视频的创作。

图 3-6　"数字人播报"功能页面

❶ 主显示 / 预览区：也称为预览窗口，可以选择画面中的任一元素，在弹出的右侧编辑区中进行调整，包括画面内的字体（大小、位置、颜色）、数字人（内容、形象、动作）、背景以及其他元素等。在预览窗口的底部，可以调整视频画布的比例和控制视频字幕的开关。

❷ 轨道区：位于预览区的下方。单击"展开轨道"按钮后，可以对数字人视频进行更精细化的轨道编辑，如图 3-7 所示。在轨道上，用户可以调整各个元素的位置和持续时间，同时还可以编辑数字人轨道上的动作插入位置。

图 3-7　轨道区

❸ 编辑区：与预览区中选择的元素相关联，默认显示"播报内容"选项卡，允许用户调整数字人的驱动方式和口播文案。

❹ 工具栏：位于页面最左侧，用户可以在视频项目中添加新的元素，如选择套用官方模板、增加新的页面、替换图片背景、上传媒体素材，以及添加音乐、贴纸、花字等素材。单击对应的工具按钮后，相关选项会在工具栏右侧的面板中展示。

❺ 工具面板：与左侧工具栏相关联，展示相关工具的使用选项。用户可以单击右侧的

收缩按钮‹来折叠工具面板。

❻ 文件命名区：位于页面顶部，用户可以在此编辑文件名，并查看项目文件的保存状态。

❼ 合成按钮区：在数字人视频编辑完成后，用户可以单击"合成视频"按钮以开始生成视频。生成的视频将包括动态动作和口型匹配的画面。单击"合成视频"按钮旁边的 ? 按钮，可以查看在线帮助、客服中心、建议反馈。

3.3.3 选择模板

腾讯智影内置了很多营销推广类的数字人模板，用户可以根据自己的需求和商品特点选择合适的模板，具体操作方法如下。

STEP 01 进入腾讯智影的"创作空间"页面，单击"数字人播报"选项区的"去创作"按钮，如图 3-8 所示。

图 3-8　单击"去创作"按钮

STEP 02 执行操作后，进入相应页面，展开"模板"面板，切换至"竖版"选项卡，如图 3-9 所示。

STEP 03 选择一个电商类的数字人模板，单击预览图，弹出"夏季限定饮品"对话框，单击"应用"按钮，如图 3-10 所示。

STEP 04 执行操作后，即可添加奶茶短视频的模板，如图 3-11 所示。

本章选取的模板以数字人的形式来展示带货商品，详细讲解商品的卖点、特色，以及外观、性能、价格等信息，以此激发观众的购买欲望。

图 3-9　切换至"竖版"选项卡　　　　　图 3-10　单击"应用"按钮

图 3-11　添加奶茶短视频的模板

3.3.4 改变形象

　　腾讯智影提供了多种数字人形象编辑工具，可以帮助用户实现数字人形象的快速定制和优化。下面介绍改变数字人外观形象的操作方法。

　　STEP 01　展开"数字人"面板，在"预置形象"选项卡中，选择"冰璇"数字人形象，如图 3-12 所示。

　　STEP 02　在预览区选中数字人，在编辑区切换至"画面"选项卡，如图 3-13 所示，调整数字人的位置和大小。

图 3-12　选择"冰璇"数字人形象

温馨提示

　　腾讯智影提供了丰富的数字人形象供用户选择，并将持续进行更新。2D 数字人中可以选择"依丹""蓓瑾"等形象进行动作设置，3D 数字人中可以选择"智能动作"形象，根据文案内容智能插入匹配动作。

图 3-13　切换至"画面"选项卡

STEP 03　设置坐标参数 X"为 −102、Y 为 95，"缩放"为 73%，如图 3-14 所示，通过调整参数，给商品视频留出更多的空间，让数字人看起来更符合观众的审美需求。

图 3-14 设置数字人的相应参数

3.3.5 驱动数字人

　　为了更好地驱动数字人，我们可以将提前准备好的文案进行适当删减和修改。下面介绍如何使用文本驱动数字人。

　　STEP 01　在编辑区清空模板中的文本内容，单击"导入文本"按钮，导入整理好的文本内容，如图 3-15 所示。

　　STEP 02　将鼠标指针定位到文中的相应位置，插入多个 0.5 秒的停顿标记，如图 3-16 所示。

图 3-15 导入文本内容

图 3-16 插入多个 0.5 秒的停顿标记

　　STEP 03　在"播报内容"选项卡底部单击 文雅 1.0x 按钮，"文雅 1.0x"为模板中默认的数字人音色和读速。弹出"选择音色"对话框，筛选合适的音色，如在"新闻资讯"选项卡中选择"婉清"音色，如图 3-17 所示。

STEP 04 设置"读速"为 0.9，然后单击"确认"按钮，如图 3-18 所示，以适当降低播报内容的播放速度。

STEP 05 执行操作后，即可完成修改数字人的音色。单击"保存并生成播报"按钮，如图 3-19 所示，即可根据文字内容生成相应的语音播报，同时数字人视频的时长也会根据文本配音的时长而改变。

图 3-17 选择"婉清"音色

图 3-18 设置"读速"

图 3-19　单击"保存并生成播报"按钮

3.3.6 替换背景

　　用户在编辑数字人视频时，可以修改其背景，包括图片背景、纯色背景和自定义背景等，具体操作方法如下。

STEP 01　在工具栏中单击"背景"按钮，如图 3-20 所示，展开"背景"面板。

图 3-20　单击"背景"按钮

STEP 02　切换到"自定义"选项卡，单击"本地上传"按钮，如图 3-21 所示。

STEP 03　弹出"打开"对话框，选择相应素材，单击"打开"按钮，如图 3-22 所示，即可将选择的背景素材导入到"自定义"选项卡中。

STEP 04　选择导入的背景素材，如图 3-23 所示，即可替换数字人的背景素材。

图 3-21　单击"本地上传"按钮

图 3-22　单击"打开"按钮

图 3-23　选择背景素材

STEP 05　选中画面中多余的奶茶标识，单击鼠标右键，在弹出的快捷菜单中选择"删除"命令，如图 3-24 所示，即可完成删除。

图 3-24　选择"删除"命令

STEP 06　使用同样的方法，删除不需要的画面标识，最终效果如图 3-25 所示。

图 3-25　删除不需要的画面标识后的效果

3.3.7　更改文字

数字人模板中自带了一些文字元素，用户可以根据推广视频的需求，更改其中的文字内容，具体操作方法如下。

STEP 01　在预览区选中相应的文本，在编辑区的"样式编辑"选项卡中，设置相应的字体，如图 3-26 所示。

STEP 02　在"基础调节"卷展栏，设置坐标参数 X 为 –66、Y 为 –257，"缩放"为 74%，如图 3-27 所示，即可调整文字位置和大小。

图 3-26 设置相应字体（1）

图 3-27 设置相应参数（1）

STEP 03 选中"夏季限定"文本，设置相应的字体，并设置坐标参数 X 为 -79、Y 为 -186，如图 3-28 所示，即可调整文字的字体和位置。

图 3-28 设置相应参数（2）

STEP 04 选中相应贴纸，在"图片编辑"选项卡中，设置坐标参数 X 为 -70、Y 为 -192、"缩放"为 60%，如图 3-29 所示，即可调整贴纸 r 位置和大小。

图 3-29 设置相应参数（3）

STEP 05 选中"饮品"文本，在"样式编辑"选项卡中；设置"字体""坐标""缩放"参数，如图 3-30 所示。

图 3-30 设置相应参数（4）

STEP 06 选中相应贴纸，在"图片编辑"选项卡中，设置坐标参数 X 为 -1、Y 为 -191、"缩放"为 60%，如图 3-31 所示，即可调整贴纸的位置和大小。

STEP 07 选中相应贴纸，单击鼠标右键，在弹出的快捷菜单中选择"删除"命令，如图 3-32 所示，即可将其删除。

STEP 08 选中相应文字，在"样式编辑"选项卡中设置相应字体，并设置坐标的 X 参数为 -66、Y 参数为 266，如图 3-33 所示，即可调整文字的位置。

图 3-31 设置相应参数（5）

图 3-32 选择"删除"命令

图 3-33 设置相应参数（6）

STEP 09 选中需要更改的文字，在"样式编辑"选项卡中，更改文字的内容，并设置相应的字体和颜色，如图 3-34 所示。

图 3-34 设置相应的字体和颜色

STEP 10 设置"坐标"的 X 参数为 –59、Y 参数为 300，"缩放"为 37%，如图 3-35 所示，即可调整文字的位置和大小。

图 3-35 设置相应参数（7）

STEP 11 选中需要更改的文字，在"样式编辑"选项卡中，更改文字的内容，并设置相应的字体，如图 3-36 所示。

STEP 12 选中需要更改的文字，在"样式编辑"选项卡中，更改文字的内容，并设置相应的字体，如图 3-37 所示。

STEP 13 设置坐标参数 X 为 105、Y 为 301，"缩放"为 22%，如图 3-38 所示，即可调整文字的位置和大小。

图 3-36　设置相应字体（2）

图 3-37　设置相应字体（3）

图 3-38　设置相应参数（8）

　　随着技术的不断进步，新闻播报的方式也在持续地更新和变革。最近，数字人技术开始应用于新闻传播领域，这标志着新闻传播迈入了一个新的时代。本章将介绍如何使用腾讯智影制作新闻传播数字人视频。

第4章

《AI 新闻主播》：数字人在新闻传播领域的应用

新手重点指引

▶ 基础知识：数字人在新闻传播领域的应用
▶ 形象设计：塑造专业的虚拟新闻主播形象

效果图片欣赏

4.1 基础知识：数字人在新闻传播领域的应用

在新闻传播领域，数字人的应用日益广泛，它们有助于提升内容吸引力、增强互动性和提高信息传播效率。

本节将深入探讨数字人在新闻传播领域的运用，希望大家对其有深入的理解和认识。

4.1.1 新闻播报员

数字人新闻播报是基于人工智能、计算机图形学、语音合成等先进技术打造的一种新型播报形式。数字人新闻播报员凭借高度逼真的虚拟形象、自然流畅的语音播报和智能交互能力，为观众带来全新的新闻播报体验，其特征如图 4-1 所示。

高效性	数字人新闻播报员可以迅速将新闻稿件转化为播报视频，大大提高了新闻制作的效率和时效性。在紧急新闻事件中，它们能迅速做出反应，确保新闻报道的及时性
客观性	数字人新闻播报员不受主观情感的影响，能够确保新闻信息的客观性和准确性。它们以中立的态度播报新闻，避免了人为因素的干扰和偏见
可定制性	数字人新闻播报员的形象和声音可以根据需求进行定制，以满足不同观众群体的喜好和需求。同时，它们还可以根据不同的新闻内容和风格进行灵活调整，使播报更加生动有趣

图 4-1　数字人新闻播报员的特征

4.1.2 新闻编辑与校对

新闻编辑与校对是新闻报道流程中的关键环节，它们确保了新闻报道的准确性、客观性和流畅性。随着数字人技术的不断发展，这一传统领域的工作方式正在经历深刻的变革。

在新闻编辑方面，数字人的应用主要体现在以下三个方面。

1. 选题策划与资料收集

（1）数字人凭借大数据和人工智能技术，能够迅速收集并分析海量的新闻资讯，为编辑人员提供丰富多样的选题素材。

（2）通过自动化的市场研究和竞品分析，数字人能够生成详尽的选题报告，显著提升选题策划的效率和准确性。

2. 内容创作与加工

（1）数字人具备撰写提纲、创作内容以及准备相关素材的能力，这极大地减轻了编辑人员的工作负担。

（2）在内容加工阶段，数字人能够对稿件进行细致的润色和优化，从而提升文章的整体质量和可读性。

3. 格式规范与排版设计

（1）数字人能够严格遵守新闻出版的格式规范，自动调整文章的标题、段落结构、字号以及字距等格式要求。

（2）在排版设计方面，数字人能够辅助设计师高效地设计出既美观又易读，且符合出版规范的封面和插图。

在新闻校对方面，数字人的应用同样显著。

1. 拼写与语法检查

数字人能够精准地识别并纠正文章中的拼写错误和语法问题，确保文本准确无误。与传统的校对软件相比，数字人在检查语言细节方面表现出色，如不当搭配、逻辑不清等问题都能被有效识别。

2. 数据核查与图表校对

在新闻报道中，数字人能够严格核查图表中的数据，确保数据的准确性和真实性。此外，数字人还能根据上下文联系，找出可能存在的数据不一致或逻辑错误，从而避免误导读者。

3. 排版与格式审核

数字人能够细致地检查文本的排版和格式，确保它们符合出版标准和规范。在排版方面，数字人能够为排版人员提供有价值的建议，帮助他们调整文章的布局和格式，使文章更加美观和易读。

综上所述，数字人在新闻编辑与校对中的应用正在逐步改变这一传统领域的工作方式。通过充分利用大数据和人工智能技术，数字人不仅提高了新闻报道的效率和准确性，还为新闻报道的客观性提供了有力保障。然而，我们也应关注数字人应用所带来的挑战，并积极寻求解决方案，以推动新闻编辑与校对工作的持续发展。

4.2 形象设计：塑造专业的虚拟新闻主播形象

在《AI新闻主播》中，塑造专业的虚拟新闻主播形象是至关重要的一环。一个专业的新闻主播不仅需要传递准确的信息，还需要通过其形象传递出权威、可信赖和专业的气质。本节将介绍如何塑造专业的虚拟新闻主播形象。

4.2.1 效果欣赏

通过腾讯智影平台，可以高效制作《AI新闻主播》视频。首先，在腾讯智影中选择一个合适的数字人模板，并根据需要调整数字人的形象，以适应新闻播报的风格。接着，利用平台的功能驱动数字人进行新闻播报。然后，根据新闻内容更改数字人所要播报的文字，确保信息的准确性和及时性。最后，为视频添加合适的背景音乐，并丰富视频画面，以提升观众的观看体验。最终效果如图 4-2 所示。

图 4-2　效果展示

4.2.2　添加数字人模板

腾讯智影的视频剪辑页面同样提供了各种各样的数字人模板，用户可以选择想要的模板进行添加。下面介绍具体的操作方法。

STEP 01　在腾讯智影的"创作空间"页面中，单击"视频剪辑"按钮，如图 4-3 所示。

图 4-3　单击"视频剪辑"按钮

STEP 02　进入视频剪辑页面，单击"模板库"按钮，展开"模板"面板，在"新闻"选项卡中单击相应模板右上角的"添加到轨道"按钮，如图 4-4 所示，即可添加一个数字人模板，并进入数字人编辑页面。

图 4-4　单击"添加到轨道"按钮

4.2.3　改变数字人形象

数字人模板中一般有一个数字人形象作为主体，用户可以更换数字人形象，还可以对数字人的服装、动作、位置和大小进行设置。下面介绍具体的操作方法。

STEP 01　在轨道区选中需要删除的视频素材，单击"删除"按钮🗑，如图 4-5 所示，即可将其删除。

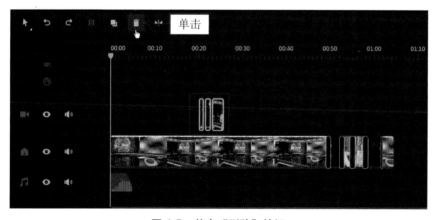

图 4-5　单击"删除"按钮

STEP 02　使用同样的方法，删除其他多余的视频素材，单击"删除"按钮🗑，如图 4-6 所示。

STEP 03　在轨道区选中配音音频，在"配音"选项卡中单击"选择形象"按钮，如图 4-7 所示。

STEP 04　弹出"选择数字人"对话框，在"免费"选项卡中选择一个合适的数字人形象，单击"确认"按钮，如图 4-8 所示。

STEP 05　弹出"切换形象"对话框，单击"确定"按钮，如图 4-9 所示，即可更换数字人形象。

图 4-6　单击"删除"按钮

图 4-7　单击"选择形象"按钮

图 4-8　单击"确认"按钮

图 4-9 单击"确定"按钮

4.2.4 驱动数字人

为了增强数字人的表现力和提高其交互品质，精心编辑原始文本是一个必不可少的步骤。这涉及对文本内容进行恰当的精简和调整。下面介绍如何使用文本驱动数字人。

STEP 01 在"配音"选项卡中，单击文案内容，弹出"数字人文本配音"面板，在编辑区清空模板中的文本内容，然后单击"导入"按钮，如图 4-10 所示。

图 4-10 单击"导入"按钮

STEP 02 弹出"打开"对话框，选择相应文本，单击"打开"按钮，如图 4-11 所示，即可将其导入"数字人文本配音"面板中。

STEP 03 在"数字人文本配音"面板中，单击"选择音色"按钮，如图 4-12 所示。

STEP 04 弹出"选择音色"对话框，在"生活 vlog"选项卡中选择"旅小悠"音色，单击"确认"按钮，如图 4-13 所示，即可修改数字人的音色。

STEP 05 执行操作后，返回到"数字人文本配音"面板，单击"保存并生成音频"按钮，如图 4-14 所示，即可根据文字内容生成相应的语音播报，同时数字人视频的时长也会根据文本配音的时长而改变。

STEP 06 在轨道区选中背景素材，并将背景素材的时长调整为与数字人视频的时长一致，如图 4-15 所示。

STEP 07 使用同样的方法，将背景素材的时长调整为与数字人视频的时长一致，如图 4-16 所示。

图 4-11　单击"打开"按钮

图 4-12　单击"选择音色"按钮

图 4-13　选择"旅小悠"音色

图 4-14　单击"保存并生成音频"按钮

图 4-15　调整背景素材的时长（1）

图 4-15　调整背景素材的时长（2）

4.2.5 更改文字

在视频剪辑页面，用户可以先删除不需要的文本，然后再重新生成视频字幕，并对其进行编辑。具体操作方法如下。

STEP 01 在轨道区选中需要删除的文本，单击"删除"按钮🗑，如图 4-17 所示，即可删除文本内容。

图 4-17 单击"删除"按钮

STEP 02 在轨道区选中数字人配音音频，在"配音"选项卡中单击"提取字幕"按钮，如图 4-18 所示，即可生成字幕。

图 4-18 单击"提取字幕"按钮

STEP 03 在轨道区选中第 1 个文本，切换至"编辑"选项卡，如图 4-19 所示。

STEP 04 在"编辑"选项卡中修改文字字体，设置"颜色"为蓝色，单击"加粗"按钮 B，如图 4-20 所示，即可加粗文字。

STEP 05 在"动画"|"进场"选项卡中，选择"打字机 1"选项，如图 4-21 所示。

图 4-19　切换至"编辑"选项卡

图 4-20　单击"加粗"按钮

图 4-21　选择"打字机 1"选项

STEP 06 设置"动画时长"为最大值,如图 4-22 所示。

图 4-22　设置"动画时长"为最大值

STEP 07 单击"应用至全部"按钮,如图 4-23 所示,即可设置所有文字。

图 4-23　单击"应用至全部"按钮

STEP 08 在预览区适当调整文字的位置和大小,如图 4-24 所示。

图 4-24　调整文字的位置和大小

4.2.6 添加背景音乐

《AI 新闻主播》视频制作完成后，还可以为其添加背景音乐，以给受众提供好的听觉感受。下面将介绍添加背景音乐的操作方法。

STEP 01 展开"在线音频"面板，在"音乐"|"舒缓"选项卡中，选择一首合适的纯音乐进行试听如图 4-25 所示。

图 4-25 选择一首合适的纯音乐

STEP 02 单击"添加轨道"按钮，即可将所选音乐添加到轨道区中。在轨道区选中添加的音乐，在"编辑"选项卡中将"音量大小"设置为 14%，如图 4-26 所示，降低背景音乐的音量，使其不会干扰数字人的播报音频。

图 4-26 设置"音量大小"参数（1）

STEP 03 拖曳时间轴至视频素材的末尾，选中背景音乐素材，单击"分割"按钮▮▮，如图 4-27 所示，分割背景音乐素材。

STEP 04 选中后半段背景音乐素材，单击"删除"按钮🗑，如图 4-28 所示，将多余的背景音乐素材删除，使其时长与视频素材的时长保持一致。

STEP 05 选中相应音频，在"编辑"|"基础"选项卡中，设置"音量大小"为 8%，如图 4-29 所示，即可降低音量。

图 4-27 单击"分割"按钮

图 4-28 单击"删除"按钮

图 4-29 设置"音量大小"参数（2）

STEP 06 至此，完成数字人视频的编辑工作，单击"合成"按钮，如图 4-30 所示。

图 4-30　单击"合成"按钮（1）

STEP 07　弹出"合成设置"对话框，设置相应的视频名称，单击"合成"按钮，如图 4-31 所示，即可获得完整的视频效果。

图 4-31　单击"合成"按钮（2）

为了满足市场需求，许多相关的虚拟数字人创建工具和平台应运而生，帮助用户轻松创建各种虚拟形象。本章通过综合实例——《虚拟教育导师》，来介绍使用腾讯智影制作教育培训数字人的实战技巧。

《虚拟教育导师》：数字人在教育培训中的应用

新手重点指引

▶ 基础知识：数字人与教育培训的结合
▶ 形象设计：设计知识丰富的虚拟教育导师形象

效果图片欣赏

5.1 基础知识：数字人与教育培训的结合

数字人与教育培训的结合正在为教育培训领域带来一场革新。数字人，作为一种高度仿真的虚拟实体，具有与人类相似的外貌、行为和情感反应，这使得它们在教育培训领域的应用具有极大的潜力和优势。本节将详细介绍数字人与教育培训的结合，希望大家对数字人在教育培训领域的运用有更深入的理解和认识。

5.1.1 虚拟教育导师的概念与特点

虚拟教育导师作为数字人在教育培训领域的应用之一，代表了一种新兴的教育技术趋势。它们通过模拟真实教师的互动和教学方法，为学习者提供个性化的学习体验。虚拟教育导师的核心概念和特点，如图 5-1 所示。

智能化	虚拟教育导师通常基于人工智能技术,能够理解学生的问题并提供智能反馈
个性化教学	通过分析学生的学习行为和表现,虚拟导师能够定制个性化的学习路径和教学内容,以满足学生的特定要求
可扩展性	虚拟教育导师可以同时服务于大量学生,不受传统教师数量的限制
全天候可用	与真人教师不同,虚拟教育导师可以 24 小时提供服务,不受时间和地点的限制
模拟教学场景	虚拟教育导师可以创建模拟的教学环境,帮助学生在无风险环境中学习并掌握复杂的概念或技能
辅助真人教师	虚拟教育导师可以作为真人教师的辅助工具,帮助分担一些教学和管理任务
情感交互	尽管是虚拟的,但先进的虚拟教育导师能够模拟情感反应,提供更自然、更人性化的交互体验
促进自主学习	虚拟教育导师鼓励学生自己探索和学习,培养学生的自主学习能力

图 5-1 虚拟教育导师的核心概念和特点

5.1.2 虚拟教育技术与传统教育的结合

虚拟教育技术与传统教育的结合是为了利用数字化和在线平台等新技术来增强传统教育的效果和覆盖范围。这种结合可以创造更加灵活、个性化的学习环境，提供更多样化的学习资源和方式，同时保留传统教育的优点。虚拟教育技术与传统教育结合的方式，如图 5-2 所示。

在线课堂和学习平台	提供在线课程和学习平台，让学生可以在任何时间、任何地点通过互联网学习。这种方式可以让学生根据自己的节奏和兴趣学习，打破了传统课堂的时间和空间限制
虚拟实验室和实践环境	利用虚拟现实技术和模拟软件，为学生提供实验室和实践环境。学生可以在虚拟环境中进行实验和模拟操作，从而增强他们的实践能力和加深理解水平
个性化学习路径	基于数据分析和人工智能技术，为学生提供个性化的学习路径和建议。教育机构可以根据学生的学习情况和兴趣，为他们量身定制学习计划，从而提高学习的效率和成效
在线协作和项目学习	提供在线协作工具和项目学习平台，让学生可以在虚拟环境中进行团队合作和项目开发。这种方式可以培养学生的团队合作能力和实践能力
数字化评估和反馈	利用数字化评估工具和在线反馈系统，为学生提供及时的评估和反馈。教师可以通过数字化技术更加准确地了解学生的学习情况，并给予针对性的指导和支持

图 5-2　虚拟教育技术与传统教育结合的方式

5.2 形象设计：设计知识丰富的虚拟教育导师形象

在使用腾讯智影软件设计一位知识丰富的虚拟教育导师形象时，我们可以充分利用软件的各项功能，创建一个既生动又富有内涵的虚拟形象。

5.2.1 效果欣赏

《虚拟教育导师》视频的制作可以通过腾讯智影来完成。视频的制作思路包括以下几个步骤：首先，选择合适的数字人模板，并根据教学内容和风格改变数字人形象；接着，利用文本驱动技术让数字人进行讲解，以确保其表达清晰、自然；然后，根据教学内容更改数字人所要讲解的文字内容，确保信息的准确性和教育性；最后，将所有元素合成，完成一个数字人讲解编程知识的教学视频。最终效果如图 5-3 所示。

图 5-3 效果展示

5.2.2 选择数字人模板

"数字人播报"功能页面中提供了大量的特定场景模板，用户可以直接选择，从而提升创作效率，具体操作方法如下。

STEP 01 在工具栏中，单击"模板"按钮，展开"模板"面板，在"横版"选项卡中，选择相应的数字人模板，如图 5-4 所示。

STEP 02 执行上述操作后，在弹出的对话框中可以预览该数字人模板的视频效果，如图 5-5 所示单击"应用"按钮。

图 5-4　选择相应的数字人模板

图 5-5　预览数字人模板的视频效果

STEP 03　即可添加合适的教育导师形象的数字人模板，如图 5-6 所示。

图 5-6　添加合适的数字人模板

5.2.3 改变数字人形象

在视频制作或使用数字人技术时，应确保数字人形象与视频场景的风格和氛围相匹配。下面介绍改变数字人外观形象的操作方法。

STEP 01 展开"数字人"面板，在"预置形象"选项卡中，选择"雨泽"数字人形象，如图 5-7 所示。

STEP 02 在编辑区切换至"画面"选项卡，设置"坐标"的 X 参数为 406、Y 参数为 42，"缩放"为 98%，如图 5-8 所示，调整数字人的位置和大小，给视频留出更多的空间，让数字人看起来更符合观众的审美需求。使用同样的方法，为其余两个 PPT 模板更换数字人，并设置"坐标"和"缩放"参数。

图 5-7　选择"雨泽"数字人形象

图 5-8　设置相应参数

5.2.4 驱动数字人

在腾讯智影中，常用的驱动数字人的方法是添加相应的播报文本，从而生成对应的数字人素材，具体操作方法如下。

STEP 01　在编辑区清空模板中的文本内容，单击"导入文本"按钮，如图 5-9 所示。

STEP 02　弹出"打开"对话框，选择相应的文本，如图 5-10 所示，即可导入文本内容。

图 5-9　单击"导入文本"按钮　　　　　　图 5-10　选择相应的文本

STEP 03　将鼠标指针定位到文中的相应位置，插入 0.5 秒的停顿标记，如图 5-11 所示。

STEP 04　在"播报内容"选项卡底部单击 承颐 1.0x 按钮，"承颐 1.0x"为模板中默认的数字人音色和读速。在弹出的"选择音色"对话框中，选择合适的音色，如在"影视综艺"选项卡中选择"云依"音色，如图 5-12 所示。

STEP 05　设置"读速"为 0.9，单击"确认"按钮，如图 5-13 所示，适当降低播报内容的播放速度。

图 5-11　插入 0.5 秒的停顿标记

STEP 06　执行操作后，即可修改数字人的音色。单击"保存并生成播报"按钮，如图 5-14 所示，即可根据文字内容生成相应的语音播报，同时数字人视频的时长也会根据文本配音的时长而改变。

STEP 07　展开"PPT 模式"面板，选择第 2 个 PPT，然后使用同样的方法设置相应的内容，最终效果如图 5-15 所示。

图 5-12　选择"云依"音色

图 5-13　设置"读速"

图 5-14　单击"保存并生成播报"按钮

图 5-15　设置相应内容后的效果（1）

STEP 08　选择第 3 个 PPT，然后使用同样的方法设置相应的内容，最终效果如图 5-16 所示。

图 5-16　设置相应内容后的效果（2）

5.2.5　更改文字

更改文字是一个细致的工作，需要考虑文本的功能性、美观性以及与视频内容的协调性。通过精心编辑，文本可以成为传达信息、增强视觉效果和提升观众体验的重要元素。下面介绍更改文字的体操作方法。

STEP 01　在预览区选中相应的文本，在编辑区的"样式编辑"选项卡中设置合适的字体，如图 5-17 所示。

STEP 02　在预览区选中相应的文本，更改文本内容，并设置合适的字体，如图 5-18 所示。

STEP 03　在"基础调节"卷展栏中，设置"坐标"的 X 参数为 –210、Y 参数为 –59，"缩放"为 96%，如图 5-19 所示，即可调整文字的位置和大小。

图 5-17　设置合适的字体（1）

图 5-18　设置合适的字体（2）

图 5-19　设置相应参数（1）

STEP 04 选中相应的文本，更改文本内容，并设置"字体""坐标"和"缩放"参数，如图 5-20 所示。

图 5-20 设置相应参数（2）

STEP 05 在第 2 个 PPT 中选中相应的文本，设置合适的字体，如图 5-21 所示。继续选中相应的文本，更改文本内容，并设置合适的字体。然后在"基础调节"卷展栏中，设置"坐标""缩放"等参数，即可调整文本的位置和大小。

图 5-21 设置合适的字体（3）

STEP 06 选中相应的文本，更改文本内容，并设置合适的字体。然后在"基础调节"卷展栏中，设置"坐标"的 X 参数为 -187、Y 参数为 78，"缩放"为 94%，如图 5-22 所示，即可调整文本的位置和大小。

STEP 07 选中相应的文本，切换至"动画"选项卡，打开"进场"卷展栏，选择"打字机 1"选项，如图 5-23 所示。

STEP 08 设置"动画时长"为 27.6 s，如图 5-24 所示。

图 5-22　设置相应参数（3）

图 5-23　选择"打字机 1"选项（1）　　图 5-24　设置"动画时长"参数（1）

STEP 09　选中相应的文本，切换至"动画"选项卡，打开"进场"，选择"打字机 1"选项，如图 5-25 所示。

STEP 10　设置"动画时长"为 11s，如图 5-26 所示。

STEP 11　执行操作后，在轨道区调整相应的文本时长，如图 5-27 所示。

STEP 12　在第 3 个 PPT 中选中的相应文本，更改文本内容，并设置合适的字体，如图 5-28 所示。

STEP 13　在"基础调节"卷展栏中，设置"坐标"的 X 参数为 –263、Y 参数为 –221，"缩放"为 145%，如图 5-29 所示，即可调整文字的位置和大小。

STEP 14　选中相应的文本，单击鼠标右键，在弹出的快捷菜单中选择"删除"命令，即可删除选中的文本。继续选中相应的文本，更改文本内容，并设置相应字体。在"基础调节"卷展栏中，设置"坐标"的 X 参数为 –167、Y 参数为 0，"缩放"为 126%，如图 5-30 所示。

图 5-25　选择"打字机 1"选项（2）

图 5-26　设置"动画时长"参数（2）

图 5-27　调整相应的文本时长

图 5-28　设置合适的字体（4）

图 5-29　设置相应参数（4）

图 5-30　设置相应参数（5）

STEP 15　切换至"动画"选项卡，打开"进场"卷展栏，选择"打字机1"选项，如图 5-31 所示。

STEP 16　设置"动画时长"为 5.7 s，如图 5-32 所示。

图 5-31　选择"打字机1"选项（3）

图 5-32　设置"动画时长"参数（3）

5.2.6 合成视频效果

当用户设置好数字人视频内容之后，可以单击"合成视频"按钮来快速生成视频，具体操作步骤如下。

STEP 01 在"数字人播报"功能页面的右上角，单击"合成视频"按钮，如图5-33所示。

图5-33 单击"合成视频"按钮

STEP 02 弹出"合成设置"对话框，输入相应的视频名称，单击"确定"按钮，如图5-34所示。

STEP 03 进入"我的资源"页面，显示该视频的合成进度，如图5-35所示。

STEP 04 合成视频后，单击"下载"按钮 ⤓，如图5-36所示。

STEP 05 弹出"新建下载任务"对话框，设置相应的保存位置，单击"下载"按钮，如图5-37所示，即可保存数字人视频。

图5-34 单击"确定"按钮

图 5-35　显示该视频的合成进度

图 5-36　单击"下载"按钮（1）

图 5-37　单击"下载"按钮（2）

数字人能够根据用户的个人健康数据提供定制化的健康建议和指导，还能提供疾病预防、健康生活方式等相关教育信息，以提升公众的健康意识。本章将通过一个综合实例——《虚拟健康顾问》，介绍如何使用剪映来提升数字人视频的制作效率和视频质量。

第 **6** 章

《虚拟健康顾问》：数字人在医疗健康领域的应用

新手重点指引

- ▶ 基础知识：数字人在医疗健康领域的应用
- ▶ 制作工具：剪映软件
- ▶ 形象设计：设计专业的虚拟健康顾问形象

效果图片欣赏

6.1 基础知识：数字人在医疗健康领域的应用

数字人在医疗健康领域的应用，正逐渐成为该领域的一项重要技术革新。这一技术，融合了医学、生物学、计算机科学、物理学等多个学科的知识，为医疗健康带来了前所未有的精确性、高效性和安全性。

6.1.1 健康管理

健康管理是一个涵盖广泛的领域，它注重维护和提升个人或群体的健康状态，预防疾病，并通过各种方法和工具进行健康风险的评估与干预。数字技术在健康管理领域的应用日益增多，其中包括数字人技术的应用。数字技术健康管理领域应用的关键点，如图 6-1 所示。

图 6-1　数字技术在健康管理领域的应用

数字健康管理 市场布局	中国数字健康管理市场主要围绕三大功能布局，即食物营养管理、运动健康管理和健康社交。这三个功能构成了普通用户的核心使用需求

图 6-1 数字技术在健康管理领域的应用（续）

通过这些应用和发展趋势可以看出，数字技术，特别是数字人技术（例如，在疾病预防宣传、个性化健康建议及模拟医疗示范等方面的应用），在健康管理领域展现出了广阔的应用前景。这些技术不仅有助于提供更加个性化、高效和便捷的健康管理服务，还极大地提升了健康信息的传递效率和用户的接受度。在健康管理领域的应用前景十分广阔，这有助于提供更加个性化、高效和便捷的健康管理服务。

6.1.2 疾病预防宣传

数字人能够跨越手机 APP、网站、社交媒体等多个平台，向公众传递疾病预防知识。通过形象生动的展示，它们详细阐述疾病的传播途径、预防措施及治疗方法等核心信息。数字人的高度仿真性增强了信息的可接受性和理解度，从而显著提升了预防宣传的效果。

此外，数字人还能进行模拟示范，如展示正确的洗手步骤和佩戴口罩方法。这些直观的操作示范有助于公众更好地掌握疾病预防技能。

同时，数字人技术与大数据分析、人工智能等技术的结合，为公众提供了个性化的疾病预防建议。通过深入分析用户的健康数据和生活习惯，数字人能够为用户量身定制预防方案，提供精准的健康指导。

综上所述，数字人在疾病预防宣传中的应用不仅提高了宣传效率和效果，还使得预防知识更加易于被公众接受和理解。随着技术的不断进步，数字人在医疗健康领域的应用前景将更加光明。

6.1.3 情感支持与心理慰藉

数字人集成了先进的语音识别、面部表情模拟及身体语言技术，与患者建立起一种深入且独特的情感联系。它们不仅能够精准理解患者的言语表达，还能通过细腻的表情变化和肢体语言，传递出对患者的深切同情、真诚理解和坚定支持。这种非言语的沟通方式，对于缓解患者的紧张情绪、减轻其心理负担具有不可忽视的积极作用。

对于需要长期治疗或康复的患者而言，他们往往会面临漫长的治疗周期和沉重的身心压力。数字人通过定期的心理慰藉对话，为患者提供了一个安全、私密的倾诉空间，让他们能够毫无保留地表达自己的烦恼和困惑。数字人能够耐心倾听，并以积极的反馈和鼓励，帮助患者重建战胜疾病的信心。同时，它们还能根据患者的情绪变化，提供个性化的心理支持和实用建议，如冥想练习、呼吸放松技巧等，帮助患者更好地应对疾病带来的种种挑战。

此外，数字人在心理健康教育方面也发挥着重要作用。它们通过生动有趣的讲解和互动演示，向患者普及心理健康知识，提升他们的心理素质和应对能力。数字人能够根据患者的具体情况，量身定制个性化的教育课程，如情绪管理技巧、压力缓解方法等，帮助患者掌握自我调节情绪、缓解压力的有效手段。

值得注意的是，数字人在情感支持与心理慰藉方面的应用，还充分展现了医疗健康的个性化和智能化发展趋势。通过集成大数据分析、机器学习等先进技术，数字人能够更精准地理解患者的需求和情绪变化，为患者提供更加贴心、个性化的关怀服务。

综上所述，数字人在情感支持与心理慰藉方面的应用，不仅为患者带来了更加贴心、个性化的关怀体验，还有效促进了患者心理健康水平的提升。随着技术的不断进步和应用场景的持续拓展，数字人在医疗健康领域的应用前景将更加广阔，为患者的康复之路增添更多温暖与希望。

6.2 制作工具：剪映软件

剪映是抖音官方推出的一款视频编辑软件，它具备全面的剪辑功能，支持变速、多样滤镜效果，以及拥有丰富的曲库资源。剪映软件提供手机版本和电脑版本，其中手机版本支持IOS 和 Android 系统，而电脑版本则提供了更强大的编辑功能和更精细的操作界面。下面以剪映电脑版为例，介绍其下载和安装方法。

STEP 01　在浏览器中输入并搜索"剪映专业版官网"，在搜索结果中单击官网链接，如图 6-2 所示，即可进入剪映官网。

图 6-2　单击官网链接

STEP 02　在"专业版"选项卡中单击"立即下载"按钮，如图 6-3 所示。

图 6-3　单击"立即下载"按钮

这里以百度浏览器为例介绍剪映电脑版（专业版）的下载和安装方法，其他浏览器也是同样的操作。

STEP 03 弹出"新建下载任务"对话框，单击"下载"按钮，如图 6-4 所示，将软件安装程序下载到本地文件夹中。

图 6-4 单击"下载"按钮

STEP 04 下载完成后，打开包含软件安装程序的文件夹，在软件安装程序上单击鼠标右键，在弹出的快捷菜单中选择"打开"命令，如图 6-5 所示。

图 6-5 选择"打开"命令

STEP 05 执行操作后，即可开始下载并安装剪映专业版。此时，会弹出"剪映专业版下载安装"对话框，显示软件下载和安装的进度，如图 6-6 所示。

STEP 06 安装完成后，弹出"环境检测"对话框，软件会对电脑环境进行检测，检测完成后单击"确定"按钮，如图 6-7 所示。

STEP 07 执行操作后，进入剪映专业版的"首页"面板，在左上方单击"单击登录账户"按钮，如图 6-8 所示。

图 6-6　显示软件下载和安装的进度

图 6-7　单击"确定"按钮

图 6-8　单击"单击登录账户"按钮

STEP 08 弹出"登录"对话框，选中"已阅读并同意剪映用户协议和剪映隐私政策"复选框，单击"通过抖音登录"按钮，如图 6-9 所示。

图 6-9 单击"通过抖音登录"按钮

STEP 09 执行操作后，进入抖音登录界面，如图 6-10 所示，用户可以根据系统提示进行扫码登录或手机验证码登录。完成登录后，返回"首页"面板。

图 6-10 进入抖音登录界面

6.3 形象设计：设计专业的虚拟健康顾问形象

利用剪映软件提供的一系列工具和功能，我们可以设计一个专业的虚拟健康顾问形象。

6.3.1 效果欣赏

《虚拟健康顾问》视频的制作可以通过剪映软件便捷地完成。该视频主要是利用虚拟数字人技术进行讲解，向广大受众传递重要的健康知识和信息。通过这种方式，我们能够以一种生动、互动的形式呈现健康教育内容，使其更容易被理解和接受，效果展示如图 6-11 所示。

图 6-11　效果展示

6.3.2　添加数字人模板

通过选择现有的数字人视频模板，并替换其中的数字人形象，用户可以节省大量的时间和精力，同时确保生成的视频素材具有一定的专业性和吸引力。下面介绍具体的操作方法。

STEP 01　打开剪映专业版软件，进入"首页"面板，单击"模板"按钮，如图 6-12 所示。

图 6-12 单击"模板"按钮

STEP 02 进入"模板"面板，在搜索框中输入并搜索"健康宣传"。在搜索结果中选择需要的模板，然后单击"使用模板"按钮，如图 6-13 所示，即可使用该模板。

图 6-13 单击"使用模板"按钮

STEP 03 进入剪映的视频创作界面，系统会自动选中轨道。在"文本"选项卡中，单击"解锁草稿"按钮，如图 6-14 所示。

STEP 04 执行操作后，即可解锁模板的操作。切换至"媒体"功能区，在"本地"选项卡中单击"导入"按钮，如图 6-15 所示。

STEP 05 弹出"请选择媒体资源"对话框，选择数字人视频素材，如图 6-16 所示，单击"打开"按钮。

STEP 06 执行操作后，即可将数字人视频素材导入到"媒体"功能区，如图 6-17 所示。

图 6-14 单击"解锁草稿"按钮

图 6-15 单击"导入"按钮

图 6-16 选择数字人视频素材

图 6-17 导入数字人视频素材

STEP 07 选中数字人视频素材，按住鼠标左键将其拖曳至相应位置，释放鼠标左键，即可添加数字人视频素材，如图 6-18 所示。

图 6-18 添加数字人视频素材

STEP 08 选中数字人视频素材，切换至"画面"操作区的"抠像"选项卡，选中"色度抠图"复选框，在下方单击"取色器"按钮，在预览窗口中吸取绿色，如图 6-19 所示。

图 6-19 吸取绿色

STEP 09 在"抠像"选项卡中设置"强度"为 35、"边缘羽化"为 6、"边缘清除"为 5，如图 6-20 所示，增加图像边缘的清晰度。

STEP 10 在轨道面板中，选中相应的素材，单击"删除"按钮，如图 6-21 所示，将其删除。

STEP 11 使用同样的方法，删除其他素材，效果如图 6-22 所示。

图 6-20　设置相应参数

图 6-21　单击"删除"按钮

图 6-22　删除素材后的效果

6.3.3　添加背景素材

在视频编辑过程中，添加背景素材可以增强视频的视觉吸引力和传达更多的信息，添加背景素材的具体操作步骤如下。

STEP 01　切换至"媒体"功能区，在"素材库"|"热门"选项卡中，选择白色背景素材，如图 6-23 所示。

STEP 02　按住鼠标左键将其拖曳至相应位置，释放鼠标左键，即可添加背景素材，然后调整其时长和位置，如图 6-24 所示。

图 6-23　选择白色背景素材

图 6-24　调整其时长和位置

STEP 03　将时间轴拖曳至相应位置，在"画面"操作区的"基础"选项卡中，设置"位置"的 X 参数为 1644、Y 参数为 –272，调整数字人的位置和大小。然后单击"添加关键帧"按钮 ，如图 6-25 所示，添加第 1 个关键帧。

STEP 04　拖曳时间轴至相应位置，在"画面"操作区的"基础"选项卡中，设置"位置"的 X 参数为 0、Y 参数为 –272，如图 6-26 所示，即可自动添加第 2 个关键帧，制作出背景素材从右向左移动的效果。

图 6-25　单击"添加关键帧"按钮

图 6-26　设置"位置"参数

STEP 05　选择数字人视频素材，切换至"音频"操作区的"基础"选项卡，设置"音量"为 16.2 dB，如图 6-27 所示，调整音量大小。

STEP 06　拖曳时间轴至相应位置，单击"分割"按钮 ，如图 6-28 所示，即可分割数字人视频素材。

图 6-27　设置"音量"参数

图 6-28　单击"分割"按钮

STEP 07　选择第 1 段分割的数字人视频素材，单击鼠标右键，在弹出的快捷菜单中选择"分离音频"命令，如图 6-29 所示，即可分离音频。

STEP 08　选择第 1 段分割的数字人视频素材，单击"删除"按钮 □，如图 6-30 所示，将其删除。

图 6-29　选择"分离音频"命令

图 6-30　单击"删除"按钮

STEP 09　选中数字人视频素材，拖曳时间轴至相应位置，切换至"画面"操作区的"基础"选项卡，设置"位置"的 X 参数为 1625、Y 参数为 0，单击"添加关键帧"按钮 ◆，如图 6-31 所示，为数字人视频素材添加第 1 个关键帧。

STEP 10　拖曳时间轴至相应位置，在"画面"操作区的"基础"选项卡中，设置"位置"X 参数为 0、Y 参数为 0，如图 6-32 所示，即可自动添加第 2 个关键帧，使数字人视频素材也从右向左逐渐显示完整。

图 6-31　单击"添加关键帧"按钮

6.3.4 添加特效动画

在视频编辑过程中，添加特效动画是一个增强视觉吸引力和生动讲述故事的重要手段，具体操作方法如下。

STEP 01 在轨道区拖曳时间轴至相应位置，如图 6-33 所示。

STEP 02 切换至"特效"功能区，展开"画面特效"|"爱心"选项卡，单击"爱心射线"特效右下角的"添加到轨道"按钮，如图 6-34 所示。

STEP 03 执行操作后，即可为视频添加一个特效，然后调整特效的时长，如图 6-35 所示。

图 6-32　设置"位置"参数

图 6-33　拖曳时间轴至相应位置

图 6-34　单击"添加到轨道"按钮

图 6-35　调整特效的时长

6.3.5 更改文字

更改文字是视频编辑中一个重要的环节，它不仅影响视频传达信息的准确性和有效性，还直接影响观众的观看体验。具体操作方法如下。

STEP 01 在轨道区选中相应的文字，在"文本"操作区的"基础"选项卡中，设置"字体"为"宋体"，如图 6-36 所示。

STEP 02 使用同样的方法，在轨道区选中另一段文字，在"文本"操作区的"基础"选项卡中，单击"第1段文本"文本框右侧的"展开"按钮，展开相应面板，然后设置一个合适的字体，如图 6-37 所示。

图 6-36 设置"字体"为"宋体"

图 6-37 设置合适的字体（1）

STEP 03 单击"第2段文本"文本框右侧的"展开"按钮，展开相应面板，并设置一个合适的字体，如图 6-38 所示。

STEP 04 在轨道区选中相应的文字，在"文本"操作区的"基础"选项卡中设置一个合适的字体，如图 6-39 所示。

图 6-38 设置合适的字体（2）

图 6-39 设置合适的字体（3）

STEP 05 在轨道区选中文字并移动到相应位置，设置贴纸的操作与文字相同：选中相应的贴纸并移动到相应位置，如图 6-40 所示。

STEP 06 使用同样的方法，将蓝色背景移动到相应位置并调整其时长，如图 6-41 所示。

图 6-40　移动到相应位置（1）

图 6-41　移动到相应位置并调整其时长

STEP 07　拖曳时间轴至相应位置，选中文字，并调整其时长，如图 6-42 所示。

STEP 08　选中相应的贴纸，并调整贴纸的时长以与文字对齐，如图 6-43 所示。

图 6-42　调整文字的时长

图 6-43　调整贴纸的时长以与文字对齐

STEP 09　选中相应的文本，并设置合适的字体，如图 6-44 所示。

STEP 10　在轨道区选中音频，并移动到相应位置，如图 6-45 所示。

图 6-44　设置合适的字体（4）　　　　图 6-45　移动到时相应位置（2）

STEP 11　使用同样的方法，为剩余的文字设置字体，并将文字、贴纸和音频调整至相应位置，如图 6-46 所示。

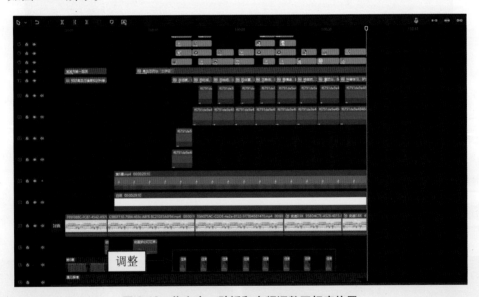

图 6-46　将文字、贴纸和音频调整至相应位置

6.3.6　合成视频效果

当用户设置好数字人视频内容后，可以单击"导出"按钮快速生成视频，具体操作方法如下。

STEP 01　单击"导出"按钮，如图 6-47 所示。

STEP 02　弹出"导出"对话框，输入相应的文件名称，然后单击"导出至"右侧的 ▣ 按钮，如图 6-48 所示。

图 6-47　单击"导出"按钮（1）

图 6-48　单击相应按钮（1）

STEP 03　弹出"请选择导出路径"对话框，设置视频的保存位置，单击"选择文件夹"按钮，如图 6-49 所示，即可更改视频的保存位置。

STEP 04　在"视频导出"卷展栏中，用户还可以对视频导出的分辨率、码率、编码、格式和帧率进行设置。如果不需要设置，可以单击"导出"按钮，如图 6-50 所示。

STEP 05　执行操作后，开始导出视频，并显示导出进度，如图 6-51 所示。

STEP 06　导出完成后，用户可以选择前往抖音软件或西瓜视频软件发布视频。如果不需要发布视频，可以单击"关闭"按钮，如图 6-52 所示，关闭"导出"对话框，返回视频编辑界面。

图 6-49　单击"选择文件夹"按钮

图 6-50　单击"导出"按钮（2）

图 6-51　显示导出进度

图 6-52　单击"关闭"按钮

在法律领域，精确和效率至关重要。现在，数字人技术正逐步改变我们获取法律服务的方式。接下来，我们将深入了解《虚拟法律咨询专家》如何利用数字人提升法律服务的质量与可及性。

第**7**章

《虚拟法律咨询专家》：数字人在法律服务中的应用

■ 新手重点指引

▶ 基础知识：数字人在法律服务中的应用
▶ 形象设计：设计专业的虚拟法律专家形象

■ 效果图片欣赏

7.1 基础知识：数字人在法律服务中的应用

数字人在法律服务领域的作用日益凸显，它们结合了人工智能、机器学习、自然语言处理和 3D 建模等技术，正在改变法律服务的提供方式。本节将详细介绍数字人在法律服务中的应用，希望帮助大家更深入地理解和认识数字人在法律领域的应用。

7.1.1 法律咨询

法律咨询是指法律专业人士或系统针对个人或组织提出的法律问题，提供专业、准确、及时的解答和建议的过程。随着科技的发展，法律咨询的形式也在不断创新，其中数字人技术在法律咨询中的应用尤为引人注目。

1. 数字人技术在法律咨询中的应用

数字人技术，特别是融合了人工智能、自然语言处理、机器学习等先进技术的法律咨询数字人，为法律咨询领域带来了革命性的变化。以下是其主要应用特点，如图 7-1 所示。

图 7-1　数字人技术在法律咨询中的应用特点

2. 数字人在法律咨询中的优势

随着人工智能技术的不断进步，数字人作为法律咨询的新工具，已经开始在法律服务领域扮演重要角色。它们通过模拟法律专家的思维和知识，为用户提供了一个全新的法律咨询途径。接下来，让我们深入了解数字人在法律咨询中的一些核心优势，如图 7-2 所示。

图 7-2 数字人在法律咨询中的优势

7.1.2 司法辅助

数字人在司法辅助中的应用日益广泛，它们通过集成人工智能、自然语言处理、机器学习等先进技术，为司法工作提供了高效、准确、智能的支持。以下是数字人在司法辅助中的几个应用领域。

（1）文件审查与分类。数字人能够自动对大量法律文件进行审查，快速提取关键信息，并进行分类和标签化。这不仅提高了律师和法官的工作效率，还减少了人为错误的可能性。例如，在处理复杂的案件时，数字人可以快速筛选出与案件相关的法律条文、判例和证据材料，为法律从业者提供有力的支持。

（2）合同审查与比对。在合同审查方面，数字人能够通过自然语言处理技术，对合同条款进行自动审查，快速识别出潜在的法律风险和问题。同时，数字人还能对多份合同进行比对，帮助用户发现不同合同之间的差异和相似之处，为合同谈判和签署提供有力的参考。

（3）法律咨询与解答。数字人可以作为虚拟法律顾问，为用户提供即时的法律咨询和解答服务。它们能够理解用户的自然语言输入，并根据法律知识库中的信息，给出准确、专业的法律建议。这种服务形式不仅提高了法律咨询的便捷性，还降低了咨询成本，使得更多人群能够享受到专业的法律服务。

7.2 形象设计：设计专业的虚拟法律专家形象

使用腾讯智影软件来设计一位知识丰富的虚拟法律专家形象时，我们可以利用其功能来创建一个生动且富有内涵的虚拟形象。设计一个专业的虚拟法律专家形象时，我们需要考虑其专业性、可信度和亲和力。

7.2.1 效果欣赏

《虚拟法律咨询专家》视频的制作可以通过腾讯智影平台高效地完成。首先，选择一个合适的数字人角色并进行驱动，以确保其动作和表情自然。接着，更换背景素材，以适应视频的主题和氛围。然后，根据视频内容更改文字，确保信息的准确性和可读性。最后，添加合适的背景音乐，以提升整体的观看体验。通过这些步骤，您可以制作出专业且吸引人的法律咨询视频，效果展示如图 7-3 所示。

图 7-3　效果展示

7.2.2 选择数字人模板

用户可以根据具体需求，通过简单的单击和浏览，快速定位到最适合自己项目的模板，具体操作方法如下。

STEP 01　在腾讯智影的"创作空间"页面，单击"视频剪辑"按钮，如图 7-4 所示。

STEP 02　进入视频剪辑页面，单击"模板库"按钮，展开"模板"面板。在"企业"选项卡中单击相应模板右上角的"添加到轨道"按钮 ➕，如图 7-5 所示，即可添加一个数字人视频模板，并进入数字人编辑页面。

图 7-4　单击"视频剪辑"按钮

图 7-5　单击"添加到轨道"按钮

7.2.3 驱动数字人

用户可以根据视频的宣传目的，编辑和更新模板中的文字信息，具体操作方法如下。

STEP 01　在轨道区选中需要删除的视频素材，单击"删除"按钮 🗑，如图 7-6 所示，即可将其删除。

STEP 02　使用同样的方法，删除其他数字人素材，如图 7-7 所示。

STEP 03　在"数字人编辑"面板的"配音"选项卡中，单击文本框的空白位置，弹出"数字人文本配音"面板，清空模板中的文本内容，然后单击"导入"按钮，如图 7-8 所示。

图 7-6　单击"删除"按钮（1）

图 7-7　单击"删除"按钮（2）

图 7-8　单击"导入"按钮

STEP 04　弹出"打开"对话框，选择相应的文本，单击"打开"按钮，如图 7-9 所示，即可导入文本。

图 7-9　单击"打开"按钮

STEP 05 将鼠标指针定位到文中的相应位置，单击"插入停顿"按钮，如图 7-10 所示。

图 7-10　单击"插入停顿"按钮

STEP 06 在弹出的列表框中选择"停顿 0.5 秒"选项，如图 7-11 所示，即可在相应的文字位置处插入一个停顿标记。也就是说，数字人播报到此处时会停顿 0.5 秒再往下读。

图 7-11　选择"停顿 0.5 秒"选项

STEP 07 使用同样的方法，在其他位置添加"停顿 0.5 秒"的停顿标记，如图 7-12 所示。

STEP 08 在"数字人文本配音"选项卡中单击"康哥"按钮，如图 7-13 所示。

STEP 09 弹出"选择音色"对话框，选择合适的音色，如在"新闻资讯"选项卡中选择"康弟"音色，如图 7-14 所示。单击"确认"按钮，修改数字人的音色。

STEP 10 执行操作后，返回"数字人文本配音"面板，单击"保存并生成音频"按钮，如图 7-15 所示，即可根据文字内容生成相应的语音播报，同时数字人的时长也会根据文本配音的时长而改变。

图 7-12　添加"停顿 0.5 秒"的停顿标记

图 7-13　单击"康哥"按钮

图 7-14　选择"康弟"音色

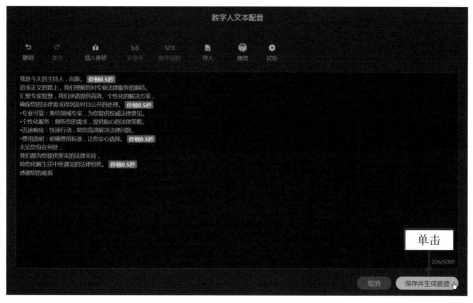

图 7-15　单击"保存并生成音频"按钮

7.2.4　更换背景素材

用户如果想在视频中使用自己生成的背景图片，则需要先将素材上传至腾讯智影中，下面介绍具体的操作方法。

STEP 01　在轨道区选中第 1 段背景素材，单击鼠标右键，在弹出的快捷菜单选择"替换片段"命令，如图 7-16 所示。

图 7-16　选择"替换片段"命令

STEP 02　弹出"替换素材"对话框，在"上传素材"选项卡中单击"点击"按钮，如图 7-17 所示。

STEP 03　弹出"打开"对话框，选择相应的背景图片素材，如图 7-18 所示，单击"打开"按钮，即可将背景图片上传。

STEP 04　返回到"替换素材"对话框，选择相应的背景图片素材，如图 7-19 所示。

图 7-17　单击"单击"按钮

图 7-18　选择相应的背景图片素材（1）

图 7-19　选择相应的背景图片素材（2）

STEP 05 在弹出的对话框中可以预览该背景图片素材的效果，单击"替换"按钮，如图 7-20 所示，即可替换背景素材。

STEP 06 使用同样的方法，为第 2 段素材替换相应背景的素材，效果如图 7-21 所示。

图 7-20　单击"替换"按钮

图 7-21　替换相应背景素材后的效果

7.2.5　更改文字

根据视频的主题和信息，用户可以调整或重新撰写模板中的文字，下面介绍具体的操作方法。

STEP 01 在预览区选中相应的文本，在"编辑"|"基础"选项卡中，更改文本内容，如图 7-22 所示。

图 7-22　更改文本内容

STEP 02 执行操作后，设置相应的字体，并设置"字号"为80、"颜色"为"白色"，如图 7-23 所示。

STEP 03 在"编辑"|"基础"选项卡中，设置"缩放"为126%，"坐标"的 X 参数为 86.83、Y 参数为 –279.27，如图 7-24 所示，即可调整文字的位置和大小。

图 7-23 设置"颜色"为"白色"　　　　图 7-24 设置"缩放"和"坐标"参数

STEP 04 在轨道区同时选中多个文本，单击"删除"按钮🗑，如图 7-25 所示，即可删除不需要的文本。

图 7-25 单击"删除"按钮

STEP 05 选中相应的文本，将文本的时长调整为与背景图片的时长一致，如图 7-26 所示。

STEP 06 在轨道区选中相应的文本，在"编辑"|"基础"选项卡中，更改文本内容，如图 7-27 所示。

STEP 07 设置相应的字体，并设置"字号"为42、"颜色"为"白色"，如图 7-28 所示。

STEP 08 在轨道中，选中相应的字幕，更改文本内容，如图 7-29 所示。

STEP 09 在"编辑"|"基础"选项卡中，设置相应的字体，并设置"字号"为24、"颜色"为"蓝色"，如图 7-30 所示。

STEP 10 在"编辑"|"基础"选项卡的"预设样式"卷展栏中，选择合适的预设样式，如图 7-31 所示。

图 7-26 将文本的时长调整为与背景
图片的时长一致（1）

图 7-27 更改文本内容

图 7-28 设置"颜色"为"白色"

图 7-29 更改文本内容

图 7-30 设置"颜色"为"蓝色"

图 7-31 选择合适的预设样式

STEP 11 在"位置与变化"卷展栏中，设置"缩放"为 127%，"坐标"的 X 参数为
210.99、Y 参数为 −93.79，如图 7-32 所示，即可调整文字的位置和大小。

STEP 12 选中相应的文本，将文本的时长调整为与背景图片的时长一致，如图 7-33 所示。

图 7-32　设置相应参数

图 7-33　将文本的时长调整为与
　　　　　背景图片的时长一致（2）

STEP 13 执行操作后，在轨道区选中相应的文本并拖曳至相应位置，如图 7-34 所示。

图 7-34　拖曳至相应位置

STEP 14 选中相应的文本，调整该文本的时长，如图 7-35 所示，然后更改文本内容，
并设置其字体、字号、颜色、缩放以及坐标。使用同样的方法，更改其余两个字幕的文本，
设置其字体、字号、颜色、缩放以及坐标，并调整文本的时长。

图 7-35　调整文本的时长

7.2.6 添加背景音乐

在《虚拟法律咨询专家》视频中添加背景音乐，可以为专家讲解增添柔和的旋律。这不仅让观众在获取专业法律建议的同时，享受到愉悦的听觉体验，还能提升视频的整体观赏性和吸引力。下面将介绍添加背景音乐的操作方法。

STEP 01 在轨道区选中音频，调整音频的时长与数字人视频的时长一致，如图 7-36 所示。

图 7-36 调整音频的时长与数字人视频的时长一致

STEP 02 在"编辑"｜"基础"选项卡，设置"音量大小"为 8%，"淡出时间"为 2.0 s，如图 7-37 所示，即可降低音量。

图 7-37 设置相应参数

STEP 03 执行操作后，单击"合成"按钮，如图 7-38 所示。

STEP 04 弹出"合成设置"对话框，输入相应的名称，单击"合成"按钮，如图 7-39 所示，即可合成视频。

图 7-38　单击"合成"按钮（1）

图 7-39　单击"合成"按钮（2）

随着科技的飞速发展,人工智能和虚拟现实技术正在重塑旅游行业。本章通过《虚拟旅游导游》实例,详细讲解如何在剪映软件中运用虚拟数字人技术,为游客打造全新的沉浸式导游体验。

第 **8** 章

《虚拟旅游导游》：数字人在旅游行业的应用

新手重点指引

- ▶ 基础知识：数字人在旅游行业的应用
- ▶ 形象设计：塑造友好的虚拟导游形象

效果图片欣赏

8.1 基础知识：数字人在旅游行业的应用

数字人在旅游行业的应用日益广泛，不仅提升了游客的旅游体验，也推动了旅游行业的数字化转型。本节将详细介绍数字人在旅游行业的应用。

8.1.1 虚拟导游与讲解员

虚拟导游与讲解员是旅游行业中的一项创新应用，它们通过数字人技术为游客提供全新的导览和讲解体验。以下是关于虚拟导游与讲解员的详细阐述。

1. 定义与功能

虚拟导游与讲解员是指通过数字人技术创建的虚拟形象，它们能够模拟真实导游的职能，为游客提供导览、讲解、咨询等服务。这些虚拟形象集成了自然语言处理、语音合成、图像识别等先进技术，能够流畅地与游客进行交互，解答游客的问题，并根据游客的需求提供个性化的导览服务。

2. 技术实现

虚拟导游与讲解员的技术实现主要依赖于以下几个方面，如图 8-1 所示。

数字人建模	需要创建虚拟导游与讲解员的数字模型。这通常涉及三维建模、贴图、骨骼绑定等步骤，以创造出逼真的虚拟形象
自然语言处理	为了使虚拟导游能够理解游客的语言并做出相应的回应，需要应用自然语言处理技术。这包括语音识别、语义理解、对话生成等模块，以实现人机之间的流畅交互
语音合成	虚拟导游的语音输出也需要通过语音合成技术来实现。这项技术可以将文本转化为自然流畅的语音
图像识别与交互	在导览过程中，虚拟导游还可以利用图像识别技术识别游客所指的景点或文物，并提供相应的讲解信息。此外，还可以结合增强现实(AR)技术，为游客提供沉浸式的导览体验

图 8-1

3. 应用优势

在探讨虚拟导游与讲解员的应用时，我们不难发现，相较于传统的人工导游，它们不仅在技术上实现了革新，还在服务质量和效率上实现了飞跃。这些优势为旅游行业注入了新的活力，不仅提升了游客的整体体验，还促进了旅游景区的可持续发展。下面介绍具体的优势，如图 8-2 所示。

图 8-2　虚拟导游与讲解员的优势

8.1.2　文旅直播与营销

文旅直播与营销是当前文旅产业中一种新兴的、高效的营销方式，它通过网络直播平台，以直播的形式来宣传和推广文化、旅游、地产等相关产品和服务，旨在提高品牌知名度和销售额。以下是对文旅直播与营销的详细分析。

1. 文旅直播与营销的定义与特点

定义：文旅直播营销是指通过网络直播平台，以直播的形式来宣传和推广文化、旅游、地产等相关产品和服务的一种营销方式。

其特点如下。

（1）生产个体化。直播内容可以由个人或团队创作，具有高度的个性化和灵活性。

（2）传播过程化。直播过程即传播过程，观众可以实时参与互动，提高传播效果。

（3）营销短链化。直播营销缩短了从产品展示到购买转化的链条，提高了营销效率。

（4）应用界面化。直播平台提供了丰富的应用界面，方便观众进行浏览、互动和购买。

2. 文旅直播营销的方式

在探索文旅直播营销的广阔领域时，我们可以发现其方式多样且富有创意，每一种方式都旨在以独特的视角和互动体验吸引观众的注意，进而促进文旅产业的发展。从直观而生动的旅游直播，到深邃而丰富的线上文化体验直播，每一种形式都展现了各自的魅力与目标。

（1）旅游直播。以旅游为主题，直播旅游景点、美食、特产等，吸引观众前往旅游地，提高旅游业的知名度和吸引力。

（2）线上文化体验直播。通过网络直播的方式，让观众在线上感受到地域文化的魅力，如展示传统手工艺制作过程、特色文化活动等。

（3）直播营销。在直播过程中介绍文旅产品、服务和促销活动，以此提高品牌知名度和销售额。

（4）明星代言直播。邀请明星代言文旅产品或服务，并通过直播的形式进行宣传，以此增强品牌的曝光度和吸引力。

（5）直播策划活动。通过策划一些有趣、有吸引力的直播活动，如抽奖、游戏等，吸引观众参与，从而提升品牌知名度和用户参与度。

（6）互动直播。在直播中与观众进行互动交流，回答观众的问题，加强品牌与用户之间的互动和信任，进而提高用户忠诚度。

3. 文旅直播营销的优势

在深入探讨文旅直播营销的独特魅力时，我们不难发现其多重优势正逐渐显现，并深刻影响着文旅产业的营销模式与效果，下面介绍具体的优势，如图 8-3 所示。

图 8-3 文旅直播营销的优势

4. 文旅直播营销的未来趋势

文旅直播营销的未来趋势将随着技术的不断进步和消费者需求的持续变化而展现出更加多元化和深入发展的态势具体内容，如图 8-4 所示。

图 8-4 文旅直播营销的未来趋势

综上所述，文旅直播与营销作为一种新兴的营销方式，具有显著的优势和广阔的发展前

STEP 03 执行操作后，即可将所选的数字人添加到时间线窗口的轨道区，并显示相应的渲染进度，如图 8-8 所示。

图 8-8 显示相应的渲染进度

STEP 04 切换至"数字人形象"操作区的"景别"选项卡，选择"特写"选项，如图 8-9 所示。

图 8-9 选择"特写"选项

在"数字人形象"操作区中，切换至"景别"选项卡，可以改变数字人在视频画面中的景别，包括远景、中景、近景和特写四种类型。

STEP 05 选中文本素材,单击"删除"按钮 □ ,将其删除。展开"画面"|"基础"选项卡,设置"位置"的 X 参数为 -1402、Y 参数为 -877,如图 8-10 所示,即可调整数字人的位置。

图 8-10 设置"位置"参数

8.2.3 智能生成宣传文案

利用剪映软件中的"智能文案"功能,用户只需输入与城市景点宣传相关的关键词或主题,软件即可自动生成一段宣传文案。具体操作方法如下。

STEP 01 选中视频轨道区的数字人素材,切换至"文案"操作区,单击"智能文案"按钮,如图 8-11 所示。

图 8-11 单击"智能文案"按钮

STEP 02 弹出"智能文案"对话框，单击"写口播文案"按钮，确定要创作的文案类型，如图 8-12 所示。

STEP 03 在文本框中输入相应的文案要求，如"帮我写一篇城市宣传诗词文案，100 字以内"，如图 8-13 所示。

图 8-12 单击"写口播文案"按钮

图 8-13 输入相应的文案要求

STEP 04 单击"发送"按钮 ，剪映即可根据用户输入的要求生成对应的文案，如图 8-14 所示。

STEP 05 单击"下一个"按钮，剪映会重新生成文案，如图 8-15 所示。当生成令用户满意的文案后，单击"确认"按钮即可。

图 8-14 生成对应的文案

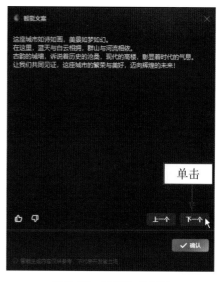

图 8-15 重新生成文案

STEP 06 执行操作后，即可将智能文案添加到"文案"操作区，如图 8-16 所示。

STEP 07 对文案内容进行适当删减和修改，然后单击"确认"按钮，如图 8-17 所示。

在"智能文案"对话框中，单击"写营销文案"按钮，然后输入相应的产品名称和卖点，可以一键生成营销文案。

STEP 08 执行操作后，数字人音频将自动更新，并显示视频渲染的进度，如图 8-18 所示。渲染完成后，即可生成对应的数字人素材。

图 8-16　填加到"文案"操作区

图 8-17　单击"确认"按钮

图 8-18　显示视频渲染的进度

8.2.4　导入延时视频素材

将城市景点的延时视频素材导入到视频编辑软件剪映中，能有效展示城市的独特魅力。延时视频通过压缩时间，捕捉并加速展现了城市的日常生活和变化，从而带给观众一种既繁华又宁静的双重感受。具体操作方法如下。

STEP 01　切换至"媒体"功能区，在"本地"选项卡中单击"导入"按钮，如图 8-19 所示。

STEP 02　弹出"请选择媒体资源"对话框，选择相应的视频素材，如图 8-20 所示。

STEP 03　单击"打开"按钮，即可将视频素材导入到"媒体"功能区，如图 8-21 所示。

STEP 04　在"媒体"功能区中，单击第 1 个视频素材右下角的"添加到轨道"按钮，如图 8-22 所示。

图 8-19 单击"导入"按钮

图 8-20 选择相应的视频素材

图 8-21 导入到"媒体"功能区

图 8-22 单击"添加到轨道"按钮

STEP 05 执行操作后，即可将所有的视频素材导入到轨道区，如图 8-23 所示。

图 8-23 导入视频素材

STEP 06 选中数字人素材，切换至"变速"操作区的"常规变速"选项卡，设置"倍速"参数为 0.7x，如图 8-24 所示，即可调整数字人的播报速度。

图 8-24 设置"倍速"参数

8.2.5 为数字人添加同步字幕

使用剪映的"智能字幕"功能，可以为数字人视频添加同步字幕，具体操作方法如下。

STEP 01 切换至"文本"功能区，单击"智能字幕"按钮，如图 8-25 所示。

STEP 02 执行操作后，切换至"智能字幕"选项卡，单击"识别字幕"选项区域的"开始识别"按钮，如图 8-26 所示。

图 8-25 单击"智能字幕"按钮

图 8-26 单击"开始识别"按钮

STEP 03 执行操作后，即可自动识别数字人中的文案，并生成字幕，适当调整字幕在画面中的位置，如图 8-27 所示。

图 8-27　调整字幕在画面中的位置

STEP 04　切换至"文本"操作区的"基础"选项卡，设置"字体"为"隶书"、"字号"为 10，如图 8-28 所示。

STEP 05　为字幕设置合适的文字颜色，如图 8-29 所示。

图 8-28　设置相应参数

图 8-29　设置相应的颜色

STEP 06　在"预设样式"卷展栏中，选择一个预设样式，如图 8-30 所示，即可美化字幕效果。

STEP 07　选中"描边"复选框，单击颜色右侧的下拉按钮，如图 8-31 所示。

STEP 08　弹出下拉菜单，选择相应的颜色，如图 8-32 所示，即可改变字体的描边效果。

图 8-30 选择一个预设样式

图 8-31 单击"颜色"右侧的下拉按钮

图 8-32 选择相应的颜色

8.2.6 添加背景音乐

在制作《虚拟旅游导游》视频时，选择合适的背景音乐是至关重要的一环。音乐不仅能够为视频增添情感深度，还能增强观众的沉浸感，让他们仿佛身临其境地体验到旅途中的每一个精彩瞬间。

通过精心挑选与视频主题和氛围相匹配的音乐，我们能够让观众的旅程更加生动和难忘，下面将介绍添加背景音乐的操作方法。

STEP 01 单击"音频"按钮，在"音乐素材"的搜索框中输入相应名称，如图 8-33 所示，单击"搜索"按钮，开始搜索相应的音乐。

图 8-33　输入相应名称

STEP 02 执行操作后，选择相应的音乐，单击右下角的"添加到轨道"按钮，如图 8-34 所示，即可将相应的音乐添加到轨道。

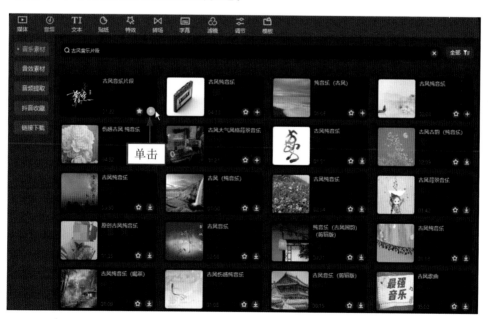

图 8-34　单击右下角的"添加到轨道"按钮

STEP 03 拖曳时间轴至相应位置，如图 8-35 所示。

STEP 04 单击"分割"按钮，如图 8-36 所示，即可将背景音乐分割为两段素材。

STEP 05 选中第 2 段音频素材，单击"删除"按钮，如图 8-37 所示，即可将其删除。

图 8-35　拖曳时间轴至相应位置

图 8-36　单击"分割"按钮

图 8-37　单击"删除"按钮

STEP 06　选中音频素材，在"基础"操作区设置"音量"为 −10.3dB，如图 8-38 所示，即可降低音量。

图 8-38　设置"音量"参数

这里也可以为背景音乐添加淡入时长和淡出时长，用户可以根据自己的喜好来添加。

在制作虚拟数字人视频时，用户可以利用生成的图片作为视频的背景，也可以根据主题选择更合适的数字人形象。本章以《虚拟中秋祝福官》为例，介绍如何使用腾讯智影来制作新颖、独特的节日祝福视频。

第9章

《虚拟中秋祝福官》：数字人在节日庆祝中的应用

新手重点指引

▶ 基础知识：数字人与中秋节的融合创新
▶ 形象设计：塑造中秋佳节亲和力四溢的虚拟祝福官

效果图片欣赏

9.1 基础知识：数字人与中秋节的融合创新

随着科技的快速发展，数字人技术逐渐成为人们生活中不可或缺的一部分。在中秋佳节这一传统节日里，数字人与中秋节的融合创新不仅丰富了节日的表现形式，也为传统文化的传承与发展注入了新的活力。本节将对下面的内容进行深入讲解。

9.1.1 数字人技术的中秋应用

在中秋节期间，数字人技术得到了广泛应用，为这一传统节日增添了新的活力和创意。下面是数字人技术在中秋节期间的具体应用。

1. 虚拟祝福

虚拟祝福是一种利用数字人技术实现的、简短而富有感染力的表达方式，旨在帮助观众从现实世界自然过渡到虚拟祝福的场景中感受独特的节日氛围。

（1）个性化定制。数字人技术能够根据用户的个人喜好和需求，提供个性化的中秋祝福。无论是文字、语音还是视频形式，数字人都能以逼真的形象和自然的表达为用户带来独特的祝福体验。

（2）全球传递：通过社交媒体和在线平台，数字人可以将中秋祝福迅速传递给全球各地的亲友。这种无国界的祝福方式，使中秋节成为一个跨越时空的全球性节日。

2. 数字表演

随着科技的发展，我们的庆祝方式也在不断创新。如今，我们可以通过 AR 技术邀请数字人参与中秋庆祝活动，享受互动游戏和合影的乐趣。

（1）虚拟现实（VR）表演。利用 VR 技术，数字人可以参与中秋节的文艺表演。用户佩戴 VR 设备，可以身临其境地观看数字人在虚拟舞台上的精彩演出，感受科技与艺术的完美融合。

（2）增强现实（AR）互动。AR 技术使得数字人能够与观众进行实时互动。在中秋节的庆祝活动中，用户可以通过手机或 AR 眼镜看到数字人仿佛就在自己身边，进行互动游戏或合影留念。

3. 互动游戏

随着数字人技术的发展，我们有机会以全新的方式体验中秋。从猜灯谜到赏月，这些传统活动现在都能以数字游戏的形式呈现。让我们一起踏上这段充满乐趣和知识的数字中秋之旅。

（1）中秋主题游戏。数字人技术被来开发各种中秋主题的游戏。这些游戏不仅具有娱乐性，还能让玩家在互动中了解中秋的传统文化和习俗。例如，猜灯谜、赏月等经典的中秋活动都可以被转化为数字游戏的形式。

（2）社交互动。数字人也可以作为社交平台上的虚拟角色，与用户进行实时聊天和交流。在中秋节期间，用户可以与数字人一起分享节日的快乐和感受，加深情感联系。

总而言之，数字人技术在中秋节期间为用户带来了更加丰富多样的庆祝体验。这些创新的应用方式不仅让传统节日焕发出新的活力，也为用户提供了更多参与和互动的机会。

9.1.2 传统文化与数字科技的结合

传统文化与数字科技的结合近年来呈现出蓬勃发展的态势，这种结合不仅为传统文化的传承与创新提供了新的路径，也为数字科技的应用领域拓宽了边界。下面介绍传统文化与数字科技结合的具体表现。

1. 技术赋能文化传承

数字技术如虚拟现实（VR）、增强现实（AR）、全息影像技术等被广泛应用于传统文化的展示和传承中。这些技术能够真实再现传统文化的历史场景，使观众能够身临其境地感受传统文化的魅力。

例如，《国家宝藏》节目采用全息影像技术等多种数字科技，对国宝进行了全方位的展示，并构建了沉浸式的情景舞台，生动地讲述了国宝背后的历史文化故事。

2. 创新文化呈现方式

传统文化通过数字技术的创新呈现，使得原本静态、平面的文化内容变得生动、立体。观众可以通过互动、参与的方式，更深入地了解和体验传统文化。

例如，故宫博物院与腾讯公司共同举办的"'纹'以载道——故宫腾讯沉浸式数字体验展"，通过高清投影仪、大型环幕、超高清大屏等多种数字媒介，为观众呈现了高达 5.3 米的裸眼3D"数字文物"，观众可与龙纹、回纹等传统纹样实时互动，甚至"走入"倦勤斋的虚拟空间。

3. 拓宽文化传播渠道

数字技术打破了物理空间的限制，使得传统文化的传播不再受地域、时间的限制。通过互联网、社交媒体等渠道，传统文化可以迅速传播到全球各地。

今天的中国，有超过 10 亿网民，数字空间提供的海量信息内容、丰富文化供给，不仅满足着多层次的精神文化需求，而且潜移默化地塑造着人们的价值观念、思维方式以及行为习惯。

4. 促进文化创新与发展

传统文化与数字科技的结合，不仅是对传统文化的传承，更是对传统文化的创新与发展。通过数字技术的运用，可以挖掘传统文化的深层价值，推出更多承载中华文化、中国精神的文化产品。

这种结合还能实现不同历史时空中的文化对话，把中华文明的精神特质、发展形态与新时代的数字文化融通起来，为建设中华民族现代文明提供技术增量和文化增量。

综上所述，传统文化与数字科技的结合在文化传承、创新呈现、文化传播和文化创新等方面都发挥了重要作用。这种结合不仅为传统文化的传承与创新提供了新的路径，也为数字科技的应用领域拓宽了边界。

9.1.3 数字化祝福的特点与优势

数字化祝福，即通过数字技术手段传递的祝福，它具有以下特点与优势，如图 9-1 所示。

图 9-1　数字化祝福的特点与优势

数字化祝福的这些特点和优势使其成为现代生活中越来越受欢迎的庆祝方式，特别是在传统节日和特殊场合中，它为人们提供了一种新颖、高效和环保的交流方式。

9.2　形象设计：塑造中秋佳节亲和力四溢的虚拟祝福官

在设计中秋节的虚拟祝福官形象时，我们可以将数字人技术与创意视觉元素相结合，创造一个亲和力四溢的虚拟祝福官。本节将详细介绍操作方法。

9.2.1　效果欣赏

《虚拟中秋祝福官》视频的制作可以通过腾讯智影平台来完成。我们运用先进的虚拟数字人技术，通过口播的形式向受众传递用户的美好祝福。这种创新的表现形式，不仅能为受众提供全新的视觉和听觉体验，还能提升传统节日庆祝活动的互动性和趣味性。效果展示如

图 9-2 所示。

图 9-2　效果展示

9.2.2　运用即梦生成背景图片

在制作《虚拟中秋祝福官》视频时，普通的风景图片和模板背景可能与中秋主题不太匹配。此时，用户就可以使用即梦生成一张中秋主题的背景图片，下面介绍操作方法。

STEP 01　打开浏览器，输入即梦 Dreamina 的官方网址，打开官方网站，在"AI 作图"选项区中单击"图片生成"按钮，使用"图片生成"功能进行 AI 作图，进入"图片生成"页面，在页面左上方的输入框中，输入绘画提示词，如图 9-3 所示。

STEP 02　我们也可以再用一张照片作为参考物，单击"导入参考图"按钮，如图 9-4 所示。

STEP 03　弹出"打开"对话框，选择相应的参考图片，如图 9-5 所示，单击"打开"按钮。

STEP 04　弹出"参考图"对话框，选中"主体"单选按钮，再单击"保存"按钮，如

图 9-6 所示，即可参考图片主体进行生成。

图 9-3 输入绘画提示词

图 9-4 单击"导入参考图"按钮

图 9-5 选择相应的参考图片

图 9-6 单击"保存"按钮

STEP 05 设置"精细度"为 50、"比例"为 9:16，如图 9-7 所示，提升图片的质量，并更改图片的尺寸。

STEP 06 单击"立即生成"按钮，即可生成 4 张背景图片。选择自己喜欢的图片，这里选择第 3 张图片，在第 3 张图片的工具栏中单击"超清图"按钮 HD，如图 9-8 所示。

STEP 07 执行操作后，即可获得第 3 张图片的超清图，在新图片的工具栏中单击"下载"按钮，如图 9-9 所示。

STEP 08 弹出"新建下载任务"对话框，更改名称和保存位置，然后单击"下载"按钮，如

图 9-7 设置相应参数

图 9-10 所示，即可将图片下载到本地文件夹中。

图 9-8　单击"超清图"按钮　　图 9-9　单击"下载"按钮（1）　　图 9-10　单击"下载"按钮（2）

9.2.3　上传背景素材

用户如果想在视频中使用自己生成的背景图片，则需要先将素材上传至腾讯智影中。下面介绍具体的操作方法。

STEP 01　在腾讯智影的"创作空间"页面单击"视频剪辑"按钮，进入视频剪辑页面，在"我的资源"面板中单击"本地上传"按钮，如图 9-11 所示。

STEP 02　弹出"打开"对话框，选择背景图片，如图 9-12 所示。

图 9-11　单击"本地上传"按钮　　　　　图 9-12　选择背景图片

STEP 03　单击"打开"按钮，即可将背景图片上传，单击背景图片右上角的"添加到轨道"按钮 ＋，如图 9-13 所示。

STEP 04 执行操作后，即可将背景图片添加到视频轨道区，如图 9-14 所示，然后设置图片比例为 9:16。

图 9-13　单击"添加到轨道"按钮　　　　　图 9-14　将背景图片添加到轨道区

9.2.4　添加和编辑数字人素材

在制作过程中，用户可以根据视频主题和画面内容来选择合适的数字人形象，进行数字人素材的添加和编辑。下面介绍具体的操作方法。

STEP 01 在"数字人库"面板的"免费"选项卡中，单击相应数字人形象右上角的"添加到轨道"按钮 **+**，如图 9-15 所示，以将该数字人素材添加到视频中。

STEP 02 在"数字人编辑"面板的"配音"选项卡中，单击文本框的空白位置，如图 9-16 所示。

图 9-15　单击"添加到轨道"按钮　　　　　图 9-16　单击文本框的空白位置

STEP 03 弹出"数字人文本配音"面板，输入数字人口播文案，如图 9-17 所示。

STEP 04 单击配音音色头像，弹出"选择音色"面板，选择一个喜欢的音色，如图 9-18 所示，单击"确认"按钮，即可更改数字人的音色。

STEP 05 返回到"数字人文本配音"面板，单击"保存并生成音频"按钮，如图 9-19 所示，即可生成对应内容的数字人口播音频。

图 9-17　输入数字人口播文案

图 9-18　选择一个音色

图 9-19　单击"保存并生成音频"按钮

STEP 06 在"形象及动作"选项卡中，选择相应服装，如图 9-20 所示，即可更改数字人的服装。

STEP 07 在"画面"选项卡中，设置"缩放"为 169%，"位置"的 X 参数为 92.5、Y 参数为 170，如图 9-21 所示，调整数字人的大小和位置。

图 9-20　选择相应服装

图 9-21　设置相应参数（1）

STEP 08 在"调节"选项卡中，设置"亮度"为 3、"对比度"为 2，如图 9-22 所示，使画面观看起来更加舒适。

STEP 09 设置"饱和度"为 1，如图 9-23 所示，使整体画面更加鲜艳，并调整背景图片与数字人素材一致。

图 9-22　设置相应参数（2）

图 9-23　设置相应参数（3）

9.2.5 提取和美化字幕

在腾讯智影中，用户可以根据数字人口播文案，一键提取和生成对应的字幕，并对其进行美化。下面介绍具体的操作方法。

STEP 01 选中数字人素材，在"配音"选项卡中，单击"提取字幕"按钮，如图 9-24 所示。

STEP 02 执行操作后，即可生成对应的视频字幕，如图 9-25 所示。

STEP 03 选中第 1 段视频字幕，在"编辑"选项卡中，设置文字的字体和字号，如图 9-26 所示。

STEP 04 在"预设样式"卷展栏中，选择一种合适的预设样式，如图 9-27 所示，即可完成字幕的美化。

图 9-24 单击"提取字幕"按钮

图 9-25 生成视频字幕

图 9-26 设置字体和字号

图 9-27 选择预设样式

STEP 05 在"位置与变化"选项区域，设置"缩放"为 168%，"坐标"的 X 参数为 -2.51、Y 参数为 -36.89，如图 9-28 所示，调整字幕的大小和位置。

STEP 06 在"动画"|"进场"选项卡中，选择"打字机 1"选项，如图 9-29 所示，单击"应用至全部"按钮，即可为所有文字添加"打字机 1"效果。

图 9-28 设置相应参数

图 9-29 选择"打字机 1"选项

9.2.6 合成数字人视频效果

用户设置好数字人视频内容后，可以单击"合成"按钮来快速生成视频，具体操作方法如下。

STEP 01 在"腾讯智影"编辑页面的右上角，单击"合成"按钮，如图9-30所示。

图 9-30 单击"合成"按钮（1）

STEP 02 弹出"合成设置"对话框，输入相应的名称，单击"合成"按钮，如图9-31所示。

图 9-31 单击"合成"按钮（2）

STEP 03 进入"我的资源"页面，显示视频的合成进度，如图9-32所示。

STEP 04 合成视频后，单击"下载"按钮，如图9-33所示，即可保存数字人视频。

图 9-32　显示视频的合成进度

图 9-33　单击"下载"按钮

随着科技的飞速发展，数字人技术正成为房地产行业数字化转型的关键驱动力。本章以《虚拟房地产顾问》为例，探讨了数字人技术在房地产行业中的实际应用。

第 10 章

《虚拟房地产顾问》：数字人在房地产行业的应用

● 新手重点指引

▶ 基础知识：数字人在房地产营销中的应用
▶ 形象设计：塑造专业的虚拟房地产顾问形象

● 效果图片欣赏

10.1 基础知识：数字人在房地产营销中的应用

数字人在房地产营销中的应用日益广泛，它们通过先进的技术手段，为购房者提供更加便捷、高效和个性化的购房体验。

10.1.1 线上营销活动

1. 24 小时客户服务

（1）数字人能够 24 小时不间断地为客户提供咨询和服务，解决客户在任何时间提出的问题或需求。

（2）通过快速理解客户需求，数字人能够给出专业、贴心的解答，从而大幅提升客户体验。

2. 情感交互与个性化营销

（1）数字人具备情感交互能力，能够以更加自然友好的方式与客户沟通，增强客户的参与感和归属感。

（2）通过分析用户行为数据，数字人能够精准洞察客户的喜好和需求，从而为他们量身定制个性化的营销方案，提高营销转化率。

3. 内容创作与营销内容生成

（1）数字人具备强大的文字生成能力，可以快速高效地创作出各种类型的营销内容，如文案、脚本、广告等。

（2）结合大数据分析，数字人能够生成更加吸引人的内容，提高营销信息的传播效果。

4. 品牌代言与形象传播

（1）拥有真人般外貌和交互能力的数字人，可以成为企业的虚拟形象代言人。

（2）通过生动有趣的互动，数字人能够吸引用户关注，传播品牌形象和信息，增强品牌美誉度。

5. 数据分析与营销决策支持

（1）数字人能够对营销过程中产生的大量数据进行深入分析，发现隐藏的规律和趋势。

（2）这些数据支持可以帮助企业持续优化营销策略，提升营销效果。

6. 元宇宙营销与虚拟场景应用

（1）在元宇宙概念的推动下，数字人成为品牌元宇宙化营销的重要元素。

（2）数字人可以在虚拟场景中与用户进行实时互动，创造出更多样化的品牌传播形式。

7. 跨平台整合营销

（1）数字人可以通过手机银行 App、网上银行、微信公众号等多种渠道与用户进行实时互动，实现跨平台的整合营销。

（2）这种跨平台的互动方式能够扩大品牌的传播范围，提高品牌的知名度和影响力。

8. 创新营销形式与体验

（1）数字人技术还可以结合大数据、5G、VR/AR 等先进技术，创造出炫酷、多元化的营销形式。

（2）这些创新形式能够为用户提供沉浸式的营销体验，提高用户的参与度和满意度。

总之，数字人在线上营销活动中的应用具有广泛的前景和潜力。随着技术的不断进步和普及，数字人将成为企业品牌营销的重要工具之一，能为企业创造更大的商业价值。

10.1.2 数字人吸引客户

在房地产行业数字化转型中，企业正借助客易云 AI 数字人技术提升获客效率。通过短视频传播，AI 数字人可以快速建立品牌形象，实现全天候客户服务。客易云平台提供批量视频编辑和智能文案功能，帮助企业高效发布大量内容，保持在线运营。

平台的智能推荐系统能识别潜力视频，优化内容以提高曝光和流量。以下策略将有助于房地产企业高效拓展客户。

1. 精确内容触达

利用 GPT 文案生成工具，围绕购房资讯、市场分析等主题制作多媒体内容，精准锁定目标受众。通过与权威媒体和自媒体合作，扩大品牌影响力，吸引潜在客户。

2. 线上线下联动营销

房展和咨询会等线下活动是接触客户的重要途径，线上宣传则扩大了传播范围。结合 VR/AR 技术，实现沉浸式展示，让客户更真实地体验项目特点，增强购房兴趣。

3. 定制化服务体验

针对客户需求，提供个性化购房方案，提高满意度和忠诚度。这样的差异化服务有助于企业脱颖而出，提升品牌吸引力。

10.1.3 销售顾问

销售顾问是一种专业的职位，通常在零售、房地产、汽车、保险、金融服务等多个行业中扮演重要角色，以下是销售顾问的一些主要职责和特点。

（1）客户需求分析。销售顾问需要与客户进行有效沟通，以了解客户的需求和偏好。

（2）产品知识。销售顾问必须对所销售的产品或服务有深入的了解，能够根据客户的需求提供合适的建议。

（3）解决方案提供。根据客户的具体情况，销售顾问需要提供个性化的解决方案或产品推荐。

（4）建立关系。销售顾问需要建立和维护与客户的良好关系，这有助于提高客户忠诚度和口碑传播。

（5）销售策略。制定有效的销售策略和计划，以达成销售目标。

（6）客户服务。在销售过程中提供卓越的客户服务，包括售后服务和解决客户问题。

（7）市场洞察。了解市场趋势和竞争对手情况，以便更好地定位产品和调整销售策略。

（8）销售技巧。掌握有效的销售技巧和沟通技巧，以促进交易的完成。

（9）目标导向。以目标为导向，积极寻找销售机会，达成个人和团队的销售目标。

（10）技术应用。利用现代技术，如 CRM 系统、数据分析工具等，提高销售效率。

（11）跨部门协作。与其他部门如市场部、产品部等协作，共同推动销售和市场活动。

（12）专业形象。保持专业的形象和态度，赢得客户的信任。

10.2　形象设计：塑造专业的虚拟房地产顾问形象

塑造一个专业的虚拟房地产顾问形象是一个多维度的任务。从生成数字人形象到整合视频素材，再到添加文本字幕，每一步都是构建信任和专业形象的关键。本节将详细阐述这些方面，用具体行动来塑造一个令人信赖的、专业的虚拟房地产顾问形象。

10.2.1　效果欣赏

《虚拟房地产顾问》视频的制作可通过剪映软件高效完成。这种创新的房地产信息展示方式主要采用虚拟数字人讲解，为用户提供了一个全面而生动的房地产相关知识介绍平台。效果展示如图 10-1 所示。

图 10-1　效果展示

图 10-1   效果展示（续）

10.2.2   生成数字人

通过使用预制的数字人视频模板，并简单地替换其中的数字人形象，用户可以极大地节省时间和精力，同时确保生成的视频素材既专业又吸引人。下面介绍具体的操作方法。

STEP 01   打开剪映专业版软件，进入"首页"面板，单击"模板"按钮，如图 10-2 所示。

图 10-2   单击"模板"按钮

STEP 02   进入相应面板，在搜索栏中输入"数字人房产播报"。搜索完成后，选择相应的模板，单击"使用模板"按钮，如图 10-3 所示，即可使用该模板。

图 10-3   单击"使用模板"按钮

STEP 03 进入剪映的视频创作界面，会自动选中该模板，在"文本"操作区中，单击"解锁草稿"按钮，如图 10-4 所示。

图 10-4 单击"解锁草稿"按钮

STEP 04 执行操作后，即可解锁模板的草稿。切换至"媒体"功能区，在"本地"选项卡中单击"导入"按钮，如图 10-5 所示。

图 10-5 单击"导入"按钮

STEP 05 弹出"请选择媒体资源"对话框，选择数字人视频素材，如图 10-6 所示，单击"打开"按钮。

STEP 06 即可将数字人视频素材导入至"媒体"功能区，如图 10-7 所示。

STEP 07 在轨道区选中需要删除的数字人，单击"删除"按钮🗑，如图 10-8 所示。

STEP 08 使用相同的方法，删除轨道中不需要的素材，如图 10-9 所示。

STEP 09 选中数字人素材，按住鼠标左键并拖曳至相应位置，释放鼠标左键，即可添加数字人，如图 10-10 所示。

图 10-6　选择数字人视频素材

图 10-7　导入至"媒体"功能区

图 10-8　单击"删除"按钮（1）

图 10-9　单击"删除"按钮（2）

图 10-10　添加数字人

STEP 10　选中数字人素材，切换至"画面"|"抠像"选项卡，选中"色度抠图"复选框，在下方单击"取色器"按钮，在画面中吸取绿色，如图 10-11 所示。

图 10-11　在画面中吸取绿色

STEP 11　设置"强度"为 46、"边缘羽化"为 10、"边缘清除"为 12，如图 10-12 所示。

图 10-12　设置相应参数（1）

STEP 12　拖曳时间轴至相应位置，如图 10-13 所示。

图 10-13　拖曳时间轴至相应位置

STEP 13　在轨道区，将背景素材的时长调整为与数字人素材的时长一致，如图 10-14 所示。

图 10-14　将背景素材的时长调整为与数字人素材的时长一致（1）

STEP 14　使用同样的方法，在轨道区将背景素材的时长调整为与数字人素材的时长一致，如图 10-15 所示。

图 10-15　将背景素材的时长调整为与数字人素材的时长一致（2）

STEP 15 选中数字人素材，在"画面"操作区的"基础"选项卡中，设置"缩放"为 115%、"位置"的 Y 参数 162，如图 10-16 所示，即可调整数字人的大小和位置。

图 10-16 设置相应参数（2）

10.2.3 添加视频素材

在视频编辑中，添加视频素材并辅以旁白或文字说明是提升叙事流畅性和观众理解度的关键步骤，具体操作方法如下。

STEP 01 在"媒体"功能区的"本地"选项卡中，单击"导入"按钮，如图 10-17 所示。

STEP 02 弹出"请选择媒体资源"对话框，选择相应视频素材，如图 10-18 所示。

图 10-17 单击"导入"按钮

图 10-18 选择相应视频素材

STEP 03 单击"打开"按钮，即可将所选素材导入至"媒体"功能区，如图 10-19 所示。

STEP 04 选中所有的视频素材，按住鼠标左键将它们拖曳至相应位置，如图 10-20 所示，释放鼠标左键，即可添加所有的视频素材。

STEP 05 在轨道区，适当调整视频素材的时长，如图 10-21 所示。

图 10-19 导入至"媒体"功能区

图 10-20 拖曳视频素材至相应位置

图 10-21 调整视频素材的时长

STEP 06 选中第 1 段视频素材，在编辑区切换至"画面"选项卡，设置"缩放"为 54%，"位置"的 X 参数为 566、Y 参数为 238，如图 10-22 所示，即可调整视频的大小和位置。

图 10-22　设置相应参数（1）

STEP 07　选中第 2 段视频素材，在编辑区切换至"画面"选项卡，设置"缩放"为 54%，"位置"的 X 参数为 570、Y 参数为 229，如图 10-23 所示，即可改变视频的尺寸和布局。

图 10-23　设置相应参数（2）

STEP 08　选中第 3 段视频素材，在编辑区切换至"画面"选项卡，设置"缩放"为 53%，"位置"的 X 参数为 565、Y 参数为 229，如图 10-24 所示，即可调整素材的大小和位置。

图 10-24　设置相应参数（3）

STEP 09　选中第 4 段视频素材，在编辑区切换至"画面"选项卡，设置"缩放"为 53%，

"位置"的 X 参数为 568、Y 参数为 229，如图 10-25 所示，即可设定视频的覆盖范围和坐标位置。

图 10-25　设置相应参数（4）

10.2.4　添加文本字幕

用户可以运用"识别字幕"功能，为数字人视频自动添加对应的字幕，并设置字幕的样式，具体操作方法如下。

STEP 01　在"文本"功能区的"智能字幕"选项卡中，单击"识别字幕"中的"开始识别"按钮，如图 10-26 所示。

图 10-26　单击"开始识别"按钮

STEP 02　执行操作后，即可开始识别字幕并显示进度，如图 10-27 所示。

STEP 03　识别完成后，生成相应的字幕，选中第 1 段文本，在"文本"操作区中，更改文本中的错别字，并设置"字体"为"楷体"、"字号"为 14，如图 10-28 所示。

STEP 04　设置"缩放"为 75%，"位置"的 X 参数为 585、Y 参数为 –918，然后在"预设样式"卷展栏中，选择相应的预设样式，如图 10-29 所示。

STEP 05　切换至"动画"|"入场"选项卡，选择"打字机 II"选项，如图 10-30 所示。

图 10-27　显示进度

图 10-28　设置"字号"参数

图 10-29　选择相应的预设样式

图 10-30　选择"打字机 II"选项

STEP 06 在轨道区调整第 1 段文本的时长，如图 10-31 所示。

图 10-31　调整第 1 段文本的时长

STEP 07 使用同样的方法，为剩下的文字添加"打字机 II"入场动画，并调整文字的时长，如图 10-32 所示。

图 10-32　调整文字的时长

STEP 08 拖曳时间轴至相应的位置，选中相应的文本，在"文本"操作区更改文本内容，如图 10-33 所示。

STEP 09 设置相应的字体，单击"加粗"按钮**B**，如图 10-34 所示，即可让文字加粗显示。

图 10-33 更改文本内容

图 10-34 单击"加粗"按钮

STEP 10 选中数字人素材，切换至"音频"操作区，设置"音量"为 8.9 dB，如图 10-35 所示，即可增加数字人播报的音量。

图 10-35 设置"音量"参数

　　随着科技的进步，虚拟讲解员等数字人技术为文化展览带来了创新性的变革。本章通过《虚拟博物馆讲解员》案例，介绍了腾讯智影的实战应用。

第11章

《虚拟博物馆讲解员》：数字人在文化展览中的应用

新手重点指引

　▶ 基础知识：数字人在文化传承与展览中的作用
　▶ 形象设计：打造虚拟博物馆讲解员

效果图片欣赏

11.1 基础知识：数字人在文化传承与展览中的作用

随着数字时代的到来，我们见证了科技与文化的创新融合。数字人，作为这一融合的产物，正在改写文化传承与展览的未来。让我们探索这些虚拟使者如何架起过去与现在的桥梁，以及它们在文化舞台上的独特作用。

11.1.1 数字化保护与传播

数字人在文化传承与展览领域中，特别是在数字化保护与传播方面，展现出了无可替代的价值。其具体应用主要体现在以下几个方面：

1. 文化遗产的数字化与互动体验

数字人技术结合先进的计算机图形学、动作捕捉及渲染技术，能够以前所未有的精度和生动性，重现历史人物的外观、动作及声音，为文化遗产带来一种全新的数字化活化形式。这种活化不仅局限于静态的视觉展示，更融入了动态的行为模拟和丰富的交互设计。观众通过与数字人的互动，能够身临其境地体验文化遗产的历史场景，深入了解其背后的故事与文化精髓，从而增强对文化遗产的认知与情感连接。

2. 虚拟导览与个性化解说

在展览场馆，数字人可担任虚拟导览员的角色，为观众提供精准且详尽的解说与指引。它们能够带领观众游览展览，介绍展品的历史、文化意义及艺术价值。相较于传统导览方式，数字人具备更高的互动性和灵活性，能够根据观众的需求和兴趣，提供个性化的讲解服务。

3. 线上展览与远程教育的推动

数字人技术同样适用于线上展览和远程教育领域。通过将其嵌入虚拟展览平台，观众可在家中或其他远程地点，通过电脑、手机等设备参观展览，并与数字人进行互动，获取展览信息和知识。这种方式打破了地域限制，使展览内容更加生动、有趣，同时提高了观众的参与度和学习效果。

4. 文化遗产的数字化保护与传承

数字人技术在文化遗产的数字化保护与传承方面发挥着重要作用。通过数字化手段，可以精确记录文化遗产的详细信息，如形状、纹理、颜色等，从而实现文化遗产的精确复制和保存。同时，数字人可作为文化遗产的传播者，通过社交媒体、短视频等渠道，向更广泛的受众传递文化遗产的价值与意义。

5. 文化传播方式的创新

数字人技术为文化传播带来了全新的方式。数字人可作为文化大使或代言人，参与各种文化活动和文化交流项目。它们以生动、形象的方式展示和传播文化，吸引更多年轻人的关注和参与。此外，数字人还能与观众进行实时互动，回答观众问题，增强文化传播的互动性和趣味性。

综上所述，数字人在文化传承与展览的数字化保护与传播方面发挥着重要作用。它们不仅实现了文化遗产的数字化再现和虚拟导览，还推动了线上展览和远程教育的发展，促进了文化遗产的数字化保护与传承，并创新了文化传播方式。随着技术的不断进步和应用场景的不断拓展，数字人将在文化传承与展览领域发挥更加重要的作用。

11.1.2　提升展览互动性

在提升展览互动性方面，数字人作为虚拟角色，能够为观众带来全新的体验。以下是数字人如何增强展览互动性的几个方面，如图 11-1 所示。

角色扮演	数字人可以扮演历史人物、虚构角色或与展览主题相关的特定角色，为观众提供故事化的导览体验
情感交流	数字人通过模拟人类情感，如微笑、点头等，可以与观众建立情感联系，使互动更加自然和亲切
互动问答	数字人具备与观众进行实时问答互动的能力，能够解答有关展览的各种问题，甚至展开简单的对话，这种方式不仅为观众提供了所需信息，还显著增强了他们的参与感和体验深度
引导探索	数字人可以引导观众探索展览的不同区域，提供线索和提示，从而激发观众的好奇心和探索欲
个性化推荐	根据观众的兴趣和行为，数字人可以提供个性化的展览推荐，从而增加展览的吸引力
多媒体展示	数字人可以结合音频、视频和动画等多媒体元素，为观众提供更加丰富和动态的展示内容
实时反馈	数字人可以根据观众的反馈实时调整讲解内容和风格，从而提供更贴合观众需求的服务

图 11-1　提升展览互动性的方法

通过这些方法，数字人技术不仅能够提升展览的互动性，还能够为用户带来更加深入、个性化和有趣的展览体验，从而提高用户的满意度和展览的教育价值。

11.1.3　文化故事讲述

数字人在文化故事讲述方面扮演着重要角色，下面是对文化故事讲述的详细分析。

1. 故事叙述能力

数字人的故事叙述能力非常重要，它不仅能够提升故事的吸引力，还能增强与观众的互动。

（1）叙事结构。数字人能够按照经典的叙事结构（如开端、发展、高潮、结局）来讲述故事。

（2）语言表达。利用自然语言处理技术，数字人能够使用清晰、流畅的语言来表达故事情节。

（3）情感投入。通过语音和面部表情的变化，数字人能够传达故事中的情感，从而增强故事的感染力。

（4）互动叙事。数字人允许用户参与故事的进展，例如通过选择不同的情节分支来影响故事的结局。

（5）多语言支持。数字人能够根据不同用户的语言背景，用相应的语言讲述故事。

2. 历史场景再现

在进行故事叙述或历史场景再现时，历史场景的再现对于创造一个连贯和引人入胜的叙述至关重要。它巧妙地将不同情节、时代和地点融合在一起，为听众或观众提供了一个无缝衔接的流畅体验。

（1）场景重建。利用 3D 建模和虚拟现实技术，数字人能够重建历史场景，提供沉浸式体验。

（2）角色扮演。数字人可以扮演历史人物，以第一人称的视角讲述历史事件。

（3）时间线展示。通过时间线的展示，帮助用户理解事件发生的顺序和历史脉络。

（4）历史背景解释。提供对历史背景、文化环境和社会影响的详细解释，增加故事的深度。

（5）多媒体整合。结合图像、视频、声音等多种媒体形式，使历史场景更加生动和真实。

3. 文化遗产展示

文化遗产展示在连接不同的展示元素、提供历史背景及引导观众理解方面具有重要作用。具体有如下几方面。

（1）虚拟展览。创建虚拟展览，展示文化遗产的各个方面，如建筑、艺术品、手工艺品等。

（2）详细解说。提供详细的解说，包括文化遗产的历史、艺术价值和保护意义。

（3）互动展示。设计互动环节，如虚拟导览、增强现实展示，让用户能够近距离观察和了解文化遗产。

（4）文化传承。强调文化遗产的传承意义，展示不同文化元素如何影响现代生活。

（5）教育普及。通过展示文化遗产，向用户传递关于文化多样性和历史保护的重要性。

数字人技术在文化故事讲述中提供了一种新颖、互动和沉浸式的体验方式。通过结合先进的计算机图形学、人工智能、虚拟现实等技术，数字人能够生动地再现历史场景，讲述引人入胜的故事，并展示丰富的文化遗产。这不仅能够提高用户对文化知识的兴趣和理解，还有助于促进文化传承和国际文化交流。

11.1.4 展览体验的多样化

在展览体验的多样化方面，数字人技术可以提供多种创新方式来丰富用户的参观体验。

1. 虚拟导览

在虚拟导览中，数字人是确保用户从一项展示平滑过渡到另一项展示的关键。它可以帮助增强用户体验的连贯性和吸引力。

（1）3D 环境导航。数字人可以在 3D 虚拟环境中引导用户，提供方向指示和位置信息。

（2）个性化路线。根据用户的兴趣和偏好，数字人可以推荐个性化的参观路线。

（3）信息点讲解。在虚拟展览的关键信息点，数字人可以提供详细的讲解和背景知识。

（4）多媒体集成。整合视频、音频和图像等多媒体内容，丰富导览体验。

（5）实时互动。允许用户提出问题或请求更多信息，数字人能够实时响应。

2. 增强现实融合

增强现实（AR）融合技术是一种将虚拟信息与现实世界相结合的创新方式，它可以通过多种方式增强用户的体验。

（1）虚实结合。通过 AR 技术，数字人可以将虚拟信息叠加到现实世界的展品上。

（2）视觉增强。提供展品的详细视图，包括不同角度和层面的展示，以增强视觉效果。

（3）交互式学习。设计交互式元素，如虚拟控件或游戏，使用户能够通过操作来学习。

（4）历史场景重现。利用 AR 技术重现历史场景，让用户仿佛身临其境。

（5）信息层叠加。在现实展品上叠加额外信息层，如艺术家生平、作品解读等。

3. 互动展览设计

在互动展览设计中，数字人起着至关重要的作用，帮助用户平滑地从一个体验过渡到另一个体验。

（1）参与式体验。设计展览环节，邀请用户参与互动，如数字绘画、模拟实验等。

（2）反馈系统。集成反馈机制，让用户能够对展览内容或数字人的讲解提供反馈。

（3）社交互动。鼓励用户在社交媒体上分享他们的互动体验，增加展览的社会参与度。

（4）用户生成内容。允许用户创建或修改展览内容，如虚拟留言板或用户贡献的故事。

数字人技术在提供多样化展览体验方面具有巨大潜力。通过虚拟导览、增强现实融合和互动展览设计，数字人不仅能够提供信息丰富的讲解服务，还能够创造沉浸式、互动性强的参观体验。

11.1.5 国际交流与文化推广

在国际交流与文化推广方面，数字人技术可以发挥重要作用。以下是对国际交流与文化推广中各个要点的详细分析。

1. 多语言支持

在展现技术先进性的同时，我们也应充分体现出对不同文化和语言的尊重和包容。具体实现方式如下。

（1）语言识别与合成。数字人应具备识别和合成多种语言的能力，以适应不同国家和地区的参观者。

（2）实时翻译。数字人提供实时翻译服务，能够即时将讲解内容转换为用户的语言。

（3）方言和口音适应。除了标准语言外，数字人还应能够识别和使用地方方言或特定口音，以增强亲切感。

（4）非语言交流。利用肢体语言和表情，数字人可以跨越语言障碍，进行有效的非语言交流。

2. 文化大使

作为文化大使的数字人，需要传达出对文化的尊重、热情和教育意义，同时激发参观者的好奇心和参与感。

（1）文化展示。数字人可以作为文化大使，展示特定文化的服饰、礼仪和传统，向世界介绍本地文化。

（2）故事讲述。作为故事的讲述者，数字人可以传达文化价值观以及历史故事，从而增强文化影响力。

（3）互动体验。通过互动体验，数字人可以邀请国际参观者更深入地了解和体验本地文化。

（4）品牌形象。数字人可以作为文化品牌的形象代表，参与国际文化交流和推广活动。

3. 国际合作

在国际合作的背景下，数字人作为连接不同文化和教育领域的桥梁，应当体现出尊重、包容和启发性。

（1）跨文化项目。数字人可以参与跨国界的文化项目，促进不同文化之间的交流和理解。

（2）教育合作。在国际教育合作中，数字人可以作为教学助手，提供跨文化视角的学习材料。

（3）虚拟展览。数字人可以引导国际用户参观虚拟展览，展示不同国家的艺术和历史。

（4）文化交流平台。作为文化交流平台的一部分，数字人可以促进不同文化背景的用户之间的对话和互动。

数字人在国际交流与文化推广中提供了一种新颖、高效的方式。通过多语言支持，数字人能够跨越语言障碍，服务全球参观者。作为文化大使，数字人可以有效地推广本地文化至国际舞台。

在国际合作方面，数字人的应用可以加深不同文化之间的联系，促进全球文化交流与理解。这不仅有助于提升文化软实力，也为文化多样性的保护和传承提供了新的途径。

11.2 形象设计：打造虚拟博物馆讲解员

随着技术的飞速发展，数字人正逐渐成为文化传播和教育的新力量。在博物馆等文化场所，数字人不仅可以提供信息丰富的讲解服务，还能增强参观者的互动体验。它们跨越语言和文化的障碍，使知识传播更加广泛和深入。为了充分发挥这一潜力，精心设计数字人的形象至关重要。

本节介绍打造虚拟博物馆讲解员形象的一系列步骤，旨在创造一个既吸引人又具有教育意义的虚拟角色。

11.2.1 效果欣赏

《虚拟博物馆讲解员》视频的制作，可以通过腾讯智影平台来实现。这不仅是文化传承与展览领域的一次创新应用，而且充分展现了数字人技术的独特魅力和强大功能。效果展示如图 11-2 所示。

图 11-2 效果展示（续）

11.2.2 生成数字人素材

腾讯智影提供了丰富的数字人模板，用户可以根据自己的需求，挑选最适合的模板进行定制。下面介绍具体的操作方法。

STEP 01 进入腾讯智影的"创作空间"页面，单击"数字人播报"选项区的"去创作"按钮，如图 11-3 所示。

STEP 02 执行操作后，进入"数字人播报"功能页面，展开"模板"面板，切换至"横版"选项卡，选择需要的模板，如图 11-4 所示。

图 11-3　单击"去创作"按钮

图 11-4　选择需要的模板

STEP 03　弹出模板预览面板，单击"应用"按钮，如图 11-5 所示，即可使用该模板。

STEP 04　在预览区选择数字人，如图 11-6 所示。

STEP 05　切换至"数字人"面板，在"预置形象"选项卡中，单击"免费"标签，如图 11-7 所示，切换至"免费"选项卡。

STEP 06　选择相应的数字人，如图 11-8 所示，即可替换模板中的数字人。

STEP 07　切换至"画面"选项卡，在"基础调节"选项区域设置"坐标"的 X 参数为 −264、Y 参数为 72，"缩放"为 80%，如图 11-9 所示，即可调整数字人的大小和位置。

图 11-5　单击"应用"按钮

图 11-6　选择数字人

图 11-7　单击"免费"按钮　　　　　图 11-8　选择相应的数字人

图 11-9　设置相应参数

STEP 08　使用同样的方法，为剩下的 PPT 页面设置相应的数字人，并调整数字人的位置和大小，效果如图 11-10 所示。

图 11-10　调整数字人的位置和大小后的效果

STEP 09　选中第 1 段 PPT，切换至"数字人编辑"选项卡，在"表情"卷展栏中单击"开心"右上角的➕按钮，如图 11-11 所示，即可将该表情添加至轨道区，使数字人看起来更温柔。

STEP 10　选中第 2 段 PPT，切换至"数字人编辑"选项卡，在"动作"卷展栏的"指示引导"选项下中，单击"展示左侧"右上角的➕按钮，即可将其添加至轨道区，如图 11-12 所示。

STEP 11　选中第 3 段 PPT，切换至"数字人编辑"选项卡，在"动作"卷展栏的"指示引导"选项卡中，单击"侧身展示右侧内容"右上角的➕按钮，即可将其添加至轨道区，如图 11-13 所示。

STEP 12　选中第 4 段 PPT，切换至"数字人编辑"选项卡，在"动作"卷展栏的"指示引导"选项卡中，单击"左手指引"右上角的➕按钮，即可将其添加至轨道区，如图 11-14 所示，使动作、表情更自然。

图 11-11　单击相应按钮（1）

图 11-12　添加至轨道（1）

图 11-13　添加至轨道（2）

图 11-14　添加至轨道（3）

STEP 13　选中第 5 个 PPT，切换至"数字人编辑"选项卡，在"表情"卷展栏中单击"开心"右上角的 + 按钮，如图 11-15 所示，即可将该表情添加至轨道区。

图 11-15　单击相应按钮（2）

11.2.3　使用文本驱动数字人

导入文案后，还可以对其内容进行适当删减和修改，从而更好地驱动数字人。下面介绍使用文本驱动数字人的操作方法。

STEP 01　选中第 1 个 PPT，在编辑区清空模板中的文本内容，然后单击"导入文本"按钮，导入整理好的文本，如图 11-16 所示。

STEP 02　选中第 2 个 PPT，在编辑区清空模板中的文本内容，单击"导入文本"按钮，导入整理好的文本，如图 11-17 所示。

图 11-16 导入文本内容（1）　　　　图 11-17 导入文本内容（2）

STEP 03 选中第 3 个 PPT，在编辑区清空模板中的文本内容，单击"导入文本"按钮，导入整理好的文本内容，如图 11-18 所示。

STEP 04 将鼠标指针定位到文中的相应位置，单击"插入停顿"按钮，插入多个 0.5 秒的停顿标记，如图 11-19 所示。

图 11-18 导入文本内容（3）　　　　图 11-19 插入停顿标记（1）

STEP 05 使用相同的方法，为第 4 个 PPT 添加相应的文本并插入多个 0.5 秒的停顿标记，效果如图 11-20 所示。

图 11-20 插入停顿标记（2）

STEP 06 选中第 1 个 PPT，在"播报内容"选项卡底部单击"选择音色"按钮 🅰 美清 1.0x，弹出"选择音色"对话框，在"生活 vlog"选项卡中选择一个合适的音色，单击"确认"按钮，如图 11-21 所示。

图 11-21　单击"确认"按钮

STEP 07 执行操作后，即可修改数字人的音色。单击"保存并生成播报"按钮，如图 11-22 所示，即可根据文字内容生成相应的语音播报，同时数字人的时长也会随着文本配音的时长而改变。

图 11-22　单击"保存并生成播报"按钮

STEP 08 使用同样的方法，依次修改剩下 4 个 PPT 的数字人音色。单击"保存并生成播报"按钮，即可根据文字内容生成相应的语音播报，同时数字人的时长也会随着文本配音的时长而改变，效果如图 11-23 所示。

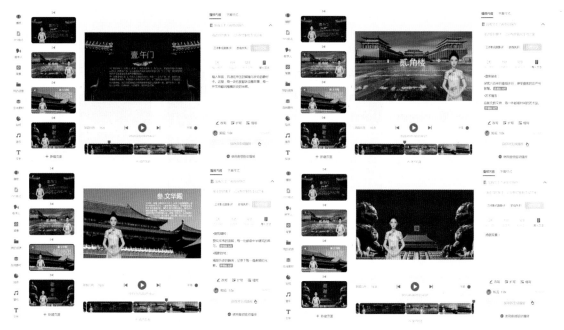

图 11-23　修改相应音色后的效果

11.2.4　更换模板中的背景内容

在腾讯智影中，用户可以上传自己准备好的图片，来更换模板中的背景。具体操作方法如下。

STEP 01　在"PPT 模式"选项卡中选择第 1 个 PPT，在预览区选择背景素材，在"背景编辑"选项卡中单击"替换背景"按钮，如图 11-24 所示。

图 11-24　单击"替换背景"按钮

STEP 02 执行操作后，即可展开"背景"|"自定义"面板，单击"本地上传"按钮，如图 11-25 所示。

图 11-25 单击"本地上传"按钮

STEP 03 弹出"打开"对话框，选择背景素材，如图 11-26 所示，单击"打开"按钮，即可上传背景素材。

图 11-26 选择背景素材

STEP 04 在"自定义"选项卡中选择上传的相应背景素材，即可替换模板中的背景素材，如图 11-27 所示。

图 11-27　替换背景素材

STEP 05　使用同样的方法，依次更换剩下的 4 个 PPT 背景内容，效果如图 11-28 所示。

图 11-28　更换剩下的 4 个 PPT 的背景内容后的效果

11.2.5　更改模板中的文字内容

文字是传达核心信息的桥梁。选择或编辑文字，让它与您的数字人形象和背景相得益彰，具体操作方法如下。

STEP 01　在"PPT 模式"选项卡中选择第 1 个 PPT，在预览区选中相应的文本，在编辑区的"样式编辑"选项卡中，设置合适的字体和颜色，并设置"坐标"的 X 参数为 352、Y 参数为 –165，"缩放"为 254%，如图 11-29 所示。

图 11-29　设置相应参数（1）

STEP 02　切换至"动画"选项卡，在"进场"卷展栏中选择"放大"选项，如图 11-30 所示，即可为所选文本添加一个逐渐放大的进场动画效果。

图 11-30　选择"放大"选项（1）

STEP 03　展开轨道面板，将相应文本的时长调整为与数字人的时长一致，如图 11-31 所示。

STEP 04　在第 1 个 PPT 的预览区选择相应的文本，在编辑区的"样式编辑"选项卡中，适当修改文本内容，并设置合适的字体、颜色和字号，设置"坐标"的 X 参数为 516、Y 参数为 -109。"缩放"为 64%，如图 11-32 所示，让字体看起来更美观。

图 11-31　将相应文本的时长调整为与数字人的时长一致（1）

图 11-32　设置相应参数（2）

STEP 05　切换至"动画"选项卡，在"进场"卷展栏中选择"放大"选项，如图 11-33 所示，即可为文本添加逐渐放大的进场动画效果。

STEP 06　在轨道区，调整相应文本的时长，如图 11-34 所示。

STEP 07　在"PPT 模式"选项卡中选择第 2 个 PPT，在预览区删除多余的文本。选中相应的文本，在编辑区的"样式编辑"选项卡中修改文本内容，设置合适的字体、字号和颜色，设置"背景色"为白色，设置"坐标"的 X 参数为 402、Y 参数为 −250、"缩放"为 34%，如图 11-35 所示。

图 11-33　选择"放大"选项（2）

图 11-34　调整相应文本的时长

图 11-35　设置相应参数（3）

STEP 08 切换至"动画"选项卡，在"进场"卷展栏中选择"弹入"选项，即可给所选文本添加一个弹入的动画效果，如图 11-36 所示。

图 11-36 选择"弹入"选项

STEP 09 在轨道区将相应文本的时长调整为与数字人的时长一致，如图 11-37 所示。

图 11-37 将相应文本的时长调整为与数字人的时长一致（2）

STEP 10 使用同样的方法，更改第 3 个 PPT 和第 4 个 PPT 的文本内容，并设置字体、字号、颜色等相应内容，效果如图 11-38 所示。

STEP 11 在"PPT 模式"选项卡中选择第 5 个 PPT，选中相应的文本，在编辑区的"样式编辑"选项卡中，设置合适的字体和颜色，设置"坐标"的 X 参数为 338、Y 参数为 -140，"缩放"为 176%，如图 11-39 所示。

图 11-38　更改其他文字内容并设置字体后的效果

图 11-39　设置相应参数（4）

智能小助手的引入，不仅提高了企业客户服务的效率和质量，也为客户带来了更加便捷、高效的服务体验。它使企业与客户之间的沟通更加顺畅、高效，进一步增强了客户对企业的信任感和忠诚度。本章将通过一个综合实例，介绍使用文心一言制作数字人的方法。

第12章

《智能小助手》：数字人在客户服务中的应用

新手重点指引

▶ 基础知识：数字人客服的交互技术与用户体验
▶ 形象设计：制作女装店铺数字人客服

效果图片欣赏

12.1 基础知识：数字人客服的交互技术与用户体验

在数字人的应用中，交互技术是用户体验的核心。通过语音识别、自然语言处理、情感识别与响应等技术，数字人不仅能与人类沟通，还能理解并回应用户需求与情感。这些技术让数字人提供的服务更自然、流畅和个性化，提高了沟通效率，增强了用户满意度和信任。

12.1.1 数字人客服是什么？

数字人客服是一种集成了人工智能技术的虚拟客服系统，它通过模拟真人的外观和交流方式来与用户进行互动。这种系统通常具备以下特点，如图 12-1 所示。

智能化	利用自然语言处理（NLP）、机器学习等技术，数字人客服能够理解和回答用户的问题
自动化	数字人客服能够自动处理常见咨询和问题解答，从而减少对人工客服的依赖
多语言能力	数字人客服可以支持不同语言的交流，为不同国家和地区的用户提供服务
全天候服务	数字人客服可以 24 小时不间断地工作，不受时间限制
多渠道接入	数字人客服能够在多个平台和渠道上提供服务，如网站、移动应用、社交媒体等
个性化服务	数字人客服能够根据用户的行为和喜好提供定制化的服务和建议
情感交互	一些高级的数字人客服还能够识别和模拟人类情感，提供更加人性化的交流体验
可定制性	企业可以根据品牌形象和需求定制数字人的外观、声音和行为
自主学习	通过机器学习技术，数字人客服能够不断学习优化，提高解决问题的能力和准确性
数据收集与分析	在交互过程中，数字人客服可以收集用户数据，帮助企业更好地了解客户需求和市场趋势

图 12-1　数字人客服的特点

数字人客服的应用正在逐渐普及，它们不仅提高了客户服务的效率和质量，还为企业提供了新的商业机会和竞争优势。随着技术的不断发展，数字人客服的应用能力和适用范围将变得更加广泛。

12.1.2 数字人客服制作要点

数字人客服作为现代客服领域的一种创新形式，它能够提供 24 小时在线服务，通过自然语言处理、机器学习等技术实现与客户的智能对话，从而为客户提供更加便捷、高效的服务。以下是关于实施数字人客服的一些制作要点，如图 12-2 所示。

图 12-2　数字人客服的关键步骤和要点

综上所述，实施数字人客服需要综合考虑技术、专业知识、个性化服务、多渠道支持、智能推荐、持续学习与优化、界面设计、跨部门协作以及挑战与应对等多个方面。通过不断完善和提升这些方面，企业可以为用户提供更加优质、高效的客户服务体验。

12.1.3 数字人客服有什么用途？

数字人客服，也被称为虚拟客服或智能客服，是近年来随着人工智能技术的发展而兴起的一种新型客户服务方式。下面是数字人客服的一些主要用途，如图 12-3 所示。

全天候服务	数字人客服能够全天候在线，不受时间、地点和人力限制，为客户提供持续的、即时的服务
提高服务效率	通过自动化处理和快速响应，数字人客服能够迅速回答客户的问题，从而减少等待时间，提高服务效率
降低运营成本	与真人客服相比，数字人客服不需要支付工资、福利和培训等费用，能够显著降低企业的运营成本
处理简单重复问题	对于常见的、简单的问题，数字人客服能够快速给出答案，从而减轻真人客服的工作压力，让他们能够专注于处理更复杂的问题
个性化服务	通过自然语言处理和机器学习技术，数字人客服能够理解客户的意图和需求，并提供个性化的服务建议
数据分析和反馈	数字人客服能够记录和分析大量的客户数据，这有助于企业了解客户的需求和偏好，并据此优化其产品和服务
跨平台服	数字人客服可以被集成到各种渠道和平台，如网站、社交媒体、移动应用等，从而为客户提供统一的、无缝的服务体验
情感交流	一些先进的数字人客服系统还具有情感分析功能，能够识别客户的情绪并做出相应的回应，从而提升客户满意度
多语言支持	数字人客服可以轻松支持多种语言，满足全球客户的需求
创新服务方式	数字人客服为企业提供了创新的服务方式，如虚拟助手、聊天机器人等，能够增强企业的品牌形象和竞争力

图 12-3　数字人客服的用途

然而，需要注意的是，虽然数字人客服拥有许多优势，但在某些情况下可能无法完全替代真人客服。例如，在处理复杂问题、提供情感支持或建立长期客户关系时，真人客服的参与仍然非常重要。因此，将数字人客服与真人客服相结合，以提供更加全面、高效的服务，将是未来客户服务发展的重要趋势。

12.2　形象设计：制作女装店铺数字人客服

　　在制作女装店铺的数字人客服时，形象设计是至关重要的一环。一个合适的形象不仅能够吸引顾客的注意力，还能提升店铺的整体品牌形象。本节将介绍制作女装店铺数字人客服的操作方法。

12.2.1　效果欣赏

　　《智能小助手》视频的制作可以通过文心一言软件来完成。首先，安装并登录文心一言App；接着，创建 AI 智能体，并更换头像，设置名称和声音；然后，完成智能体的设定；最后设置公开状态并测试数字人对话场景即可。效果展示如图 12-4 所示。

图 12-4　效果展示

12.2.2 安装与登录文心一言 App

要使用文心一言，用户需要先注册一个账号。注册账号是为了验证用户的身份，保护用户信息安全，并为用户提供个性化的服务体验。下面介绍安装与登录文心一言 App 的操作方法。

STEP 01 在手机 App 中点击"软件商店"按钮，如图 12-5 所示。

STEP 02 进入相应界面，在搜索栏中输入"文心一言"，点击"搜索"按钮，在搜索结果中单击"文心一言"右侧的"安装"按钮，如图 12-6 所示。

图 12-5 点击"软件商店"按钮　　　图 12-6 点击"安装"按钮

STEP 03 执行操作后，即可下载软件并自动安装，如图 12-7 所示。

STEP 04 下载完成后，在手机屏幕上点击"文心一言"按钮，如图 12-8 所示。

STEP 05 进入文心一言 App，弹出"温馨提示"对话框，点击"同意"按钮，如图 12-9 所示。

STEP 06 进入相应界面，选中"请您阅读并同意百度用户协议和隐私政策及儿童个人信息保护声明"复选框，然后输入手机号码，并点击"验证码登录"按钮，如图 12-10 所示。

如果用户已经拥有百度账号，可以直接输入账号（手机号 / 用户名 / 邮箱）和密码进行登录。

STEP 07 进入"短信验证码登录"界面，如图 12-11 所示，输入相应验证码。

STEP 08 执行操作后，即可进入文心一言的主页，如图 12-12 所示。

图 12-7 下载软件并自动安装

图 12-8 点击"文心一言"按钮

图 12-9 点击"同意"按钮

图 12-10 点击"验证码登录"按钮

图 12-11 进入"短信验证码登录"界面

图 12-12 进入文心一言的主页

12.2.3 创建 AI 智能体

文心一言 App 是一款功能强大的软件，它提供了创建个性化 AI 智能体的功能。无论你是想创造一个虚拟助手，还是一个聊天伙伴，文心一言都能满足你的需求。具体操作方法如下。

STEP 01 在文心一言的主页点击 ⊕ 按钮，进入 AI 创建界面，输入主题内容，如图 12-13 所示。

STEP 02 输入完成后，点击"AI 生成配置"按钮，如图 12-14 所示。

STEP 03 执行操作后，即可进入"创建智能体"界面，如图 12-15 所示，用户可以在该界面进行智能体的编辑操作。

图 12-13　输入主题内容　　图 12-14　点击"AI 生成配置"　图 12-15　进入"创建智能体"界面
按钮

12.2.4 更换头像

无论你喜欢卡通形象、真实照片还是抽象图案，文心一言 App 都提供了丰富的选项，让你可以自由选择，从而创建一个独一无二的智能体形象。具体操作方法如下。

STEP 01 在"创建智能体"界面中，点击"设置头像"按钮 🖊，如图 12-16 所示。

STEP 02 即可弹出"创建动态，数字形象"界面，选择"单张图片生成"选项，如图 12-17 所示。

图 12-16　点击"设置头像"按钮　　　　图 12-17　选择相应选项

在"创建动态数字形象"界面中，用户可以选择"五张图片生成"选项，通过上传多张照片来捕捉不同的表情和角度，从而创建一个更加生动和立体的动态形象。另外，用户也可以选择"单张图片生成"选项，只需一张精选的照片，App 将基于这张照片为你生成一个同样吸引人的动态形象。

用户还可以在"创建静态头像"选项区域选择"AI 生成头像"选项，让智能算法根据你的喜好或输入的描述，为你设计一个独特的头像。或者选择"相册上传"选项，直接从手机相册中选择一张图片作为头像。

用户也可以点击"拍摄照片"按钮，通过拍照来创建形象。拍照时，需要平视摄像头，不要遮挡五官和脖子。还可以开启美颜功能拍照来辅助。

STEP 03　进入"相册上传"界面，点击"相册选图"按钮，如图 12-18 所示。

STEP 04　执行操作后，进入"手机相册"界面，选择相应图片，点击"完成"按钮，如图 12-19 所示。

STEP 05　进入"调整图片"界面，将图片调整至相应位置，点击"完成"按钮，如图 12-20 所示。

STEP 06　进入"选择背景预览"界面，默认背景图片为"吕黑"，如图 12-21 所示。

图 12-18　点击"相册选图"按钮

图 12-19　点击"完成"按钮（1）

图 12-20　点击"完成"按钮（2）

图 12-21　默认背景图片为"吕黑"

STEP 07　更改背景图片的样式，点击"确定"按钮，如图 12-22 所示，让背景图片更加自然美观。

STEP 08 执行操作后，即可设置相应的头像，返回到"创建智能体"界面，如图 12-23 所示。

图 12-22 点击"确定"按钮

图 12-23 返回到"创建智能体"界面

12.2.5 设置名称和声音

更换头像后，下一步，我们将赋予智能体一个独特的身份——一个个性化的名称和与之匹配的声音。具体操作方法如下。

STEP 01 进入"创建智能体"界面，设置相应名称，点击"声音"右侧的 > 按钮，如图 12-24 所示。

STEP 02 进入"选择声音"界面，点击"创建专属声音"按钮，如图 12-25 所示。

STEP 03 进入相应界面，点击"点击录制"按钮，如图 12-26 所示，朗读提供的句子。

"声音"界面中有多种类型的声音，用户可以选择自己喜欢的声音，也可以录制自己的声音。

STEP 04 录制完成后，点击"停止录制"按钮，如图 12-27 所示。

STEP 05 即可完成录制，返回到"选择声音"界面，如图 12-28 所示。

STEP 06 选择录制的声音，并返回到"创建智能体"界面，如图 12-29 所示。

图 12-24　点击相应按钮（1）　图 12-25　点击"创建专属声音"　图 12-26　点击"点击录制"按钮
按钮

12.2.6　智能体设定

在为智能体选择了完美的头像并赋予它独特的名称和悦耳的声音后，接下来我们将进行智能体的设定，具体操作方法如下。

STEP 01 在"创建智能体"界面，点击"智能润色"按钮，如图 12-30 所示。

STEP 02 执行操作后，即可重新生成智能体的设定，并进入"智能体润色"界面。在该界面，点击"采纳并替换"按钮，如图 12-31 所示，即可更换为自己喜欢的智能体设定。

温馨提示

如果用户对生成的智能体设定不满意，可以继续点击"重新润色"按钮，直到生成满意的文案为止。

12.2.7　设置公开状态

智能体设定之后，下一步，设置公开状态。公开状态决定了谁能够看到你的智能体，是仅限于你个人，还是能够与朋友或公众分享。具体操作方法如下。

STEP 01 在"创建智能体"界面，点击"公开状态"右侧的 > 按钮，如图 12-32 所示。

STEP 02　弹出"确认可用范围"对话框，如图 12-33 所示，用户可以根据自己的喜好选择"公开，所有人都可对话""部分，拥有分享链接的人可对话"或"私密，仅自己可对话"选项，来设置智能体的公开范围。

STEP 03　返回到"创建智能体"界面，点击"发布"按钮，在弹出的"确认可用范围"对话框中点击"确认发布"按钮，如图 12-34 所示。

图 12-27　点击"停止录制"按钮　图 12-28　返回到"声音选择"界面　图 12-29　返回到"创建智能体"界面

图 12-30　点击"智能润色"按钮　　　图 12-31　点击"采纳并替换"按钮

图 12-32　点击相应按钮（2）　　图 12-33　弹出相应对话框　　图 12-34　点击"确认发布"按钮

STEP 04　执行操作后，即可发布成功，并返回到 AI 创建界面，如图 12-35 所示。

STEP 05　退出 AI 创建界面，点击"我"按钮，进入相应界面，可以查看智能体的生成进度，如图 12-36 所示。

图 12-35　返回到"创建智能体"界面　　图 12-36　查看智能体的生成进度

12.2.8 测试数字人对话场景

设置完成后，接下来我们测试一下与数字人的对话场景。请根据屏幕上的提示与数字人进行对话，体验其智能回复和个性化服务，具体操作方法如下。

STEP 01　点击生成的智能体，如图 12-37 所示。

STEP 02　进入相应界面，点击 📞 按钮，如图 12-38 所示。

图 12-37 点击生成的智能体　　　　　　图 12-38　点击相应按钮（3）

STEP 03　执行操作后，即可进入对话界面，效果如图 12-39 所示。

图 12-39　进入对话界面效果

下面详细介绍对话界面中各按钮的含义及功能。

❶ "字幕已开启"按钮▣：单击该按钮，可以在视频、音频或实时对话中启用文字显示功能，使用户能够看到正在播放或所说的内容。这样用户就可以同时听到和看到对话内容。

❷ "关闭"按钮▣：如果用户不想对话了，可以单击该按钮。

❸ "灵感已开启"按钮▣：点击该按钮可以激发和引导人们进行创造性思考和表达的状态。并提出问题来帮助用户更好地表达自己的想法和需求。

❹ ▣按钮：点击该按钮，弹出"分享智能体"和"分享对话视频"选项。如果用户觉得数字人客服很有趣或对自己有所帮助，可以选择"分享智能体"选项将数字人客服分享给其他人，让更多人了解它；如果用户觉得视频很精彩，就选择"分享对话视频"选项，与他人共享自己的体验。

❺ ▣按钮：点击▣按钮，弹出"收藏智能体"和"创建智能体"选项。"收藏智能体"允许用户将自己喜欢的或经常使用的 AI 智能体保存到一个列表中，方便日后快速访问和使用。"创建智能体"允许用户根据自己的需求和偏好，从头开始创建一个新的 AI 智能体，包括定制外观、声音、行为和功能。

用户有什么问题都可以对智能体说，它会为你一一解答。

在纪念与文化传承的交织中，数字人技术正悄然重塑我们的记忆与感知。本章，我们将通过一个深刻而综合的实例——《已故人物复原》，深入探索如何使用腾讯智影平台，将技术与情感完美融合，展现运用数字人技术复原已故人物的实战技巧。这不仅是一次技术实践的展示，也是对生命、记忆与文化传承的一次深情致敬。

第 13 章

《已故人物复原》：数字人在纪念和文化传承中的应用

● 新手重点指引

▶ 基础知识：数字人在已故人物复原中的概念和用途
▶ 形象设计：运用数字人技术复原已故人物

● 效果图片欣赏

13.1 基础知识：数字人在已故人物复原中的概念和用途

随着科技的迅猛发展，数字人技术已成为连接过去与现在的一座桥梁。在缅怀与复原已故人物的领域，这项技术提供了全新的视角和无限的可能性。本节将详细介绍数字人在已故人物复原中的应用。

13.1.1 已故人物复原的概念

已故人物复原，通常是指利用现代技术，尤其是人工智能和计算机图形学技术，来重新展现已故人物的形象、声音和行为特征。下面是对这个概念的详细阐述，如图 13-1 所示。

技术驱动	已故人物复原的核心是先进的技术，包括但不限于人工智能、机器学习、计算机视觉、语音合成和自然语言处理
数据采集	复原过程的第一步是收集逝者生前的各种数据，包括语音、视频、照片、书信、日记、社交媒体上的帖子等
特征分析	通过分析收集到的数据，能够捕捉逝者的面部特征、声音特性、语言风格和行为习惯
模型训练	使用逝者的数据训练深度学习模型，这些模型能够学习并掌握逝者的特征，并用于生成其数字副本
形象和声音生成	利用训练好的模型，可以生成逝者的数字形象和合成声音，使其在视觉上和听觉上与逝者相似
行为模拟	除了形象和声音，一些高级的复原技术还尝试模拟逝者的行为特征，如手势、表情变化等
交互能力	部分复原技术还包括开发交互系统，允许用户与数字形象进行交流，从而提供更加真实的体验
应用领域	已故人物复原可以应用于个人纪念、艺术创作、历史教育、文化传承、娱乐产业等多个领域

图 13-1　已故人物复原的概念

图 13-1 已故人物复原的概念（续）

13.1.2 已故人物复原的用途

已故人物的复原，特别是通过人工智能实现的"复活"，在社会上有着多种用途和应用场景。下面是一些主要的用途，如图 13-2 所示。

图 13-2 已故人物复原的用途

总的来说，已故人物复原不仅具有纪念和怀念的用途，还对教育、法律、医疗、文化和商业等领域有多重价值。随着这项技术的不断发展和普及，未来其在各个领域的应用将会更加广泛和深入。

不过，这项技术也带来了一些争议和担忧。例如，未经家属同意擅自"复活"已故人物可能会侵犯其肖像权和隐私权，同时也可能对家属造成情感上的二次伤害。因此，在使用这项技术时需要谨慎，并确保在法律和伦理的框架内进行。

13.2 形象设计：运用数字人技术复原已故人物

运用数字人技术复原已故人物是一个前沿且充满挑战的领域，它融合了计算机科学、人工智能、3D 建模、生物识别技术以及艺术设计等多个领域的专业知识。本节将介绍运用数字人技术复原已故人物的详细步骤。

13.2.1 效果欣赏

《已故人物复原》视频的制作可以通过腾讯智影来完成。首先生成数字人素材，然后添加数字人文本，接着使用音频驱动数字人，最后合成视频效果，调整数字人的位置大小，并添加字幕和背景音乐。效果展示如图 13-3 所示。

图 13-3　效果展示

13.2.2 生成数字人素材

腾讯智影平台可以为用户提供更加专业和个性化的服务，帮助他们以一种独特和有意义的方式修复和纪念已故人物。具体操作方法如下。

STEP 01　进入腾讯智影的"创作空间"页面，单击"数字人播报"选项区的"去创作"按钮，如图 13-4 所示。

图 13-4　单击"去创作"按钮

STEP 02　执行操作后，进入相应页面，展开"数字人"面板，切换至"照片播报"选项卡，如图 13-5 所示，单击"本地上传"按钮。

图 13-5　切换至"照片播报"选项卡

STEP 03　弹出"打开"对话框，选择数字人图片，如图 13-6 所示，单击"打开"按钮，即可上传数字人图片。

STEP 04　选择上传的数字人图片，即可生成相应的数字人素材，如图 13-7 所示。

STEP 05　选择数字人素材，在预览窗口中调整其大小和位置，如图 13-8 所示。

STEP 06　执行操作后，单击"字幕"按钮，如图 13-9 所示，即可关闭字幕。

图 13-6　选择数字人图片

图 13-7　生成相应的数字人素材

图 13-8　调整数字人的大小和位置

图 13-9　单击"字幕"按钮

13.2.3 添加数字人文本

生成数字人素材后，用户可以导入准备好的文本，为数字人添加播报文案，具体操作方法如下。

STEP 01 在编辑区清空文本内容，单击"导入文本"按钮，如图 13-10 所示。

图 13-10　单击"导入文本"按钮

STEP 02 弹出"打开"对话框，选择相应的文本，如图 13-11 所示，单击"打开"按钮，即可导入文本内容。

图 13-11　选择相应的文本

STEP 03 单击"保存并生成播报"按钮，如图 13-12 所示，即可生成播报。生成播报后，通常可以预览数字人的播报效果，包括语音的自然度、动画的流畅性以及整体的表现力。

图 13-12　单击"保存并生成播报"按钮

13.2.4　使用音频驱动数字人

除了用文本进行驱动之外，还可以用音频来驱动数字人的面部表情和身体动作，从而提供更加丰富和逼真的交互体验。下面介绍具体操作方法。

STEP 01　单击"使用音频驱动播报"按钮，如图 13-13 所示。

图 13-13　单击"使用音频驱动播报"按钮

STEP 02　在"我的资源"面板中，单击"本地上传"按钮，如图 13-14 所示。

STEP 03　弹出"打开"对话框，选择相应的音频，如图 13-15 所示。

STEP 04　单击"打开"按钮，即可将音频添加到相应面板中。单击导入音频右上角的按钮，即可将其添加到轨道区，如图 13-16 所示。

图 13-14　单击"本地上传"按钮

图 13-15　选择相应的音频

图 13-16　将音频添加到轨道区

13.2.5 合成视频效果

用户在编辑完数字人视频内容后，可以通过单击"合成视频"按钮来迅速生成视频，具体操作方法如下。

STEP 01 在"数字人播报"功能页面的右上角，单击"合成视频"按钮，如图 13-17 所示。

图 13-17 单击"合成视频"按钮

STEP 02 弹出"合成设置"对话框，输入相应的视频名称，然后单击"确定"按钮，如图 13-18 所示。

STEP 03 弹出信息提示框，单击"确定"按钮，如图 13-19 所示。

图 13-18 单击"确定"按钮（1）

图 13-19 单击"确定"按钮（2）

STEP 04 执行操作后，进入"我的资源"页面，显示该视频的合成进度，如图 13-20 所示。

图 13-20 显示视频的合成进度

13.2.6 调整数字人大小

考虑到视觉效果的一致性，将数字人的大小进行适当的调整，具体操作方法如下。

STEP 01 在"我的资源"页面中，单击"剪辑"按钮✂，如图 13-21 所示。

图 13-21 单击"剪辑"按钮

STEP 02 进入视频剪辑页面的"编辑"|"基础"选项卡中，设置"缩放"为 101%，如图 13-22 所示，即可调整数字人的大小。

图 13-22　设置"缩放"参数

13.2.7　添加数字人字幕

使用腾讯智影的"上传字幕"功能，可以为数字人视频添加同步字幕效果。具体操作方法如下。

STEP 01　切换至"字幕编辑"面板，单击"上传字幕"按钮，如图 13-23 所示。

图 13-23　单击"上传字幕"按钮

STEP 02　弹出"打开"对话框，选择相应的字幕文件，如图 13-24 所示，单击"打开"按钮，即可导入并自动生成字幕。

生成字幕后，用户需要检查字幕内容是否与音频播报相符。

STEP 03　在预览区选择相应的文本，在"编辑"|"基础"选项卡中，设置"字体"为"楷体"，如图 13-25 所示。

图 13-24　选择相应的字幕文件

图 13-25　设置"字体"为"楷体"

STEP 04　设置"字号"为 60，如图 13-26 所示，颜色保持默认。适当的字号可以避免文字在视频中过于突兀或不易察觉，从而提升整体的视觉体验。

STEP 05　单击"加粗"按钮 B，如图 13-27 所示，即可将文本加粗显示。加粗后的文本将更加醒目，从而增加了清晰度和美观度。

STEP 06　设置"缩放"为 72%，"坐标"的 X 参数为 0、Y 参数为 311.99，如图 13-28 所示，即可更改字幕的大小和位置。

STEP 07　切换至"动画"|"进场"选项卡，选择"打字机 1"选项，如图 13-29 所示，可以增加文本展示的动态感和吸引力。

图 13-26 设置"字号"参数

图 13-27 单击"加粗"按钮

图 13-28 设置相应参数

STEP 08 执行操作后，单击"应用至全部"按钮，如图 13-30 所示，所有文本将同步应用该效果。

STEP 09 在轨道中可以查看添加的"打字机 1"效果，如图 13-31 所示。

图 13-29　选择"打字机 1"选项

图 13-30　单击"应用至全部"按钮

图 13-31　查看添加的"打字机 1"效果

13.2.8　添加背景音乐

在视频编辑中，添加音乐可以为视频增添感情色彩，从而丰富观众的观看体验。下面将介绍添加背景音乐的操作方法。

STEP 01　单击"在线音频"按钮，在"纯音乐"选项卡中选择相应的音乐，拖曳时间轴至视频起始位置，在"在线音频"面板中单击"添加到轨道"按钮 ，如图 13-32 所示。

图 13-32　单击"添加到轨道"按钮

STEP 02 执行操作后，即可将音乐添加到轨道区。拖曳时间轴至相应位置，如图 13-33 所示。

图 13-33 拖曳时间轴至相应位置

STEP 03 单击"分割"按钮 ，如图 13-34 所示，即可分割音频。

图 13-34 单击"分割"按钮

STEP 04 选中第 2 段音频，单击"删除"按钮 ，如图 13-35 所示，即可删除多余的音频。

图 13-35 单击"删除"按钮

STEP 05 在轨道区选中音频素材，如图 13-36 所示。

图 13-36 选中音频素材

STEP 06 在"编辑"|"基础"选项卡中，设置"音量大小"为 7%，如图 13-37 所示，即可降低音量。

图 13-37 设置"音量大小"参数

STEP 07 单击"合成"按钮，如图 13-38 所示。

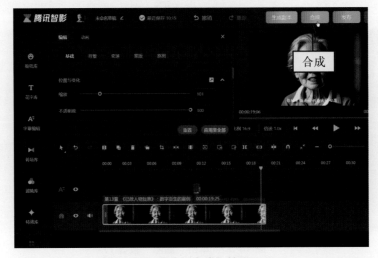

图 13-38 单击"合成"按钮（1）

STEP 08 弹出"合成设置"对话框，设置相应的视频名称，单击"合成"按钮，如图13-39所示，即可完成视频的合成。

图 13-39 单击"合成"按钮（2）